1 (1) $a_n=2+(n-1)\cdot6=6n-4$

　　 $a_{10}=6\cdot10-4=56$

(2) $a_n=-1+(n-1)\cdot(-3)=-3n+2$

　　 $a_{10}=-3\cdot10+2=-28$

(3) 初項が 1, 公差が $5-1=4$ であるから

　　 $a_n=1+(n-1)\cdot4=4n-3$

　　 $a_{10}=4\cdot10-3=37$

(4) 初項が 14, 公差が $9-14=-5$ であるから

　　 $a_n=14+(n-1)\cdot(-5)=-5n+19$

　　 $a_{10}=-5\cdot10+19=-31$

一般項 $a_n=a+(n-1)d$

2 初項を a, 公差を d とする。

(1) $a_8=6+7\cdot d=-22$ より 　 $d=-4$

　　 $a_n=6+(n-1)\cdot(-4)=-4n+10$

(2) $a_5=a+4\cdot3=17$ より 　 $a=5$

　　 $a_n=5+(n-1)\cdot3=3n+2$

(3) $a_5=a+4d=13$ 　 $\cdots$①

　　 $a_{10}=a+9d=28$ 　 $\cdots$②

　 ①, ②より 　 $a=1$, $d=3$

　　 $a_n=1+(n-1)\cdot3=3n-2$

(4) $a_6=a+5d=65$ 　　　 $\cdots$①

　　 $a_{30}=a+29d=-103$ 　 $\cdots$②

　 ①, ②より 　 $a=100$, $d=-7$

　　 $a_n=100+(n-1)\cdot(-7)=-7n+107$

◆ $a_n=a+(n-1)d$ に代入して,
　 式を立てる。

◆　　 $a+\ 5d=65$ 　　 $\cdots$①
　 $-\underline{)\ a+29d=-103\ \ \cdots②}$
　　　　 $-24d=168$
　 よって 　 $d=-7$
　 ①に代入して 　 $a=100$

3 (1) $a_n=-5+(n-1)\cdot8=8n-13$

　　 $S_n=\dfrac{1}{2}n\{2\cdot(-5)+(n-1)\cdot8\}$

　　　 $=\dfrac{1}{2}n(8n-18)=n(4n-9)$

別解 $S_n=\dfrac{1}{2}n\{-5+(8n-13)\}=n(4n-9)$

(2) $a_n=10+(n-1)\cdot(-5)=-5n+15$

　　 $S_n=\dfrac{1}{2}n\{2\cdot10+(n-1)\cdot(-5)\}$

　　　 $=\dfrac{1}{2}n(-5n+25)=-\dfrac{5}{2}n(n-5)$

等差数列の和

初項 a, 公差 d, 末項 l, 項数 n

$S_n=\dfrac{1}{2}n\{2a+(n-1)d\}$

$S_n=\dfrac{1}{2}n(a+l)$

◆ 末項は第 n 項 $a_n=8n-13$

$S_n=\dfrac{1}{2}n\{10+(-5n+15)\}=-\dfrac{5}{2}n(n-5)$

(3) 初項が 2，公差が $9-2=7$ であるから

$a_n=2+(n-1)\cdot 7=7n-5$

$S_n=\dfrac{1}{2}n\{2\cdot 2+(n-1)\cdot 7\}=\dfrac{1}{2}n(7n-3)$

別解　$S_n=\dfrac{1}{2}n\{2+(7n-5)\}=\dfrac{1}{2}n(7n-3)$ ← 末項は第 n 項 $a_n=7n-5$

(4) 初項が 2，公差が $\dfrac{3}{2}-2=-\dfrac{1}{2}$ であるから

$a_n=2+(n-1)\cdot\left(-\dfrac{1}{2}\right)=-\dfrac{1}{2}n+\dfrac{5}{2}$

$S_n=\dfrac{1}{2}n\left\{2\cdot 2+(n-1)\cdot\left(-\dfrac{1}{2}\right)\right\}$

$\quad=\dfrac{1}{2}n\left(-\dfrac{n}{2}+\dfrac{9}{2}\right)=-\dfrac{1}{4}n(n-9)$

別解　$S_n=\dfrac{1}{2}n\left\{2+\left(-\dfrac{1}{2}n+\dfrac{5}{2}\right)\right\}=-\dfrac{1}{4}n(n-9)$ ← 末項は第 n 項 $a_n=-\dfrac{1}{2}n+\dfrac{5}{2}$

等差数列の和

初項 a，末項 l，項数 n

$S_n=\dfrac{1}{2}n(a+l)$

4 (1) $S=\dfrac{1}{2}\cdot 10(5+41)=230$

(2) $S=\dfrac{1}{2}\cdot 17(27-5)=187$

(3) 項数を n とすると，初項 -2，公差 4， ← 公差は $2-(-2)=4$

第 n 項が 38 の等差数列であるから

$\quad -2+(n-1)\cdot 4=38$ ← $a_n=a+(n-1)d$

これを解いて　$n=11$

よって，求める和 S は

$\quad S=\dfrac{1}{2}\cdot 11(-2+38)=198$

(4) 項数を n とすると，初項 35，公差 -3， ← 公差は $32-35=-3$

第 n 項が 2 の等差数列であるから

$\quad 35+(n-1)\cdot(-3)=2$ ← $a_n=a+(n-1)d$

これを解いて　$n=12$

よって，求める和 S は

$\quad S=\dfrac{1}{2}\cdot 12(35+2)=222$

5 (1) $a_n=67+(n-1)\cdot(-4)=-4n+71$ であるから

$\quad -4n+71=-25$ より　$n=24$

よって，第 24 項

← 一般項 $a_n=a+(n-1)d$ の初項 a，公差 d の部分に，与えられた値を代入する。

(2) $a_n<0$ とおくと

$\qquad -4n+71<0$ より $\quad n>\dfrac{71}{4}=17.75$

よって，初めて負になるのは 第18項

$\longleftarrow \underbrace{a_1,\ \cdots,\ a_{17},}_{\text{正}}\ \underbrace{a_{18},\ \cdots}_{\text{負}}$

(3) (2)より，第17項までの和が最大となる。

$\longleftarrow$ 負になる前までの和が最大となる。

このとき，和は

$\qquad \dfrac{1}{2}\cdot17\{2\cdot67+(17-1)\cdot(-4)\}=595$

等差数列の和の最大値 ➡ $a_n>0$ となる n の最大値を見つける

---

6 $\quad S_{10}=\dfrac{1}{2}\cdot10\{2a+(10-1)d\}=345$

よって $\quad 2a+9d=69 \quad \cdots$①

$\quad S_{20}-S_{10}=\dfrac{1}{2}\cdot20\{2a+(20-1)d\}-345=1045$

すなわち $\quad 10(2a+19d)=1045+345$

ゆえに $\quad 2a+19d=139 \quad \cdots$②

②－①より $\quad 10d=70$

よって $\quad d=7$

これを①に代入して

$\quad 2a+9\cdot7=69$

ゆえに $\quad a=3$

$\longleftarrow\ a_{11}+a_{12}+a_{13}+\cdots\cdots+a_{20}$
$\quad =(a_1+a_2+a_3+\cdots\cdots+a_{20})$
$\qquad -(a_1+a_2+a_3+\cdots\cdots+a_{10})$
$\quad =S_{20}-S_{10}$

---

7 3つの数を $a-d,\ a,\ a+d$ とおく。

(1) $\begin{cases}(a-d)+a+(a+d)=30 & \cdots① \\ (a-d)a(a+d)=190 & \cdots②\end{cases}$

①，②を解いて $\quad a=10,\ d=\pm9$

3つの数は

$\quad d=9$ のとき $\quad 1,\ 10,\ 19$

$\quad d=-9$ のとき $\quad 19,\ 10,\ 1$

よって，求める3つの数は $1,\ 10,\ 19$

$\longleftarrow$①より $3a=30$
よって $\quad a=10$
②に代入して
$\quad (10-d)10(10+d)=190$
$\quad 100-d^2=19$
$\quad d^2=81$
よって $\quad d=\pm9$

(2) $\begin{cases}(a-d)+a+(a+d)=12 & \cdots① \\ (a-d)^2+a^2+(a+d)^2=120 & \cdots②\end{cases}$

①，②を解いて $\quad a=4,\ d=\pm6$

3つの数は

$\quad d=6$ のとき $\quad -2,\ 4,\ 10$

$\quad d=-6$ のとき $\quad 10,\ 4,\ -2$

よって，求める3つの数は $-2,\ 4,\ 10$

$\longleftarrow$①より $3a=12$
よって $\quad a=4$
②に代入して
$\quad (4-d)^2+4^2+(4+d)^2=120$
$\quad 16-8d+d^2+16+16+8d+d^2=120$
$\quad 2d^2=72$
よって $\quad d=\pm6$

3

8 初項 10，末項 20，項数 $k+2$ の等差数列になるから

$$\frac{1}{2}(k+2)(10+20)=300$$

$$(k+2)\cdot 15=300$$

すなわち $k+2=20$

よって $k=18$

また，求める公差を d とすると，第 20 項は

$$a_{20}=10+19d=20 \text{ より } d=\frac{10}{19}$$

よって 公差 $\dfrac{10}{19}$

← 項数 初項 末項

$$S_n=\frac{1}{2}n(a+l)$$

←等差数列の一般項
$$a_n=a+(n-1)d$$

9 (1) $a_n=2n+3$ より $a_{n+1}=2(n+1)+3=2n+5$
であるから

$$a_{n+1}-a_n=(2n+5)-(2n+3)=2 \text{ （一定）}$$

よって，数列 $\{a_n\}$ は等差数列。終

また，初項 $a_1=2\cdot 1+3=5$，公差 2

別解 $a_n=2n+3=5+(n-1)\cdot 2$ より，
数列 $\{a_n\}$ は初項 5，公差 2 の等差数列。終

(2) a_1，a_4，a_7，a_{10}，…… の一般項を b_n とすると

$$b_n=a_{3n-2}=2(3n-2)+3=6n-1$$

$$b_{n+1}-b_n=6(n+1)-1-(6n-1)=6 \text{ （一定）}$$

よって，a_1，a_4，a_7，a_{10}，……は等差数列。終

← a_{n+1} は $a_n=2n+3$ の n に $n+1$ を代入。

← 2 項間 a_n，a_{n+1} の差が n に関係なく一定。

← $a_n=a+(n-1)d$

← a_{3n-2} は $a_n=2n+3$ の n に $3n-2$ を代入。

10 (1) $a_n=5\cdot 3^{n-1}$

$$a_6=5\cdot 3^5=5\cdot 243=1215$$

(2) $a_n=3\cdot(-2)^{n-1}$

$$a_6=3\cdot(-2)^5=3\cdot(-32)=-96$$

(3) 初項が 10，公比が $20\div 10=2$ であるから

$$a_n=10\cdot 2^{n-1}$$

$$a_6=10\cdot 2^5=10\cdot 32=320$$

(4) 初項が -81，公比が $27\div(-81)=-\dfrac{1}{3}$

であるから

$$a_n=-81\cdot\left(-\frac{1}{3}\right)^{n-1}$$

$$a_6=-81\cdot\left(-\frac{1}{3}\right)^5=-3^4\cdot\left(-\frac{1}{3^5}\right)=\frac{1}{3}$$

等比数列の一般項

初項 a，公比 r のとき
一般項：$a_n=ar^{n-1}$

← $a_n=5\cdot 2\cdot 2^{n-1}=5\cdot 2^n$
とかいてもよい。

← $a_n=-(-3)^4\cdot\left(-\dfrac{1}{3}\right)^{n-1}$
$$=-\left(-\frac{1}{3}\right)^{n-5}$$
とかいてもよい。

11 初項を a, 公比を r とする。

(1) $a_8 = a \cdot 2^7 = 1024$ より $a = 8$

よって $a_n = 8 \cdot 2^{n-1}$

(2) $a_4 = 5 \cdot r^3 = 40$ より $r^3 = 8$

r は実数であるから $r = 2$

よって $a_n = 5 \cdot 2^{n-1}$

(3) $a_3 = ar^2 = 6$ ……①

$a_6 = ar^5 = 48$ ……②

②÷①より $\dfrac{ar^5}{ar^2} = \dfrac{48}{6}$

よって $r^3 = 8$

r は実数であるから $r = 2$

これを①に代入して $a = \dfrac{3}{2}$

ゆえに $a_n = \dfrac{3}{2} \cdot 2^{n-1}$

(4) $a_2 = ar = -6$ ……①

$a_6 = ar^5 = -486$ ……②

②÷①より $\dfrac{ar^5}{ar} = \dfrac{-486}{-6}$

よって $r^4 = 81$

r は実数であるから $r = 3, \ -3$

これを①に代入して

$r = 3$ のとき $a = -2$ より $a_n = -2 \cdot 3^{n-1}$

$r = -3$ のとき $a = 2$ より $a_n = 2 \cdot (-3)^{n-1}$

ゆえに，求める一般項は

$a_n = -2 \cdot 3^{n-1}$ または $a_n = 2 \cdot (-3)^{n-1}$

12 (1) $S_n = \dfrac{1 \cdot (4^n - 1)}{4 - 1} = \dfrac{1}{3}(4^n - 1)$

(2) $S_n = \dfrac{8\left\{1 - \left(\dfrac{1}{2}\right)^n\right\}}{1 - \dfrac{1}{2}} = 16\left\{1 - \left(\dfrac{1}{2}\right)^n\right\}$

(3) 初項が 2, 公比が $\dfrac{4}{3} \div 2 = \dfrac{2}{3}$ であるから

$S_n = \dfrac{2\left\{1 - \left(\dfrac{2}{3}\right)^n\right\}}{1 - \dfrac{2}{3}} = 6\left\{1 - \left(\dfrac{2}{3}\right)^n\right\}$

← $a_n = 8 \cdot 2^{n-1} = 2^3 \cdot 2^{n-1} = 2^{n+2}$

とかいてもよい。

← ②÷①は式の辺々を割る。

← $(r-2)(r^2 + 2r + 4) = 0$ より

$\quad r = 2, \ -1 \pm \sqrt{3}\,i$

$\qquad (r = -1 \pm \sqrt{3}\,i$ は不適$)$

← $a_n = \dfrac{3}{2} \cdot 2^{n-1} = 3 \cdot 2^{n-2}$

とかいてもよい。

← $(r+3)(r-3)(r^2+9) = 0$

で，r は実数であるから

$\quad r^2 + 9 \neq 0$

等比数列の和

初項 a, 公比 r, 項数 n

$\quad S_n = \dfrac{a(r^n - 1)}{r - 1} = \dfrac{a(1 - r^n)}{1 - r}$

$\qquad\qquad\qquad (r \neq 1)$

← $\left(\dfrac{1}{2}\right)^n$ を $\dfrac{1}{2^n}$ とかいてもよい

が，$\dfrac{1}{2}^n$ とかくのは誤り。

(4) 初項 $0.2=\dfrac{1}{5}$，公比 $0.02\div0.2=0.1=\dfrac{1}{10}$

であるから

$$S_n=\dfrac{\dfrac{1}{5}\left\{1-\left(\dfrac{1}{10}\right)^n\right\}}{1-\dfrac{1}{10}}=\dfrac{2}{9}\left\{1-\left(\dfrac{1}{10}\right)^n\right\}$$

13 (1) $a_n=3\cdot(-2)^{n-1}=192$ より $(-2)^{n-1}=64$
すなわち $(-2)^{n-1}=(-2)^6$
よって $n=7$
ゆえに $S=\dfrac{3\{1-(-2)^7\}}{1-(-2)}=129$

(2) $a_n=7\cdot r^{n-1}=448$ より
$r^{n-1}=64$ $\cdots$①
$S_n=\dfrac{7(r^n-1)}{r-1}=889$ より
$r^n-1=127(r-1)$ $\cdots$②
①を②に代入して $64r-1=127r-127$
$63r=126$
よって $r=2$
①より $2^{n-1}=64=2^6$
ゆえに $n=7$

(3) $ar^2=2$ $\cdots$①
$ar^2+ar^3+ar^4=14$ $\cdots$②
②÷①より $\dfrac{ar^2(1+r+r^2)}{ar^2}=\dfrac{14}{2}$
よって $1+r+r^2=7$
$(r-2)(r+3)=0$
ゆえに $r=2,\ -3$
$r=2$ のとき $a=\dfrac{1}{2}$
$r=-3$ のとき $a=\dfrac{2}{9}$

14 $-5,\ a,\ b$ がこの順に等差数列をなすから
$2a=-5+b$ $\cdots$①
$a,\ b,\ 45$ がこの順に等比数列をなすから
$b^2=45a$ $\cdots$②
①より $b=2a+5$

等比数列

初項 a，公比 r，項数 n
一般項：$a_n=ar^{n-1}$
和：$S_n=\dfrac{a(1-r^n)}{1-r}$
$\qquad=\dfrac{a(r^n-1)}{r-1}$ $(r\neq1)$

◆ $r^n=r^{n-1}\cdot r=64r$

◆②より $ar^2(1+r+r^2)=14$
①より $ar^2=2$ を代入して
$2(1+r+r^2)=14$
$r^2+r-6=0$
$(r-2)(r+3)=0$
$r=2,\ -3$
としてもよい。

◆等差数列をなす3数
$x,\ y,\ z\ \Rightarrow\ 2y=x+z$
◆等比数列をなす3数
$x,\ y,\ z\ \Rightarrow\ y^2=xz$

②に代入して $(2a+5)^2=45a$

$4a^2-25a+25=0$

$(a-5)(4a-5)=0$

よって $a=5,\ \dfrac{5}{4}$

①より

$a=5$ のとき $b=15$

$a=\dfrac{5}{4}$ のとき $b=\dfrac{15}{2}$

ゆえに $(a,\ b)=(5,\ 15),\ \left(\dfrac{5}{4},\ \dfrac{15}{2}\right)$

$a,\ b,\ c$ が等差数列 $\Longleftrightarrow 2b=a+c$

$a,\ b,\ c$ が等比数列 $\Longleftrightarrow b^2=ac$

---

15 初項を a，公比を r とすると

$a+ar+ar^2=3$ ……①

$ar^3+ar^4+ar^5=-24$ ……②

②÷①より $\dfrac{ar^3(1+r+r^2)}{a(1+r+r^2)}=\dfrac{-24}{3}$

よって $r^3=-8$

r は実数であるから $r=-2$

①に代入して $a-2a+4a=3$

ゆえに $a=1$

したがって，第 7 項から第 9 項までの和は

$ar^6+ar^7+ar^8=(-2)^6+(-2)^7+(-2)^8$

$=(-2)^6\cdot\{1-2+(-2)^2\}=192$

$\longleftarrow r^3+8=0$

$(r+2)(r^2-2r+4)=0$

$r=-2,\ r=1\pm\sqrt{3}\,i$（不適）

16 初項を a，公比を r とすると

$S_4=\dfrac{a(1-r^4)}{1-r}=160$ ……①

$S_2=\dfrac{a(1-r^2)}{1-r}=16$ ……②

①÷②より $\dfrac{a(1-r^4)}{1-r}\times\dfrac{1-r}{a(1-r^2)}=\dfrac{160}{16}$

$\dfrac{(1+r^2)(1-r^2)}{1-r^2}=10$

$1+r^2=10$

よって $r^2=9$

$\longleftarrow S_4=a+ar+ar^2+ar^3=160$ ……①

$S_2=a+ar=16$ ……②

①より $a+ar+r^2(a+ar)=160$

②を代入して

$16+16r^2=160$ より

$r^2=9$

と求めてもよい。

ゆえに

$$S_8 - S_4 = \frac{a(1-r^8)}{1-r} - 160$$

$$= \frac{a(1-r^4)}{1-r} \times (1+r^4) - 160$$

$$= 160(1+r^4) - 160$$

$$= 160(1+81) - 160$$

$$= 12960$$

← $a_5+a_6+a_7+a_8$
  $=(a_1+a_2+a_3+\cdots\cdots+a_8)$
  $-(a_1+a_2+a_3+a_4)$

← ①より

← $r^2=9$ より $r^4=9^2=81$

17 等比数列をなす 3 数を a, b, c とおく。

(1) $\begin{cases} b^2=ac & \cdots① \\ a+b+c=26 & \cdots② \\ abc=216 & \cdots③ \end{cases}$

← a, b, c が等比数列
  $\iff b^2=ac$

①を③に代入して $b^3=216$

b は実数であるから $b=6$

①に代入して $ac=36$ $\cdots①'$

②に代入して $a+c=20$ $\cdots②'$

①′, ②′ より, a, c は

$t^2-20t+36=0$

の 2 つの解である。

$(t-2)(t-18)=0$ より $t=2, 18$

よって $(a, c)=(2, 18), (18, 2)$

どちらの場合も, 求める 3 つの数は 2, 6, 18

← ②′より $c=20-a$
  ①′に代入して $a(20-a)=36$
  $a^2-20a+36=0$
  $(a-2)(a-18)=0$
  としてもよい。

← 2 つの数 α, β を解にもつ 2 次
  方程式は
  $x^2-(\alpha+\beta)x+\alpha\beta=0$
  $(x^2-\text{和}\,x+\text{積}=0)$

(2) $\begin{cases} b^2=ac & \cdots① \\ a+b+c=39 & \cdots② \\ abc=1000 & \cdots③ \end{cases}$

①を③に代入して $b^3=1000$

b は実数であるから $b=10$

①に代入して $ac=100$ $\cdots①'$

②に代入して $a+c=29$ $\cdots②'$

①′, ②′ より, a, c は

$t^2-29t+100=0$

の 2 つの解である。

$(t-4)(t-25)=0$ より $t=4, 25$

よって $(a, c)=(4, 25), (25, 4)$

どちらの場合も, 求める 3 つの数は 4, 10, 25

18 初項から第 N 項までの和は　$\dfrac{2(3^N-1)}{3-1}$

初項から第 $n-1$ 項までの和は　$\dfrac{2(3^{n-1}-1)}{3-1}$

であるから

$\dfrac{2(3^N-1)}{3-1}-\dfrac{2(3^{n-1}-1)}{3-1}=720$

$3^N-3^{n-1}=720$

$3^{n-1}(3^{N-n+1}-1)=720=2^4\times3^2\times5$

$n,\ N$ は自然数であるから

$3^{n-1}=3^2,\ 3^{N-n+1}-1=2^4\times5$

よって　$n=3$

ゆえに　$3^{N-2}=2^4\times5+1=81=3^4$

したがって　$N=6$

$$\frac{2(3^N-1)}{3-1}$$
$$\Leftarrow\underbrace{a_1+a_2+\cdots\cdots+a_{n-1}}_{\frac{2(3^{n-1}-1)}{3-1}}+\underbrace{a_n+\cdots\cdots+a_N}_{720}$$

⬅ 左辺と右辺の因数に注目する。
　3^{n-1} は 2 の倍数にも 5 の倍数
　にもならず，3 の倍数になる。
　$3^{N-n+1}-1$ は 3 の倍数にならず，
　2 の倍数や 5 の倍数にはなる。

19 (1)　$5\cdot1+5\cdot2+\cdots+5\cdot20$

$=\dfrac{20(5+100)}{2}=1050$

⬅ 初項 5，末項 100，項数 20 の
　等差数列の和。

(2)　$(7\cdot0+3)+(7\cdot1+3)+\cdots+(7\cdot13+3)$

$=\dfrac{14(3+94)}{2}=679$

⬅ 初項 3，末項 94，項数 14 の
　等差数列の和。

(3)　1 から 100 までの自然数の和は

$\dfrac{100(1+100)}{2}=5050$

⬅ 初項 1，末項 100，項数 100 の
　等差数列の和。

7 の倍数の和は

$7\cdot1+7\cdot2+\cdots+7\cdot14=\dfrac{14(7+98)}{2}=735$

⬅ 初項 7，末項 98，項数 14 の
　等差数列の和。

よって　$5050-735=4315$

(4)　2 で割り切れる数の和は

$2\cdot1+2\cdot2+\cdots+2\cdot50=\dfrac{50(2+100)}{2}=2550$

⬅ 初項 2，末項 100，項数 50 の
　等差数列の和。

14 で割り切れる数の和は

$14\cdot1+14\cdot2+\cdots+14\cdot7=\dfrac{7(14+98)}{2}=392$

⬅ 初項 14，末項 98，項数 7 の
　等差数列の和。

(3)より，7 で割り切れる数の和は 392

以上より

$2550+735-392=2893$

⬅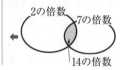

和集合の要素の個数 ➡ $n(A\cup B)=n(A)+n(B)-n(A\cap B)$

20 (1) 数列 $\{c_n\}$ の初項は 8 であり，

　　公差は　$a_n=3n-1,\ b_n=5n-2$

　　より，3 と 5 の最小公倍数の 15 である。

　　よって

　　　　$c_n=8+(n-1)\cdot15=15n-7$

（別解）1)

　　c_n が $\{a_n\}$ の第 l 項，$\{b_n\}$ の第 m 項だとすると

　　$a_l=3l-1,\ b_m=5m-2$　であるから

　　　　$c_n=3l-1$　かつ　$c_n=5m-2$

　　よって　$l=\dfrac{5m-1}{3}$

　　$m=2,\ 5,\ 8,\ \cdots\cdots$ のとき，

　　l は自然数になるから

　　　　$c_n=5(3n-1)-2=15n-7$

（別解）2)

　　c_n が $\{a_n\}$ の第 l 項，$\{b_n\}$ の第 m 項だとすると

　　$3l-1=5m-2$　より　$3l-5m=-1$

　　これは　$3l-5m=5-6$　と表せるから

　　　　$3(l+2)=5(m+1)$

　　3 と 5 は互いに素であるから

　　　　$m+1=3n$　と表せる。

　　　　$m=3n-1$　を代入して

　　　　$c_n=5(3n-1)-2=15n-7$

(2)　$8\le15n-7\le293$　より　$1\le n\le20\cdots$

　　であるから，数列 $\{c_n\}$ の項数は 20

　　よって，和は

　　　　$\dfrac{1}{2}\cdot20\{2\cdot8+(20-1)\cdot15\}=10\cdot301=3010$

21　1 年目の 1 万円は 5 年間預けるから　1×1.05^5 万円

　　2 年目の 1 万円は 4 年間預けるから　1×1.05^4 万円

　　　　　$\vdots$

　　5 年目の 1 万円は 1 年間預けるから　1×1.05 万円

　　よって，求める元利合計 S は

　　　　$S=1\times1.05^5+1\times1.05^4+\cdots\cdots+1\times1.05$

　　これは初項 1×1.05，公比 1.05，項数 5 の等比数列

　　の和であるから

右側注釈：

← $\{a_n\}:2,\ 5,\ 8,\ \cdots\cdots,\ 299$

　$\{b_n\}:3,\ 8,\ 13,\ \cdots\cdots,\ 298$

　$a_n=2+(n-1)\cdot3=3n-1$

　$b_n=3+(n-1)\cdot5=5n-2$

← c_n を l と m の異なる自然数で表す。

← $m=2,\ 5,\ 8,\ \cdots\cdots$のとき，右辺の分子が 3 の倍数となるから，$l$ が自然数になる。

-1 を 3 の倍数と 5 の倍数で表す。
↓

← $3l-5m=-1$

← 2 つの整数 $a,\ b$ の最大公約数が 1 であるとき，a と b は互いに素である。

← 末項は $15\cdot20-7=293$ であるから　$\dfrac{20(8+293)}{2}=3010$

　と計算してもよい。

$$S = \frac{1 \times 1.05 \times (1.05^5 - 1)}{1.05 - 1}$$

$$= \frac{1.05 \times (1.276 - 1)}{0.05}$$

$$= 57960 \ (\text{円})$$

← $1.05^5 = 1.276$

22 $S_n = \dfrac{\dfrac{1}{4}(2^n - 1)}{2 - 1} = \dfrac{1}{4}(2^n - 1)$

$\dfrac{1}{4}(2^n - 1) < 50$ より $2^n < 201$

$2^7 = 128, \ 2^8 = 256$ であるから $n = 7$

← 初項 $\dfrac{1}{4}$, 公比 2, 項数 n の等比数列の和。

23 (1) $\displaystyle\sum_{k=1}^{6}(2k - 1) = 1 + 3 + 5 + 7 + 9 + 11$

(2) $\displaystyle\sum_{k=1}^{5} 2^{k-1} = 1 + 2 + 2^2 + 2^3 + 2^4$

(3) $\displaystyle\sum_{k=1}^{7}(-1)^k \cdot k = -1 + 2 - 3 + 4 - 5 + 6 - 7$

(4) $\displaystyle\sum_{k=3}^{8} k^2 = 3^2 + 4^2 + 5^2 + 6^2 + 7^2 + 8^2$

和の記号 Σ

$\displaystyle\sum_{k=1}^{n} a_k = a_1 + a_2 + a_3 + \cdots\cdots + a_n$
↑ 一般項

24 (1) $2^2 + 3^2 + 4^2 + \cdots\cdots + 11^2$

$= \displaystyle\sum_{k=1}^{10}(k + 1)^2$

(2) $2 \cdot 3 + 4 \cdot 5 + 6 \cdot 7 + \cdots\cdots + 100 \cdot 101$

$= \displaystyle\sum_{k=1}^{50} 2k(2k + 1)$

← Σ の記号を使って数列の和を表すとき, たとえば(1)では次のように表すこともできる。
$\displaystyle\sum_{k=1}^{10}(k+1)^2 = \sum_{k=2}^{11} k^2 = \sum_{k=3}^{12}(k-1)^2$
(その他にも考えられる)

25 (1) $1 - 3 + 9 - 27 + \cdots\cdots + (-3)^{n-1} = \displaystyle\sum_{k=1}^{n}(-3)^{k-1}$

(2) $1 \cdot 2 + 2 \cdot 2^2 + 3 \cdot 2^3 + 4 \cdot 2^4 + \cdots\cdots + n \cdot 2^n = \displaystyle\sum_{k=1}^{n} k \cdot 2^k$

← 第 k 項は $a_k = 1 \cdot (-3)^{k-1}$

← 第 k 項は $a_k = k \cdot 2^k$

26 (1) $\displaystyle\sum_{k=1}^{12} k = \dfrac{1}{2} \cdot 12 \cdot 13 = 78$

(2) $\displaystyle\sum_{k=1}^{n}(2k + 3) = 2\sum_{k=1}^{n} k + \sum_{k=1}^{n} 3$

$= 2 \cdot \dfrac{1}{2} n(n + 1) + 3n = n(n + 4)$

(3) $\displaystyle\sum_{k=1}^{n}(3k^2 - k)$

$= 3\displaystyle\sum_{k=1}^{n} k^2 - \sum_{k=1}^{n} k$

$= 3 \cdot \dfrac{1}{6} n(n + 1)(2n + 1) - \dfrac{1}{2} n(n + 1)$

$= \dfrac{1}{2} n(n + 1)\{(2n + 1) - 1\} = n^2(n + 1)$

Σ の公式

$\displaystyle\sum_{k=1}^{n} c = cn, \quad \sum_{k=1}^{n} k = \dfrac{1}{2} n(n + 1)$

$\displaystyle\sum_{k=1}^{n} k^2 = \dfrac{1}{6} n(n + 1)(2n + 1)$

$\displaystyle\sum_{k=1}^{n} k^3 = \left\{\dfrac{1}{2} n(n + 1)\right\}^2$

← $\dfrac{1}{2} n(n + 1)$ が共通因数。

(4) $\displaystyle\sum_{k=1}^{n}k(2k^2-1)$

$=\displaystyle\sum_{k=1}^{n}(2k^3-k)$

$=2\displaystyle\sum_{k=1}^{n}k^3-\sum_{k=1}^{n}k$

$=2\cdot\left\{\dfrac{1}{2}n(n+1)\right\}^2-\dfrac{1}{2}n(n+1)$ ← $\dfrac{1}{2}n(n+1)$ が共通因数。

$=\dfrac{1}{2}n(n+1)\{n(n+1)-1\}$

$=\dfrac{1}{2}n(n+1)(n^2+n-1)$

(5) $\displaystyle\sum_{k=1}^{n-1}3k=3\sum_{k=1}^{n-1}k=\dfrac{3}{2}n(n-1)$ ← $\displaystyle\sum_{k=1}^{n-1}k$ は $\displaystyle\sum_{k=1}^{n}k=\dfrac{1}{2}n(n+1)$ の

(6) $\displaystyle\sum_{k=11}^{20}(k^2+1)$ n に $n-1$ を代入して求める。

$=\displaystyle\sum_{k=11}^{20}k^2+\sum_{k=11}^{20}1$

$=\left(\displaystyle\sum_{k=1}^{20}k^2-\sum_{k=1}^{10}k^2\right)+\left(\sum_{k=1}^{20}1-\sum_{k=1}^{10}1\right)$ ← $\displaystyle\sum_{k=m}^{n}k=\sum_{k=1}^{n}k-\sum_{k=1}^{m-1}k$

$=\dfrac{20\times21\times41}{6}-\dfrac{10\times11\times21}{6}+1\times20-1\times10$

$=2495$

27 (1) $\displaystyle\sum_{k=1}^{n}3\cdot4^{k-1}=\dfrac{3\cdot(4^n-1)}{4-1}=4^n-1$ ← 初項 3，公比 4，項数 n の

                                                  等比数列の和。

(2) $\displaystyle\sum_{k=1}^{n}5^{k-1}=\sum_{k=1}^{n}1\cdot5^{k-1}=\dfrac{1\cdot(5^n-1)}{5-1}=\dfrac{5^n-1}{4}$ ← 初項 1，公比 5，項数 n の

                                                  等比数列の和。

(3) $\displaystyle\sum_{k=1}^{n}3^{k}=\sum_{k=1}^{n}3\cdot3^{k-1}=\dfrac{3\cdot(3^n-1)}{3-1}=\dfrac{3(3^n-1)}{2}$ ← 初項 3，公比 3，項数 n の

                                                  等比数列の和。

(4) $\displaystyle\sum_{k=1}^{n-1}2^{k-1}=\sum_{k=1}^{n-1}1\cdot2^{k-1}=\dfrac{1\cdot(2^{n-1}-1)}{2-1}=2^{n-1}-1$ ← 初項 1，公比 2，項数 $n-1$ の

                                                  等比数列の和。

28 (1) 第 k 項は

$a_k=k(2k+1)=2k^2+k$ ← 第 k 項 a_k を k の式で表す。

であるから

$S_n=\displaystyle\sum_{k=1}^{n}(2k^2+k)$

$=2\displaystyle\sum_{k=1}^{n}k^2+\sum_{k=1}^{n}k$

$=2\cdot\dfrac{1}{6}n(n+1)(2n+1)+\dfrac{1}{2}n(n+1)$ ← $\dfrac{1}{6}n(n+1)$ が共通因数。

$=\dfrac{1}{6}n(n+1)\{2(2n+1)+3\}$

$=\dfrac{1}{6}n(n+1)(4n+5)$

(2) 第 k 項は

$$a_k=k(k+1)\{2(k+1)\}=2k^3+4k^2+2k$$

← 第 k 項 a_k を k の式で表す。

であるから

$$S_n=\sum_{k=1}^{n}(2k^3+4k^2+2k)$$

$$=2\sum_{k=1}^{n}k^3+4\sum_{k=1}^{n}k^2+2\sum_{k=1}^{n}k$$

$$=2\cdot\left\{\frac{1}{2}n(n+1)\right\}^2+4\cdot\frac{1}{6}n(n+1)(2n+1)$$

$$+2\cdot\frac{1}{2}n(n+1)$$

← $\frac{1}{6}n(n+1)$ が共通因数。

$$=\frac{1}{6}n(n+1)\{3n(n+1)+4(2n+1)+6\}$$

$$=\frac{1}{6}n(n+1)(3n^2+11n+10)$$

$$=\frac{1}{6}n(n+1)(n+2)(3n+5)$$

数列の和 ➡ 第 k 項 a_k を k の式で表し，$\sum$ の公式を利用

---

29 (1) $\displaystyle\sum_{k=1}^{n}(n+2k)=n\sum_{k=1}^{n}1+2\sum_{k=1}^{n}k$

← n は定数扱いなので $\sum$ の外に出すとわかりやすい。

$$=n^2+2\cdot\frac{1}{2}n(n+1)=n(2n+1)$$

(2) $\displaystyle\sum_{k=n}^{2n}(n+1)=\sum_{k=1}^{2n}(n+1)-\sum_{k=1}^{n-1}(n+1)$

$$=(n+1)\sum_{k=1}^{2n}1-(n+1)\sum_{k=1}^{n-1}1$$

$$=(n+1)\cdot2n-(n+1)(n-1)$$

$$=(n+1)^2$$

(3) $\displaystyle\sum_{k=1}^{m}(k+1)=\sum_{k=1}^{m}k+\sum_{k=1}^{m}1$

$$=\frac{1}{2}m(m+1)+m=\frac{1}{2}m(m+3)$$

よって

$$\sum_{m=1}^{n}\left\{\sum_{k=1}^{m}(k+1)\right\}$$

$$=\sum_{m=1}^{n}\frac{1}{2}m(m+3)$$

$$=\frac{1}{2}\sum_{m=1}^{n}m^2+\frac{3}{2}\sum_{m=1}^{n}m$$

$$=\frac{1}{2}\cdot\frac{1}{6}n(n+1)(2n+1)+\frac{3}{2}\cdot\frac{1}{2}n(n+1)$$

← $\frac{1}{12}n(n+1)$ が共通因数。

$$=\frac{1}{12}n(n+1)\{(2n+1)+9\}$$

$$=\frac{1}{6}n(n+1)(n+5)$$

30 (1) $a_n = 1 + 2 + \cdots\cdots + n = \dfrac{1}{2}n(n+1)$

$$S_n = \sum_{k=1}^{n} \left\{ \frac{1}{2}k(k+1) \right\}$$

$$= \frac{1}{2}\sum_{k=1}^{n} k^2 + \frac{1}{2}\sum_{k=1}^{n} k$$

$$= \frac{1}{2}\cdot\frac{1}{6}n(n+1)(2n+1) + \frac{1}{2}\cdot\frac{1}{2}n(n+1) \qquad \Leftarrow \frac{1}{12}n(n+1) \text{ が共通因数。}$$

$$= \frac{1}{12}n(n+1)(2n+1+3)$$

$$= \frac{1}{6}n(n+1)(n+2)$$

(2) $a_n = 1 + 3 + 9 + \cdots\cdots + 3^{n-1}$

$$= \frac{1\cdot(3^n - 1)}{3-1} = \frac{3^n - 1}{2}$$

$$S_n = \sum_{k=1}^{n} \frac{3^k - 1}{2}$$

$$= \frac{1}{2}\sum_{k=1}^{n} 3^k - \frac{1}{2}\sum_{k=1}^{n} 1 \qquad \Leftarrow \sum_{k=1}^{n} 3^k = \sum_{k=1}^{n} 3\cdot 3^{k-1} \text{ は初項 } 3, \text{ 公}$$
$$\qquad\qquad\qquad\qquad\qquad\qquad\qquad \text{比 } 3, \text{ 項数 } n \text{ の等比数列の和。}$$

$$= \frac{1}{2}\cdot\frac{3(3^n - 1)}{3-1} - \frac{1}{2}n$$

$$= \frac{1}{2}\left\{ \frac{3\cdot(3^n - 1)}{2} - n \right\}$$

$$= \frac{1}{4}(3^{n+1} - 2n - 3)$$

(3) $a_n = 1^2 + 3^2 + 5^2 + \cdots\cdots + (2n-1)^2$

$$= \sum_{k=1}^{n} (2k-1)^2$$

$$= 4\sum_{k=1}^{n} k^2 - 4\sum_{k=1}^{n} k + \sum_{k=1}^{n} 1$$

$$= 4\cdot\frac{1}{6}n(n+1)(2n+1) - 4\cdot\frac{1}{2}n(n+1) + n \qquad \Leftarrow n \text{ が共通因数。}$$

$$= n\left\{ \frac{2}{3}(2n^2 + 3n + 1) - 2n - 2 + 1 \right\}$$

$$= \frac{1}{3}n(4n^2 + 6n + 2 - 6n - 6 + 3)$$

$$= \frac{1}{3}n(4n^2 - 1)$$

$$S_n = \sum_{k=1}^{n} \left\{ \frac{1}{3}k(4k^2 - 1) \right\}$$

$$= \frac{4}{3}\sum_{k=1}^{n} k^3 - \frac{1}{3}\sum_{k=1}^{n} k$$

$$= \frac{4}{3}\left\{ \frac{1}{2}n(n+1) \right\}^2 - \frac{1}{3}\cdot\frac{1}{2}n(n+1) \qquad \Leftarrow \frac{1}{6}n(n+1) \text{ が共通因数。}$$

$$= \frac{1}{6} n(n+1) \{2n(n+1)-1\}$$

$$= \frac{1}{6} n(n+1)(2n^2+2n-1)$$

31 (1) 階差数列を $\{b_n\}$ とすると

$$1, \quad 3, \quad 7, \quad 13, \quad 21, \quad 31, \quad \cdots\cdots \{a_n\}$$
$$\quad 2 \quad 4 \quad 6 \quad 8 \quad 10 \quad \cdots\cdots \{b_n\}$$

$b_n = 2n$ であるから，$n \geqq 2$ のとき

$$a_n = 1 + \sum_{k=1}^{n-1} 2k$$

$$= 1 + 2 \cdot \frac{1}{2}(n-1)n$$

$$= n^2 - n + 1 \quad (n=1 \text{ のときも成り立つ})$$

よって $a_n = n^2 - n + 1$

(2) 階差数列を $\{b_n\}$ とすると

$$3, \quad 6, \quad 11, \quad 18, \quad 27, \quad 38, \quad \cdots\cdots \{a_n\}$$
$$\quad 3 \quad 5 \quad 7 \quad 9 \quad 11 \quad \cdots\cdots \{b_n\}$$

$b_n = 2n+1$ であるから，$n \geqq 2$ のとき

$$a_n = 3 + \sum_{k=1}^{n-1} (2k+1)$$

$$= 3 + 2 \sum_{k=1}^{n-1} k + \sum_{k=1}^{n-1} 1$$

$$= 3 + 2 \cdot \frac{1}{2} n(n-1) + (n-1)$$

$$= n^2 + 2 \quad (n=1 \text{ のときも成り立つ})$$

よって $a_n = n^2 + 2$

> **階差数列の一般項**
>
> $b_n = a_{n+1} - a_n$ のとき
> $a_n = a_1 + \sum_{k=1}^{n-1} b_k \ (n \geqq 2)$

◀ 階差数列を求める過程で
$\sum_{k=1}^{n-1} b_k$ を求めるが，
$n=1$ のときは $\sum_{k=1}^{0} b_k$ となり，
式として意味をもたなくなる。
そこで，"$n \geqq 2$ のとき"と断る
必要がある。
除かれた $n=1$ のときについ
ては，最後に確かめる。

> 規則性が見えにくい数列 $\{a_n\}$ ➡ 階差数列 $\{b_n\}$ を考え $a_n = a_1 + \sum_{k=1}^{n-1} b_k \ (n \geqq 2)$

32 (1) 階差数列を $\{b_n\}$ とすると

$$1, \quad 2, \quad 5, \quad 14, \quad 41, \quad 122, \quad \cdots\cdots \{a_n\}$$
$$\quad 1 \quad 3 \quad 9 \quad 27 \quad 81 \quad \cdots\cdots \{b_n\}$$

$b_n = 3^{n-1}$ であるから，$n \geqq 2$ のとき

$$a_n = 1 + \sum_{k=1}^{n-1} 3^{k-1}$$

$$= 1 + \frac{1 \cdot (3^{n-1}-1)}{3-1}$$

$$= \frac{3^{n-1}+1}{2} \quad (n=1 \text{ のときも成り立つ})$$

よって $a_n = \dfrac{3^{n-1}+1}{2}$

◀ $\sum_{k=1}^{n-1} 3^{k-1}$ は初項 1，公比 3，
項数 $n-1$ の等比数列の和。

(2) 階差数列を $\{b_n\}$ とすると

$$-2,\ 1,\ 7,\ 19,\ 43,\ 91,\ \cdots\cdots\ \{a_n\}$$
$$3\quad 6\quad 12\quad 24\quad 48\quad \cdots\cdots\ \{b_n\}$$

$b_n=3\cdot2^{n-1}$ であるから，$n\geqq2$ のとき

$$a_n=-2+\sum_{k=1}^{n-1}3\cdot2^{k-1}$$

$$=-2+\frac{3\cdot(2^{n-1}-1)}{2-1}$$

$$=3\cdot2^{n-1}-5\quad(n=1\ \text{のときも成り立つ})$$

よって $a_n=3\cdot2^{n-1}-5$

← $\displaystyle\sum_{k=1}^{n-1}3\cdot2^{k-1}$ は初項 3, 公比 2,
項数 $n-1$ の等比数列の和。

33 階差数列を $\{b_n\}$ とすると

$$1,\ 2,\ 6,\ 15,\ 31,\ 56,\ \cdots\cdots\ \{a_n\}$$
$$1\quad 4\quad 9\quad 16\quad 25\quad \cdots\cdots\ \{b_n\}$$

$b_n=n^2$ であるから，$n\geqq2$ のとき

$$a_n=1+\sum_{k=1}^{n-1}k^2$$

$$=1+\frac{1}{6}(n-1)n(2n-1)$$

$$=\frac{1}{6}(2n^3-3n^2+n+6)$$

$$(n=1\ \text{のときも成り立つ})$$

よって $a_n=\dfrac{1}{6}(2n^3-3n^2+n+6)$

← $\displaystyle\sum_{k=1}^{n-1}k^2$ は

$\displaystyle\sum_{k=1}^{n}k^2=\frac{1}{6}n(n+1)(2n+1)$

の n に $n-1$ を代入して求める。

34 (1) $n=1$ のとき

$$a_1=S_1=1^2-3\cdot1=-2$$

$n\geqq2$ のとき

$$a_n=S_n-S_{n-1}$$

$$=(n^2-3n)-\{(n-1)^2-3(n-1)\}$$

$$=n^2-3n-(n^2-2n+1-3n+3)$$

$$=2n-4\quad\cdots\text{①}$$

ここで，①は $n=1$ のとき

$$2\cdot1-4=-2$$

となり，$a_1=-2$ と一致する。

よって $a_n=2n-4$

(2) $n=1$ のとき

$$a_1=S_1=2\cdot1^2-1+1=2$$

← S_1 は第 1 項までの和である。
すなわち初項 a_1 のこと。

← $a_n=S_n-S_{n-1}\ (n\geqq2)$ で求めた
a_n の式が $n=1$ のときも成り
立つか確かめる。

← $n=1$ のときも成り立つから，
1 つの式にまとめられる。

$n \geqq 2$ のとき

$\quad a_n = S_n - S_{n-1}$

$\qquad = (2n^2 - n + 1) - \{2(n-1)^2 - (n-1) + 1\}$

$\qquad = 2n^2 - n + 1 - (2n^2 - 4n + 2 - n + 2)$

$\qquad = 4n - 3 \quad \cdots ①$

ここで，①は $n=1$ のとき

$\quad 4 \cdot 1 - 3 = 1$

となり，$a_1 = 2$ と一致しない。

よって $\begin{cases} a_1 = 2 \\ a_n = 4n - 3 \quad (n \geqq 2) \end{cases}$

◆ a_n の式が $n=1$ のときに成り立たない場合は，$n=1$ と $n \geqq 2$ で分けてかく。

(3) $n=1$ のとき

$\quad a_1 = S_1 = 2 \cdot 3^1 - 2 = 4$

$n \geqq 2$ のとき

$\quad a_n = S_n - S_{n-1}$

$\qquad = (2 \cdot 3^n - 2) - (2 \cdot 3^{n-1} - 2)$

$\qquad = 2 \cdot 3^n - 2 \cdot 3^{n-1}$

$\qquad = 4 \cdot 3^{n-1} \quad \cdots ①$

ここで，①は $n=1$ のとき

$\quad 4 \cdot 3^0 = 4$

となり，$a_1 = 4$ と一致する。

よって $\quad a_n = 4 \cdot 3^{n-1}$

◆ $2 \cdot 3^n - 2 \cdot 3^{n-1}$
$= 2 \cdot 3^{n-1} \cdot 3 - 2 \cdot 3^{n-1}$
$= 2 \cdot 3^{n-1}(3-1)$
$= 4 \cdot 3^{n-1}$

(4) $n=1$ のとき

$\quad a_1 = S_1 = 2^1 + 2 \cdot 1 = 4$

$n \geqq 2$ のとき

$\quad a_n = S_n - S_{n-1}$

$\qquad = (2^n + 2n) - \{2^{n-1} + 2(n-1)\}$

$\qquad = 2^n - 2^{n-1} + 2$

$\qquad = 2^{n-1} + 2 \quad \cdots ①$

ここで，①は $n=1$ のとき

$\quad 2^0 + 2 = 3$

となり，$a_1 = 4$ と一致しない。

よって $\begin{cases} a_1 = 4 \\ a_n = 2^{n-1} + 2 \quad (n \geqq 2) \end{cases}$

◆ $2^n - 2^{n-1} = 2 \cdot 2^{n-1} - 2^{n-1}$
$\qquad\qquad = 2^{n-1}(2-1)$
$\qquad\qquad = 2^{n-1}$

S_n から a_n を求める ➡ $\begin{cases} a_n = S_n - S_{n-1} \quad (n \geqq 2) \\ \text{ただし，} n=1 \text{ のときは} \quad a_1 = S_1 \text{ で確かめる} \end{cases}$

35 (1) $n=1$ のとき

$$a_1 = S_1 = 1^2 - 2 \cdot 1 + 3 = 2$$

$n \geqq 2$ のとき

$$\begin{aligned}
a_n &= S_n - S_{n-1} \\
&= (n^2 - 2n + 3) - \{(n-1)^2 - 2(n-1) + 3\} \\
&= 2n - 3 \quad \cdots\text{①}
\end{aligned}$$

ここで, ①は $n=1$ のとき

$$2 \cdot 1 - 3 = -1$$

となり, $a_1 = 2$ と一致しない。

よって $\begin{cases} a_1 = 2 \\ a_n = 2n - 3 \ (n \geqq 2) \end{cases}$

(2) $a_1 + a_3 + a_5 + \cdots\cdots + a_{99}$

$$\begin{aligned}
&= 2 + 3 + 7 + 11 + \cdots\cdots + 195 \\
&= 2 + \frac{1}{2} \cdot 49(3 + 195) \\
&= 2 + 4851 = 4853
\end{aligned}$$

36 (1) 階差数列を $\{b_n\}$ とすると

$$3, \quad 5, \quad 9, \quad 17, \quad 33, \quad 65, \quad \cdots\cdots \ \{a_n\}$$
$$2 \quad 4 \quad 8 \quad 16 \quad 32 \quad \cdots\cdots \ \{b_n\}$$

$b_n = 2^n$ であるから, $n \geqq 2$ のとき

$$\begin{aligned}
a_n &= 3 + \sum_{k=1}^{n-1} 2^k \\
&= 3 + \frac{2(2^{n-1} - 1)}{2 - 1} \\
&= 2^n + 1 \quad (n=1 \text{ のときも成り立つ})
\end{aligned}$$

よって $a_n = 2^n + 1$

(2) $\begin{aligned}
S_n &= \sum_{k=1}^{n} (2^k + 1) \\
&= \sum_{k=1}^{n} 2^k + \sum_{k=1}^{n} 1 \\
&= \frac{2(2^n - 1)}{2 - 1} + n \\
&= 2^{n+1} + n - 2
\end{aligned}$

37 (1) 第1階差数列を $\{b_n\}$,

第2階差数列を $\{c_n\}$ とすると

$$1, \quad 3, \quad 8, \quad 18, \quad 35, \quad 61, \quad \cdots\cdots \ \{a_n\}$$
$$2 \quad 5 \quad 10 \quad 17 \quad 26 \quad \cdots\cdots \ \{b_n\}$$
$$3 \quad 5 \quad 7 \quad 9 \quad \cdots\cdots \ \{c_n\}$$

（右注）

←S_1 は第1項までの和である。すなわち初項 a_1 のこと。

←$a_n = S_n - S_{n-1}$ $(n \geqq 2)$ で求めた a_n の式が $n=1$ のときも成り立つか確かめ, 成り立たない場合は, $n=1$ と $n \geqq 2$ で分けてかく。

←$2 + 3 + 7 + 11 + \cdots\cdots + 195$
2項目から50項目までは初項 3, 末項 195, 項数 49 の等差数列の和。

←$\sum\limits_{k=1}^{n-1} 2^k = 2 + 2^2 + \cdots\cdots + 2^{n-1}$
初項 2, 公比 2, 項数 $n-1$ の等比数列の和。

←$\sum\limits_{k=1}^{n} 2^k = 2 + 2^2 + \cdots\cdots + 2^n$
初項 2, 公比 2, 項数 n の等比数列の和。

$c_n=2n+1$ であるから，$n\geqq2$ のとき

$$b_n=2+\sum_{k=1}^{n-1}(2k+1)$$

$$=2+2\cdot\frac{1}{2}n(n-1)+(n-1)$$

$$=n^2+1 \qquad (n=1 \text{ のときも成り立つ})$$

よって，$b_n=n^2+1$ であるから，$n\geqq2$ のとき

$$a_n=1+\sum_{k=1}^{n-1}(k^2+1)$$

$$=1+\frac{1}{6}n(n-1)(2n-1)+(n-1)$$

$$=\frac{1}{6}n(2n^2-3n+7)$$

$$(n=1 \text{ のときも成り立つ})$$

ゆえに $a_n=\dfrac{1}{6}n(2n^2-3n+7)$

← $\sum\limits_{k=1}^{n-1}k$ は $\sum\limits_{k=1}^{n}k=\dfrac{1}{2}n(n+1)$ の
n に $n-1$ を代入して求める。

(2) 第1階差数列を $\{b_n\}$，

第2階差数列を $\{c_n\}$ とすると

1，3，6，11，20，37，…… $\{a_n\}$
　2　3　5　9　17　…… $\{b_n\}$
　　1　2　4　8　…… $\{c_n\}$

$c_n=2^{n-1}$ であるから，$n\geqq2$ のとき

$$b_n=2+\sum_{k=1}^{n-1}2^{k-1}$$

$$=2+\frac{1\cdot(2^{n-1}-1)}{2-1}$$

$$=2^{n-1}+1 \qquad (n=1 \text{ のときも成り立つ})$$

よって，$b_n=2^{n-1}+1$ であるから，$n\geqq2$ のとき

$$a_n=1+\sum_{k=1}^{n-1}(2^{k-1}+1)$$

$$=1+\frac{1\cdot(2^{n-1}-1)}{2-1}+(n-1)$$

$$=2^{n-1}+n-1 \qquad (n=1 \text{ のときも成り立つ})$$

ゆえに $a_n=2^{n-1}+n-1$

← $\sum\limits_{k=1}^{n-1}2^{k-1}$ は，初項 1，公比 2，
項数 $n-1$ の等比数列の和。

38 (1) 数列 $\{a_n\}$ の各項の逆数の数列を $\{b_n\}$ とすると

$$\{b_n\}:\frac{1}{60},\ \frac{1}{30},\ \frac{1}{20},\ \frac{1}{15},\ \frac{1}{12},\ \frac{1}{10},\ \cdots\cdots$$

$\{b_n\}$ は初項 $\dfrac{1}{60}$，公差 $\dfrac{1}{60}$ の等差数列であるから

$$b_n=\frac{1}{60}+(n-1)\cdot\frac{1}{60}=\frac{n}{60}$$

よって $a_n=\dfrac{1}{b_n}=\dfrac{60}{n}$

← $b_n=\dfrac{1}{a_n}$

← $\{b_n\}:\dfrac{1}{60},\ \dfrac{2}{60},\ \dfrac{3}{60},\ \cdots$

← $\{a_n\}$ の各項の逆数の数列が
等差数列であるとき，$\{a_n\}$ を
調和数列という。

(2) 数列 $\{a_n\}$ の各項の逆数の数列を $\{b_n\}$ とすると

　　$\{b_n\}:2,\ 3,\ 6,\ 11,\ 18,\ 27,\ \cdots\cdots$

　その階差数列を $\{c_n\}$ とすると

　　$\{c_n\}:1,\ 3,\ 5,\ 7,\ 9,\ \cdots\cdots$

　であるから

　　$c_n=1+(n-1)\cdot2=2n-1$

　$n\geqq2$ のとき

　　$b_n=2+\displaystyle\sum_{k=1}^{n-1}(2k-1)$

　　　$=2+2\cdot\dfrac{1}{2}(n-1)n-(n-1)$

　　　$=n^2-2n+3$ 　$(n=1$のときも成り立つ$)$

　よって　$a_n=\dfrac{1}{b_n}=\dfrac{1}{n^2-2n+3}$

◀ 数列 $\{a_n\}$ の一般項は，次の順に考えるとよい。
・$\{a_n\}$ が等差数列か等比数列
・$\{a_n\}$ の階差数列
・$\{a_n\}$ の各項の逆数の数列

39 (1) 第 k 項は

　　$\dfrac{1}{2k(2k+2)}=\dfrac{1}{4k(k+1)}=\dfrac{1}{4}\left(\dfrac{1}{k}-\dfrac{1}{k+1}\right)$

　であるから

　　$S_n=\displaystyle\sum_{k=1}^{n}\dfrac{1}{4}\left(\dfrac{1}{k}-\dfrac{1}{k+1}\right)$

　　　$=\dfrac{1}{4}\left\{\left(\dfrac{1}{1}-\dfrac{1}{2}\right)+\left(\dfrac{1}{2}-\dfrac{1}{3}\right)+\left(\dfrac{1}{3}-\dfrac{1}{4}\right)+\cdots\right.$

　　　　　　　　　　　　　　$\left.\cdots+\left(\dfrac{1}{n}-\dfrac{1}{n+1}\right)\right\}$

　　　$=\dfrac{1}{4}\left(1-\dfrac{1}{n+1}\right)=\dfrac{n}{4(n+1)}$

(2) 第 k 項は

　　$\dfrac{1}{(3k-1)(3k+2)}=\dfrac{1}{3}\left(\dfrac{1}{3k-1}-\dfrac{1}{3k+2}\right)$

　であるから

　　$S_n=\displaystyle\sum_{k=1}^{n}\dfrac{1}{3}\left(\dfrac{1}{3k-1}-\dfrac{1}{3k+2}\right)$

　　　$=\dfrac{1}{3}\left\{\left(\dfrac{1}{2}-\dfrac{1}{5}\right)+\left(\dfrac{1}{5}-\dfrac{1}{8}\right)+\left(\dfrac{1}{8}-\dfrac{1}{11}\right)+\cdots\right.$

　　　　　　　　　　　　　$\left.\cdots+\left(\dfrac{1}{3n-1}-\dfrac{1}{3n+2}\right)\right\}$

　　　$=\dfrac{1}{3}\left(\dfrac{1}{2}-\dfrac{1}{3n+2}\right)=\dfrac{n}{2(3n+2)}$

◀ 分数の数列の和は，部分分数に分けて求める。

代表的な部分分数

$\dfrac{1}{k(k+1)}=\dfrac{1}{k}-\dfrac{1}{k+1}$

$\dfrac{1}{k(k+2)}=\dfrac{1}{2}\left(\dfrac{1}{k}-\dfrac{1}{k+2}\right)$

◀ $\dfrac{1}{2\cdot5},\ \dfrac{1}{5\cdot8},\ \dfrac{1}{8\cdot11},\ \dfrac{1}{11\cdot14},\ \cdots\cdots$

$\dfrac{1}{(3k-1)(3k+2)}$

$=\square\left(\dfrac{1}{3k-1}-\dfrac{1}{3k+2}\right)$

$=\square\left\{\dfrac{3k+2-3k+1}{(3k-1)(3k+2)}\right\}$

$=\square\left\{\dfrac{3}{(3k-1)(3k+2)}\right\}$

よって　$\square=\dfrac{1}{3}$

分数の数列の和 ➡ 部分分数に分ける

40 (1) 第 k 項は

$$\frac{1}{\sqrt{2k}+\sqrt{2k+2}}=\frac{\sqrt{2k}-\sqrt{2k+2}}{(\sqrt{2k}+\sqrt{2k+2})(\sqrt{2k}-(\sqrt{2k+2}))}$$

← 分母の有理化

$$=\frac{\sqrt{2k}-\sqrt{2k+2}}{2k-(2k+2)}=\frac{1}{2}(\sqrt{2k+2}-\sqrt{2k})$$

であるから

$$S_n=\sum_{k=1}^{n}\frac{1}{2}(\sqrt{2k+2}-\sqrt{2k})$$

$$=\frac{1}{2}\{(\sqrt{4}-\sqrt{2})+(\sqrt{6}-\sqrt{4})+(\sqrt{8}-\sqrt{6})+\cdots$$

← $\cdots+(\blacksquare-\bigcirc)+(\square-\blacksquare)+\cdots\cdots$
  この 2 項が消去

$$\cdots+(\sqrt{2n+2}-\sqrt{2n})\}$$

$$=\frac{1}{2}(\sqrt{2n+2}-\sqrt{2})$$

(2) 第 k 項は

$$\frac{1}{\sqrt{k}+\sqrt{k+2}}=\frac{\sqrt{k}-\sqrt{k+2}}{(\sqrt{k}+\sqrt{k+2})(\sqrt{k}-\sqrt{k+2})}$$

← 分母の有理化

$$=\frac{\sqrt{k}-\sqrt{k+2}}{k-(k+2)}=\frac{1}{2}(\sqrt{k+2}-\sqrt{k})$$

であるから

$$S_n=\sum_{k=1}^{n}\frac{1}{2}(\sqrt{k+2}-\sqrt{k})$$

$$=\frac{1}{2}\{(\sqrt{3}-\sqrt{1})+(\sqrt{4}-\sqrt{2})+(\sqrt{5}-\sqrt{3})+\cdots$$

$$\cdots+(\sqrt{n+1}-\sqrt{n-1})+(\sqrt{n+2}-\sqrt{n})\}$$

← $\cdots+(\blacksquare-\bigcirc)+(\square-\triangle)+(\blacktriangle-\blacksquare)+\cdots$
  この 2 項が消去

$$=\frac{1}{2}(\sqrt{n+2}+\sqrt{n+1}-\sqrt{2}-1)$$

分数の数列の和（分母が無理数） ➡ 分母を有理化

---

41 第 k 項は

$$k\{n-(k-1)\}^2=k\{(n+1)-k\}^2$$

$$=k^3-2(n+1)k^2+(n+1)^2k$$

であるから

$$\sum_{k=1}^{n}\{k^3-2(n+1)k^2+(n+1)^2k\}$$

← n は $\displaystyle\sum_{k=1}^{n}$ の影響を受けないから定数扱いになる。

$$=\left\{\frac{1}{2}n(n+1)\right\}^2-2(n+1)\cdot\frac{1}{6}n(n+1)(2n+1)$$

$$+(n+1)^2\cdot\frac{1}{2}n(n+1)$$

← $\dfrac{1}{12}n(n+1)^2$ が共通因数。

$$=\frac{1}{12}n(n+1)^2\{3n-4(2n+1)+6(n+1)\}$$

$$=\frac{1}{12}n(n+1)^2(n+2)$$

42

$$S_n = 1 \cdot 1 + 2 \cdot 2 + 3 \cdot 2^2 + \cdots + n \cdot 2^{n-1}$$
$$\underline{-)\ 2S_n = \qquad 1 \cdot 2 + 2 \cdot 2^2 + \cdots + (n-1) \cdot 2^{n-1} + n \cdot 2^n}$$
$$-S_n = 1 \cdot 1 + 1 \cdot 2 + 1 \cdot 2^2 + \cdots + 1 \cdot 2^{n-1} \qquad - n \cdot 2^n$$
$$= \frac{1 \cdot (2^n - 1)}{2 - 1} - n \cdot 2^n$$
$$= 2^n - 1 - n \cdot 2^n$$
$$= -(n-1)2^n - 1$$

よって $S_n = (n-1)2^n + 1$

← $1 \cdot 1 + 1 \cdot 2 + 1 \cdot 2^2 + 1 \cdot 2^3 + \cdots + 1 \cdot 2^{n-1}$ は，初項 1, 公比 2, 項数 n の等比数列の和。

43 (1) 第 $(n-1)$ 群の最後の数までの項数は

$$1 + 2 + 2^2 + \cdots\cdots + 2^{n-2} = \frac{1 \cdot (2^{n-1} - 1)}{2 - 1} = 2^{n-1} - 1$$

← 初項 1, 公比 2, 項数 $n-1$ の等比数列の和。

であるから，第 n 群の最初の数は，数列 $\{a_m\}$ の

$2^{n-1} - 1 + 1 = 2^{n-1}$ （番目）

ここで，区切りを除いた数列 $\{a_m\}$ の第 m 項は

$a_m = m$

よって 2^{n-1}

(2) 500 が第 k 群の l 番目の数とすると，(1)より

$2^{k-1} - 1 < 500 \leqq 2^k - 1$

$2^{k-1} < 501 \leqq 2^k$

ここで $2^8 = 256$, $2^9 = 512$

であるから $k = 9$

よって，500 は第 9 群に含まれており

$l = 500 - (2^8 - 1) = 245$

よって，500 は 第 9 群の 245 番目

←
第 k 群
······○ | ······500······○ |
　　↑　　　　　　↑
$2^{k-1} - 1$　　　$2^k - 1$

← 第 8 群までに含まれる数を引く。

群数列の第 n 群の i 番目

➡ まず，第 n 群または第 $(n-1)$ 群の終わりまでの項数を求める

➡ 第 n 群の i 番目が，区切りを除いた数列の第何項にあたるか調べる

44

$$\frac{1}{2} \left| \frac{1}{4}, \frac{3}{4} \right| \frac{1}{6}, \frac{3}{6}, \frac{5}{6} \left| \frac{1}{8}, \frac{3}{8}, \frac{5}{8}, \frac{7}{8} \right| \frac{1}{10}, \frac{3}{10} \cdots$$

のように，分母が等しい分数で群に分けると，

第 n 群には $2n$ を分母とする n 個の数が含まれる。

(1) $\dfrac{7}{30}$ は第 15 群の 4 番目であるから

$$(1 + 2 + 3 + \cdots + 14) + 4 = \frac{1}{2} \cdot 14 \cdot 15 + 4 = 109$$

よって 第 109 項

← 分母 $2n = 30$ より第 15 群, $1, 3, 5, 7$ より 4 番目

(2) 第 k 群に含まれる数の和は

$$\frac{1}{2k}+\frac{3}{2k}+\frac{5}{2k}+\cdots\cdots+\frac{2k-1}{2k}$$

$$=\frac{1}{2k}\{1+3+5+\cdots\cdots+(2k-1)\}=\frac{k^2}{2k}=\frac{k}{2}$$

よって

$$\sum_{k=1}^{14}\frac{k}{2}+\left(\frac{1}{30}+\frac{3}{30}+\frac{5}{30}+\frac{7}{30}\right)$$

$$=\frac{1}{2}\cdot\frac{1}{2}\cdot14\cdot15+\frac{16}{30}=\frac{1591}{30}$$

← 分子は，初項 1，公差 2，末項 $2k-1$ の等差数列の和として計算できる。

← 第 1 群から第 14 群までの和に，第 15 群の 4 番目までの和を足す。

45 (1) $a_2=a_1+3=1+3=4$
$a_3=a_2+3=4+3=7$
$a_4=a_3+3=7+3=10$
$a_5=a_4+3=10+3=13$

(2) $a_2=-2a_1=-2\cdot3=-6$
$a_3=-2a_2=-2\cdot(-6)=12$
$a_4=-2a_3=-2\cdot12=-24$
$a_5=-2a_4=-2\cdot(-24)=48$

(3) $a_2=2a_1-1=2\cdot2-1=3$
$a_3=2a_2-1=2\cdot3-1=5$
$a_4=2a_3-1=2\cdot5-1=9$
$a_5=2a_4-1=2\cdot9-1=17$

(4) $a_2=3a_1-1=3\cdot1-1=2$
$a_3=3a_2-2=3\cdot2-2=4$
$a_4=3a_3-3=3\cdot4-3=9$
$a_5=3a_4-4=3\cdot9-4=23$

← a_n から a_{n+1} を定めていく式を漸化式という。

46 (1) 初項 2，公差 3 の等差数列であるから
$a_1=2,\ a_{n+1}=a_n+3$

(2) 初項 1，公比 3 の等比数列であるから
$a_1=1,\ a_{n+1}=3a_n$

(3) $a_1=1,\ a_{n+1}-a_n=n$

(4) $a_1=1,\ a_{n+1}-a_n=n^2$

47 (1) $a_{n+1}=a_n-3$ と変形できる。
初項 4，公差 -3 の等差数列であるから
$a_n=4+(n-1)(-3)=-3n+7$

等差・等比数列と漸化式

初項 a，公差 d の等差数列
$a_1=a,\ a_{n+1}=a_n+d$
初項 a，公比 r の等比数列
$a_1=a,\ a_{n+1}=ra_n$

←(3) 1, 2, 4, 7, $\cdots$, a_n, a_{n+1}
$\qquad\quad$ 1 $\ $ 2 $\ $ 3 $\quad\cdots\cdots\quad$ n

(4) 1, 2, 6, 15, $\cdots$, a_n, a_{n+1}
$\qquad\quad$ 1 $\ $ 4 $\ $ 9 $\quad\cdots\cdots\quad$ n^2

(2) 初項 3，公比 5 の等比数列であるから
$$a_n = 3 \cdot 5^{n-1}$$

(3) $n \geqq 2$ のとき
$$a_n = a_1 + \sum_{k=1}^{n-1} (4k-2)$$
$$= 2 + 4 \cdot \frac{1}{2}(n-1)n - 2(n-1)$$
$$= 2n^2 - 4n + 4 \quad (n=1 \text{ のときも成り立つ})$$
よって $a_n = 2n^2 - 4n + 4$

(4) $n \geqq 2$ のとき
$$a_n = a_1 + \sum_{k=1}^{n-1} 2^k$$
$$= 1 + \frac{2(2^{n-1}-1)}{2-1}$$

← $2 \cdot 2^{n-1} = 2^n$

$$= 2^n - 1 \quad (n=1 \text{ のときも成り立つ})$$
よって $a_n = 2^n - 1$

$$a_{n+1} = a_n + f(n) \text{ の漸化式} \ \Rightarrow \ n \geqq 2 \text{ のとき } a_n = a_1 + \sum_{k=1}^{n-1} f(k)$$

---

48 (1) $a_{n+1} + 4 = 2(a_n + 4)$ と変形できる。
$b_n = a_n + 4$ とおくと $b_{n+1} = 2b_n$
数列 $\{b_n\}$ は，初項 $b_1 = a_1 + 4 = 5$，公比 2 の
等比数列である。
よって $b_n = 5 \cdot 2^{n-1}$ より
$$a_n + 4 = 5 \cdot 2^{n-1}$$
ゆえに $a_n = 5 \cdot 2^{n-1} - 4$

← $a_{n+1} = 2a_n + 4$
の a_{n+1} と a_n を α とおくと
$\alpha = 2\alpha + 4$
(この式を特性方程式という)
これを解くと $\alpha = -4$

(2) $a_{n+1} + 1 = 4(a_n + 1)$ と変形できる。
$b_n = a_n + 1$ とおくと $b_{n+1} = 4b_n$
数列 $\{b_n\}$ は，初項 $b_1 = a_1 + 1 = 3$，公比 4 の
等比数列である。
よって $b_n = 3 \cdot 4^{n-1}$ より
$$a_n + 1 = 3 \cdot 4^{n-1}$$
ゆえに $a_n = 3 \cdot 4^{n-1} - 1$

← $a_{n+1} = 4a_n + 3$
特性方程式の解は
$\alpha = 4\alpha + 3$ より $\alpha = -1$

(3) $a_{n+1} - 4 = -(a_n - 4)$ と変形できる。
$b_n = a_n - 4$ とおくと $b_{n+1} = -b_n$
数列 $\{b_n\}$ は，初項 $b_1 = a_1 - 4 = -5$，公比 -1 の
等比数列である。
よって $b_n = -5 \cdot (-1)^{n-1}$ より
$$a_n - 4 = -5 \cdot (-1)^{n-1}$$
ゆえに $a_n = 5 \cdot (-1)^n + 4$

← $a_{n+1} = -a_n + 8$
特性方程式の解は
$\alpha = -\alpha + 8$ より $\alpha = 4$

← $-5 \cdot (-1)^{n-1} = 5 \cdot (-1)^n$

(4)　$a_{n+1}-2=\dfrac{1}{2}(a_n-2)$　と変形できる。

　　$b_n=a_n-2$　とおくと　$b_{n+1}=\dfrac{1}{2}b_n$

　　数列 $\{b_n\}$ は，初項 $b_1=a_1-2=1$，公比 $\dfrac{1}{2}$ の

　　等比数列である。

　　よって　$b_n=\left(\dfrac{1}{2}\right)^{n-1}$　より

　　　　$a_n-2=\left(\dfrac{1}{2}\right)^{n-1}$

　　ゆえに　$a_n=\left(\dfrac{1}{2}\right)^{n-1}+2$

◆ $a_{n+1}=\dfrac{1}{2}a_n+1$

特性方程式の解は

$\alpha=\dfrac{1}{2}\alpha+1$ より $\alpha=2$

◆ $a_n=\dfrac{1}{2^{n-1}}+2$ でもよい。

(5)　$a_{n+1}-\dfrac{3}{4}=5\left(a_n-\dfrac{3}{4}\right)$　と変形できる。

　　$b_n=a_n-\dfrac{3}{4}$　とおくと　$b_{n+1}=5b_n$

　　数列 $\{b_n\}$ は，初項 $b_1=a_1-\dfrac{3}{4}=\dfrac{5}{4}$，公比 5 の

　　等比数列である。

　　よって　$b_n=\dfrac{5}{4}\cdot 5^{n-1}$　より

　　　　$a_n-\dfrac{3}{4}=\dfrac{5}{4}\cdot 5^{n-1}$

　　ゆえに　$a_n=\dfrac{1}{4}(5^n+3)$

◆ $a_{n+1}=5a_n-3$

特性方程式の解は

$\alpha=5\alpha-3$ より $\alpha=\dfrac{3}{4}$

◆ $5\cdot 5^{n-1}=5^n$

◆ $a_n=\dfrac{1}{4}\cdot 5^n+\dfrac{3}{4}$ でもよい。

(6)　$a_{n+1}-\dfrac{1}{4}=-3\left(a_n-\dfrac{1}{4}\right)$　と変形できる。

　　$b_n=a_n-\dfrac{1}{4}$　とおくと　$b_{n+1}=-3b_n$

　　数列 $\{b_n\}$ は，初項 $b_1=a_1-\dfrac{1}{4}=-\dfrac{5}{4}$，公比 -3

　　の等比数列である。

　　よって　$b_n=-\dfrac{5}{4}\cdot(-3)^{n-1}$　より

　　　　$a_n-\dfrac{1}{4}=-\dfrac{5}{4}\cdot(-3)^{n-1}$

　　ゆえに　$a_n=\dfrac{1}{4}\{1-5\cdot(-3)^{n-1}\}$

◆ $a_{n+1}+3a_n=1$

特性方程式の解は

$\alpha+3\alpha=1$ より $\alpha=\dfrac{1}{4}$

◆ $a_n=\dfrac{1}{4}-\dfrac{5}{4}\cdot(-3)^{n-1}$ でもよい。

$a_{n+1}=pa_n+q$ $(p\neq 1)$ の漸化式 ➡ $a_{n+1}-\alpha=p(a_n-\alpha)$ と変形

数列

49 $a_{n+1}-a_n=\dfrac{1}{n(n+1)}$ より

$n\geqq 2$ のとき

$a_n=a_1+\displaystyle\sum_{k=1}^{n-1}\dfrac{1}{k(k+1)}$

$=1+\displaystyle\sum_{k=1}^{n-1}\left(\dfrac{1}{k}-\dfrac{1}{k+1}\right)$

$=1+\left\{\left(1-\dfrac{1}{2}\right)+\left(\dfrac{1}{2}-\dfrac{1}{3}\right)+\cdots\cdots+\left(\dfrac{1}{n-1}-\dfrac{1}{n}\right)\right\}$

$=1+1-\dfrac{1}{n}=\dfrac{2n-1}{n}$　（$n=1$ のときも成り立つ）

よって　$a_n=\dfrac{2n-1}{n}$

← $a_{n+1}=a_n+f(n)$ の漸化式
　$\Longrightarrow$ $n\geqq 2$ のとき
　　$a_n=a_1+\displaystyle\sum_{k=1}^{n-1}f(k)$

代表的な部分分数

$\dfrac{1}{k(k+1)}=\dfrac{1}{k}-\dfrac{1}{k+1}$

$\dfrac{1}{k(k+2)}=\dfrac{1}{2}\left(\dfrac{1}{k}-\dfrac{1}{k+2}\right)$

← $a_n=2-\dfrac{1}{n}$ でもよい。

50 (1)　$a_{n+1}=\dfrac{n+1}{n+2}a_n$ の両辺に $(n+2)$ を掛けると

$(n+2)a_{n+1}=(n+1)a_n$

ここで，$b_n=(n+1)a_n$ とおくと　$b_{n+1}=b_n$

また　$b_1=2a_1=\dfrac{2}{3}$

(2)　(1)より，数列 $\{b_n\}$ は，初項 $\dfrac{2}{3}$，公比 1 の

等比数列である。

よって　$b_n=\dfrac{2}{3}$

ゆえに　$a_n=\dfrac{b_n}{n+1}=\dfrac{2}{3(n+1)}$

← $b_{n+1}=b_n$ より，$\{b_n\}$ の項は
すべて等しくなるから
　$b_n=b_1=\dfrac{2}{3}$
と求めてもよい。

51　$a_{n+1}=2a_n+2^n$ の両辺を 2^{n+1} で割ると

$\dfrac{a_{n+1}}{2^{n+1}}=\dfrac{2a_n}{2^{n+1}}+\dfrac{2^n}{2^{n+1}}$ より　$\dfrac{a_{n+1}}{2^{n+1}}=\dfrac{a_n}{2^n}+\dfrac{1}{2}$

ここで，$\dfrac{a_n}{2^n}=b_n$ とおくと　$b_{n+1}=b_n+\dfrac{1}{2}$

よって，数列 $\{b_n\}$ は，初項 $b_1=\dfrac{a_1}{2}=1$，公差 $\dfrac{1}{2}$

の等差数列である。

ゆえに　$b_n=1+(n-1)\cdot\dfrac{1}{2}=(n+1)\cdot\dfrac{1}{2}$

したがって　$a_n=b_n\cdot 2^n=(n+1)\cdot 2^{n-1}$

← $\dfrac{a_{n+1}}{2^{n+1}}=\dfrac{a_n}{2^n}+\dfrac{2^n}{2^{n+1}}\ \dfrac{1}{2}$
　　　　　　　　　　　　　　文字を合わせる
・等差数列を表す漸化式
　$a_{n+1}=a_n+d$
・等差数列の一般項
　$a_n=a+(n-1)d$

← $(n+1)\cdot\dfrac{1}{2}\cdot 2^n=(n+1)\cdot 2^{n-1}$

$a_{n+1}=pa_n+r^n\ (p\neq 1)$ ➡ 両辺を r^{n+1} で割り，$\dfrac{a_n}{r^n}=b_n$ とおく

52 $a_1 = 2 > 0$ であるから，任意の自然数 n について

$\qquad a_n > 0$

よって，$a_{n+1} = \dfrac{a_n}{a_n + 3}$ の両辺の逆数をとると

$\qquad \dfrac{1}{a^{n+1}} = \dfrac{a_n + 3}{a_n} = 1 + \dfrac{3}{a_n}$

$\qquad\qquad\qquad\qquad\qquad\qquad\qquad$ ⬅ $\dfrac{a_n + 3}{a_n} = \dfrac{a_n}{a_n} + \dfrac{3}{a_n}$

ここで，$b_n = \dfrac{1}{a_n}$ とおくと $\quad b_{n+1} = 3b_n + 1$

$\qquad\qquad\qquad\qquad\qquad\qquad\qquad$ ⬅ $b_{n+1} = 3b_n + 1$
$\qquad\qquad\qquad\qquad\qquad\qquad\qquad$ 特性方程式の解は

これは，$b_{n+1} + \dfrac{1}{2} = 3\left(b_n + \dfrac{1}{2}\right)$ と変形できる。 $\qquad \alpha = 3\alpha + 1$ より $\alpha = -\dfrac{1}{2}$

$c_n = b_n + \dfrac{1}{2}$ とおくと $\quad c_{n+1} = 3c_n$ であるから，

数列 $\{c_n\}$ は，初項 $c_1 = b_1 + \dfrac{1}{2} = \dfrac{1}{a_1} + \dfrac{1}{2} = 1$，

公比 3 の等比数列である。

ゆえに $\quad c_n = 3^{n-1}$ すなわち $\quad b_n + \dfrac{1}{2} = 3^{n-1}$

より $\qquad b_n = 3^{n-1} - \dfrac{1}{2} = \dfrac{2 \cdot 3^{n-1} - 1}{2}$

したがって $\quad a_n = \dfrac{1}{b_n} = \dfrac{2}{2 \cdot 3^{n-1} - 1}$

$$a_{n+1} = \dfrac{a_n}{pa_n + q} \ \Rightarrow \ \text{両辺の逆数をとり，} \ \dfrac{1}{a_n} = b_n \ \text{とおく}$$

---

53 $\qquad a_{n+2} = 3a_{n+1} + 2(n+1) - 1$

$\qquad -)\ a_{n+1} = 3a_n\ \ \ + 2n - 1$

$\quad a_{n+2} - a_{n+1} = 3(a_{n+1} - a_n) + 2$

$b_n = a_{n+1} - a_n$ とおくと $\quad b_{n+1} = a_{n+2} - a_{n+1}$

よって $\quad b_{n+1} = 3b_n + 2 \quad \cdots①$

また $\quad b_1 = a_2 - a_1$

$\qquad\qquad = (3a_1 + 2 \cdot 1 - 1) - a_1$

$\qquad\qquad = 2a_1 + 1 = 3$

①は，$b_{n+1} + 1 = 3(b_n + 1)$ と変形できる。 $\qquad$ ⬅ $b_{n+1} = 3b_n + 2$
$\qquad\qquad\qquad\qquad\qquad\qquad\qquad\qquad$ 特性方程式の解は

ここで，$c_n = b_n + 1$ とおくと $\quad c_{n+1} = 3c_n$ $\qquad \alpha = 3\alpha + 2$ より $\alpha = -1$

また $\quad c_1 = b_1 + 1 = 3 + 1 = 4$

よって，数列 $\{c_n\}$ は，初項 4，公比 3 の等比数列

である。

ゆえに $\quad c_n = 4 \cdot 3^{n-1}$ より $\quad b_n = 4 \cdot 3^{n-1} - 1$

すなわち $\quad a_{n+1} - a_n = 4 \cdot 3^{n-1} - 1$ $\qquad$ ⬅ $\{b_n\}$ は $\{a_n\}$ の階差数列。

$n \geqq 2$ のとき

$$a_n = a_1 + \sum_{k=1}^{n-1}(4 \cdot 3^{k-1} - 1)$$

$$= 1 + \frac{4(3^{n-1}-1)}{3-1} - (n-1)$$

$$= 2 \cdot 3^{n-1} - n \quad (n=1 \text{ のときも成り立つ})$$

したがって $a_n = 2 \cdot 3^{n-1} - n$

$a_{n+1} = pa_n + qn + r \ (p \neq 1) \Rightarrow a_{n+2} = pa_{n+1} + q(n+1) + r$ との
両辺の差をとり，$a_{n+1} - a_n = b_n$ とおく

---

54 (1) $b_n = a_n + n$ より

$a_n = b_n - n$

であるから

$a_{n+1} = b_{n+1} - (n+1)$

これらを $a_{n+1} = 2a_n + n - 1$ に代入して

$b_{n+1} - (n+1) = 2(b_n - n) + n - 1$

よって $b_{n+1} = 2b_n$

ゆえに，数列 $\{b_n\}$ は，初項 $b_1 = a_1 + 1 = 2$，

公比 2 の等比数列であるから

$b_n = 2 \cdot 2^{n-1} = 2^n$

(2) $a_n = b_n - n$ より

$a_n = 2^n - n$

← a_n, a_{n+1} を b_n, b_{n+1} に置きかえる。

55 $n=1$ のとき $S_1 = 2 - 3a_1$

$a_1 = S_1$ より $a_1 = 2 - 3a_1$

よって $a_1 = \dfrac{1}{2}$

$n \geqq 2$ のとき

$$a_n = S_n - S_{n-1}$$

$$= (2 - 3a_n) - (2 - 3a_{n-1})$$

$$= -3a_n + 3a_{n-1}$$

ゆえに $a_n = \dfrac{3}{4}a_{n-1}$

したがって，数列 $\{a_n\}$ は，初項 $\dfrac{1}{2}$，公比 $\dfrac{3}{4}$ の

等比数列であるから

$$a_n = \frac{1}{2} \cdot \left(\frac{3}{4}\right)^{n-1}$$

数列の和と一般項
$n=1$ のとき $a_1 = S_1$ $n \geqq 2$ のとき $a_n = S_n - S_{n-1}$

56 $a_{n+2}-a_{n+1}=3(a_{n+1}-a_n)$ と変形できる。

ここで，$b_n=a_{n+1}-a_n$ とおくと　$b_{n+1}=3b_n$

また　$b_1=a_2-a_1=5-1=4$

よって，数列 $\{b_n\}$ は，初項 4，公比 3 の等比数列であるから

$\qquad b_n=4\cdot 3^{n-1}$　すなわち　$a_{n+1}-a_n=4\cdot 3^{n-1}$

$n\geqq 2$ のとき

$\qquad a_n=1+\displaystyle\sum_{k=1}^{n-1}4\cdot 3^{k-1}$

$\qquad\quad =1+\dfrac{4\cdot(3^{n-1}-1)}{3-1}$

$\qquad\quad =2\cdot 3^{n-1}-1$　（$n=1$ のときも成り立つ）

ゆえに　$a_n=2\cdot 3^{n-1}-1$

別解 $\begin{cases} a_{n+2}-a_{n+1}=3(a_{n+1}-a_n) & \cdots① \\ a_{n+2}-3a_{n+1}=a_{n+1}-3a_n & \cdots② \end{cases}$

と変形できる。

①より，数列 $\{a_{n+1}-a_n\}$ は，初項 $a_2-a_1=4$，公比 3 の等比数列であるから

$\qquad a_{n+1}-a_n=4\cdot 3^{n-1}$　$\cdots③$

②より，数列 $\{a_{n+1}-3a_n\}$ は，初項 $a_2-3a_1=2$ で，すべての項が初項に等しい数列であるから

$\qquad a_{n+1}-3a_n=2$　　　　$\cdots④$

③－④より　$2a_n=4\cdot 3^{n-1}-2$

よって　$a_n=2\cdot 3^{n-1}-1$

◀ 特性方程式 $t^2-4t+3=0$ の解 $t=1,\ 3$ を利用。

◀ $a_{n+2}-\alpha a_{n+1}=\beta(a_{n+1}-\alpha a_n)$ の $\alpha,\ \beta$ は $t^2-4t+3=0$ の解で①は　$\alpha=1,\ \beta=3$　②は　$\alpha=3,\ \beta=1$

$$a_{n+2}+pa_{n+1}+qa_n=0 \ \Rightarrow\ \begin{array}{l} t^2+pt+q=0 \text{ の解 } t=\alpha,\ \beta \text{ から} \\ a_{n+2}-\alpha a_{n+1}=\beta(a_{n+1}-\alpha a_n) \end{array}$$

---

57 (1) $(n+1)$ 回目までの数字の和が偶数であるのは，次の(i)，(ii)のときである。

(i)　n 回目までの数字の和が偶数で，$(n+1)$ 回目に偶数のカードを取り出す。

(ii)　n 回目までの数字の和が奇数で，$(n+1)$ 回目に奇数のカードを取り出す。

n 回目までの数字の和が偶数である確率が P_n であるから，和が奇数である確率は $1-P_n$

よって

$$P_{n+1}=P_n\times\frac{2}{5}+(1-P_n)\times\frac{3}{5}=-\frac{1}{5}P_n+\frac{3}{5}$$

◀ 条件を満たすような，n 回目から $n+1$ 回目への推移を考える。

◀ 和が偶数である事象の余事象の確率。

◀ 1 回の操作で偶数である確率は $\dfrac{2}{5}$ 奇数である確率は $\dfrac{3}{5}$

(2) (1)より $P_{n+1} - \dfrac{1}{2} = -\dfrac{1}{5}\left(P_n - \dfrac{1}{2}\right)$

数列 $\left\{P_n - \dfrac{1}{2}\right\}$ は，初項 $P_1 - \dfrac{1}{2} = \dfrac{2}{5} - \dfrac{1}{2} = -\dfrac{1}{10}$，

公比 $-\dfrac{1}{5}$ の等比数列であるから

$$P_n - \dfrac{1}{2} = -\dfrac{1}{10}\left(-\dfrac{1}{5}\right)^{n-1} = \dfrac{1}{2}\left(-\dfrac{1}{5}\right)^{n}$$

よって $P_n = \dfrac{1}{2}\left\{1 + \left(-\dfrac{1}{5}\right)^{n}\right\}$

← $P_{n+1} = -\dfrac{1}{5}P_n + \dfrac{3}{5}$

特性方程式の解は

$\alpha = -\dfrac{1}{5}\alpha + \dfrac{3}{5}$ より

$\alpha = \dfrac{1}{2}$

← $-\dfrac{1}{10}\left(-\dfrac{1}{5}\right)^{n-1} = \dfrac{1}{2}\left(-\dfrac{1}{5}\right)\left(-\dfrac{1}{5}\right)^{n-1}$

$= \dfrac{1}{2}\left(-\dfrac{1}{5}\right)^{n}$

$(n+1)$ 回目までの確率 P_{n+1}

➡ n 回目までの確率 P_n とその余事象の確率 $1-P_n$ で表すことを考える

---

58 (1) $2 + 5 + 8 + \cdots\cdots + (3n-1) = \dfrac{n(3n+1)}{2}$ …①

とおく。

(Ⅰ) $n=1$ のとき

(左辺)$=2$，(右辺)$=\dfrac{1\cdot 4}{2} = 2$

よって，$n=1$ のとき，①が成り立つ。

(Ⅱ) $n=k$ のとき，①が成り立つと仮定すると

$$2 + 5 + 8 + \cdots\cdots + (3k-1) = \dfrac{k(3k+1)}{2}$$ …②

$n=k+1$ のとき，①の左辺を，②を用いて変形すると

(左辺)

$= 2 + 5 + 8 + \cdots\cdots + (3k-1) + \{3(k+1)-1\}$

$= \dfrac{k(3k+1)}{2} + \{3(k+1)-1\}$

$= \dfrac{3k^2 + 7k + 4}{2}$

$= \dfrac{(k+1)(3k+4)}{2}$

$= \dfrac{(k+1)\{3(k+1)+1\}}{2} = $(右辺)

よって，$n=k+1$ のときも①が成り立つ。

(Ⅰ)，(Ⅱ)より，①はすべての自然数 n について成り立つ。 🈡

(2) $1 + 3 + 3^2 + \cdots\cdots + 3^{n-1} = \dfrac{3^n - 1}{2}$ …① とおく。

数学的帰納法

(Ⅰ) $n=1$ のとき，成り立つことを示す。

(Ⅱ) $n=k$（k は自然数）のとき，成り立つと仮定すると $n=k+1$ のときも成り立つことを示す。

(Ⅰ)，(Ⅱ)より，すべての自然数で成り立つ。

$\dfrac{2 + 5 + 8 + \cdots\cdots + (3k-1) + \{3(k+1)-1\}}{}$

$= \dfrac{k(3k+1)}{2} + (3k+2)$

$\boxed{n=k \text{ のときの式を使う}}$

← $n=k+1$ を①の右辺に代入した式になっている。

(I) $n=1$ のとき

$$(\text{左辺})=3^0=1, \quad (\text{右辺})=\frac{3-1}{2}=1$$

よって，$n=1$ のとき，①が成り立つ。

(II) $n=k$ のとき，①が成り立つと仮定すると

$$1+3+3^2+\cdots\cdots+3^{k-1}=\frac{3^k-1}{2} \quad \cdots ②$$

$n=k+1$ のとき，①の左辺を，②を用いて変形すると

$$(\text{左辺})=1+3+3^2+\cdots\cdots+3^{k-1}+3^k$$

$$=\frac{3^k-1}{2}+3^k$$

$$=\frac{(1+2)3^k-1}{2}=\frac{3^{k+1}-1}{2}=(\text{右辺})$$

$$\underbrace{1+3+3^2+\cdots\cdots+3^{k-1}}_{\substack{n=k\text{ のとき}\\ \text{の式を使う}}}+3^k$$
$$=\frac{3^k-1}{2}+3^k=\frac{3^k-1+2\cdot 3^k}{2}$$
$$=\frac{3^{k+1}-1}{2}$$

よって，$n=k+1$ のときも①が成り立つ。

(I), (II)より，①はすべての自然数 n について成り立つ。　終

数学的帰納法による証明
➡ $n=k$ のときの式を使って，$n=k+1$ のときの式を示す

---

59 (1) $1+2+3+\cdots\cdots+n\leqq n^2$ $\cdots$① とおく。

(I) $n=1$ のとき

$$(\text{左辺})=1, \quad (\text{右辺})=1^2=1$$

よって，$(\text{左辺})=(\text{右辺})$ となり，

$n=1$ のとき，①が成り立つ。

⬅ ＜ または ＝ のいずれかが成り立てばよい。

(II) $n=k$ のとき，①が成り立つと仮定すると

$$1+2+3+\cdots\cdots+k\leqq k^2$$

両辺に $k+1$ を加えると

$$1+2+3+\cdots\cdots+k+(k+1)\leqq k^2+k+1 \quad \cdots ②$$

ここで

$$(k+1)^2-(k^2+k+1)$$
$$=(k^2+2k+1)-(k^2+k+1)=k>0$$

よって $k^2+k+1<(k+1)^2$ $\cdots$③

②，③より

$$1+2+3+\cdots\cdots+k+(k+1)<(k+1)^2$$

ゆえに，$n=k+1$ のときも①が成り立つ。

(I), (II)より，①はすべての自然数 n について成り立つ。　終

⬅ $n=k+1$ のときの①の左辺は，k^2+k+1 以下である。

⬅ $n=k+1$ のときの①の右辺から，②の右辺を引いた式。

⬅ $n=k+1$ のときの①の右辺は，k^2+k+1 より大きい。

⬅ $n=k+1$ のときの①の両辺が $(\text{左辺})\leqq k^2+k+1<(\text{右辺})$ であることから，$n=k+1$ のときに①が成り立つことを示している。

(2) $3^n > n^2 + n$ …① とおく。

(I) $n=1$ のとき

(左辺)$=3$, (右辺)$=1^2+1=2$

よって, (左辺)$>$(右辺) となり,

$n=1$ のとき, ①が成り立つ。

(II) $n=k$ のとき, ①が成り立つと仮定すると

$3^k > k^2 + k$

両辺に 3 を掛けると

$3^{k+1} > 3(k^2+k)$ …②

ここで

$3(k^2+k)-\{(k+1)^2+(k+1)\}$

$=3k^2+3k-(k^2+3k+2)=2(k^2-1)\geqq 0$

よって $3(k^2+k)\geqq(k+1)^2+(k+1)$ …③

②, ③より

$3^{k+1} > (k+1)^2 + (k+1)$

ゆえに, $n=k+1$ のときも①が成り立つ。

(I), (II)より, ①はすべての自然数 n について成り立つ。 🔚

⬅ $n=k+1$ のときの①の左辺は, $3(k^2+k)$ より大きい。

⬅ ②の右辺から, $n=k+1$ のときの①の右辺を引いた式。

⬅ $n=k+1$ のときの①の右辺は, $3(k^2+k)$ 以下である。

⬅ $n=k+1$ のときの①の両辺が (左辺)$>3(k^2+k)\geqq$(右辺) である。

60 「n が自然数のとき, n^3+2n は 3 の倍数である」
                                                    …① とおく。

(I) $n=1$ のとき

$1^3+2\cdot1=3$ となり, ①が成り立つ。

(II) $n=k$ のとき, ①が成り立つと仮定すると

$k^3+2k=3N$ (N は自然数) …②

と表せる。

$n=k+1$ のとき, $(k+1)^3+2(k+1)$ を,

②を用いて変形すると

$(k+1)^3+2(k+1)$

$=k^3+3k^2+3k+1+2k+2$

$=k^3+3k^2+5k+3$

$=(k^3+2k)+(3k^2+3k+3)$

$=3N+3(k^2+k+1)$

$=3(N+k^2+k+1)$

となり, 3 の倍数となるので, $n=k+1$ のときも①が成り立つ。

(I), (II)より, ①はすべての自然数 n について成り立つ。 🔚

⬅ ②を使うために k^3+2k をつくる。

⬅ $N+k^2+k+1$ は自然数。

61 $\left(1+\dfrac{1}{2}\right)\left(1+\dfrac{1}{3}\right)\left(1+\dfrac{1}{4}\right)\cdots\cdots\left(1+\dfrac{1}{n}\right)=\dfrac{n+1}{2}$ ···①

とおく。

(Ⅰ) $n=2$ のとき

$$(左辺)=1+\dfrac{1}{2}=\dfrac{3}{2}, \quad (右辺)=\dfrac{2+1}{2}=\dfrac{3}{2}$$

よって，$n=2$ のとき，①が成り立つ。

← $n\geqq2$ のとき①が成り立つことを証明するので，(Ⅰ)では $n=2$ のときを示し，(Ⅱ)では $n=k$ の k を $k\geqq2$ とする。

(Ⅱ) $k\geqq2$ として，$n=k$ のとき，①が成り立つと仮定すると

$$\left(1+\dfrac{1}{2}\right)\left(1+\dfrac{1}{3}\right)\cdots\cdots\left(1+\dfrac{1}{k}\right)=\dfrac{k+1}{2} \quad ···②$$

$n=k+1$ のとき，①の左辺を，②を用いて変形すると

$$(左辺)=\left(1+\dfrac{1}{2}\right)\left(1+\dfrac{1}{3}\right)\cdots\cdots\left(1+\dfrac{1}{k}\right)\left(1+\dfrac{1}{k+1}\right)$$

$$=\dfrac{k+1}{2}\times\left(1+\dfrac{1}{k+1}\right)=\dfrac{k+1}{2}\times\dfrac{k+2}{k+1}$$

$$=\dfrac{k+2}{2}=\dfrac{(k+1)+1}{2}=(右辺)$$

よって，$n=k+1$ のときも①が成り立つ。

(Ⅰ)，(Ⅱ)より，①は 2 以上のすべての自然数 n について成り立つ。 🔚

$$←\underbrace{\left(1+\dfrac{1}{2}\right)\left(1+\dfrac{1}{3}\right)\cdots\cdots\left(1+\dfrac{1}{k}\right)}\left(1+\dfrac{1}{k+1}\right)$$

$n=k$ のときの式を使う。

$$=\underbrace{\dfrac{k+1}{2}\times\left(1+\dfrac{1}{k+1}\right)}$$

$$=\dfrac{(k+1)+1}{2}$$

$n=k+1$ のときの式

62 $(n+1)(n+2)\cdots\cdots(2n)=2^{n}\cdot1\cdot3\cdots\cdots(2n-1)$ ···①

とおく。

(Ⅰ) $n=1$ のとき

$$(左辺)=1+1=2, \quad (右辺)=2^{1}\cdot1=2$$

よって，$n=1$ のとき，①は成り立つ。

(Ⅱ) $n=k$ のとき，①が成り立つと仮定すると

$$(k+1)(k+2)\cdots(2k)=2^{k}\cdot1\cdot3\cdots\cdots(2k-1) \quad ···②$$

$n=k+1$ のとき，①の左辺を，②を用いて変形すると

$$(左辺)=(k+2)(k+3)\cdots\cdots2k\cdot(2k+1)(2k+2)$$

$$=(k+1)(k+2)\cdots\cdots2k\cdot(2k+1)\cdot2$$

$$=2^{k}\cdot1\cdot3\cdots\cdots(2k-1)\cdot(2k+1)\cdot2$$

$$=2^{k+1}\cdot1\cdot3\cdots\cdots(2k-1)\{2(k+1)-1\}$$

よって，$n=k+1$ のときも①が成り立つ。

(Ⅰ)，(Ⅱ)より，①はすべての自然数 n について成り立つ。 🔚

← $n=k$ のとき，左辺は $k+1$ から $2k$ まで

← $n=k+1$ のとき，左辺は $(k+1)+1$ から $2(k+1)$ まで
$(k+2)\cdots\cdots2k\cdot(2k+1)\underbrace{(2k+2)}_{(k+1)\cdot2}$

┌─ $(k+1)$ を前に ←
$=\underbrace{(k+1)(k+2)\cdots\cdots2k\cdot(2k+1)\cdot2}$
$=2^{k}\cdot1\cdot3\cdots\cdots(2k-1)(2k+1)\cdot2$
$=2^{k+1}\cdot1\cdot3\cdots\cdots(2k-1)(2k+1)$

63 $\dfrac{1}{1^2}+\dfrac{1}{2^2}+\dfrac{1}{3^2}+\cdots\cdots+\dfrac{1}{n^2}<2-\dfrac{1}{n}$ …① とおく。

← $n\geqq2$ のとき①が成り立つことを証明するので，(I)では $n=2$ のときを示し，(II)では $n=k$ の k を $k\geqq2$ とする。

(I) $n=2$ のとき

$$(左辺)=\dfrac{1}{1}+\dfrac{1}{4}=\dfrac{5}{4}$$

$$(右辺)=2-\dfrac{1}{2}=\dfrac{3}{2}=\dfrac{6}{4}$$

よって，(左辺)<(右辺) となり①が成り立つ。

(II) $k\geqq2$ として，$n=k$ のとき，①が成り立つと仮定すると

$$\dfrac{1}{1^2}+\dfrac{1}{2^2}+\cdots\cdots+\dfrac{1}{k^2}<2-\dfrac{1}{k}$$

両辺に $\dfrac{1}{(k+1)^2}$ を加えると

$$\dfrac{1}{1^2}+\dfrac{1}{2^2}+\cdots\cdots+\dfrac{1}{k^2}+\dfrac{1}{(k+1)^2}<2-\dfrac{1}{k}+\dfrac{1}{(k+1)^2}$$
$$\cdots②$$

ここで

← $2-\dfrac{1}{k+1}$ は $2-\dfrac{1}{n}$ の式で $n=k+1$ とした式。

$$2-\dfrac{1}{k+1}-\left\{2-\dfrac{1}{k}+\dfrac{1}{(k+1)^2}\right\}$$

$$=-\dfrac{1}{k+1}+\dfrac{1}{k}-\dfrac{1}{(k+1)^2}$$

$$=\dfrac{-k(k+1)+(k+1)^2-k}{k(k+1)^2}$$

$$=\dfrac{1}{k(k+1)^2}>0$$

よって

$$2-\dfrac{1}{k}+\dfrac{1}{(k+1)^2}<2-\dfrac{1}{k+1} \quad \cdots③$$

②，③より

$$\dfrac{1}{1^2}+\dfrac{1}{2^2}+\dfrac{1}{3^2}+\cdots\cdots+\dfrac{1}{(k+1)^2}<2-\dfrac{1}{k+1}$$

が成り立つ。

よって，$n=k+1$ のときも①が成り立つ。

(I), (II)より，①は 2 以上のすべての自然数 n について成り立つ。 🔚

64 「n が自然数のとき，$10^{2n-1}+1$ は 11 の倍数である」 …① とおく。

(I) $n=1$ のとき

$10^1+1=11$ となり，①が成り立つ。

(II) $n=k$ のとき，①が成り立つと仮定すると

$$10^{2k-1}+1=11N \quad (N は自然数) \quad \text{…②}$$

と表せる。

$n=k+1$ のとき，$10^{2(k+1)-1}+1$ を②を用いて変形すると

$$\begin{aligned}
10^{2(k+1)-1}+1&=10^{2k+1}+1\\
&=10^{2k-1}\cdot10^2+1\\
&=10^2(10^{2k-1}+1)-10^2+1\\
&=100\cdot11N-99\\
&=11(100N-9)
\end{aligned}$$

となり，11 の倍数となるので，$n=k+1$ のときも①が成り立つ。

(I)，(II)より，①はすべての自然数 n について成り立つ。 終

← $10^{2k-1}+1=11N$ が利用できるように変形する。この式に $10^{2k-1}=11N-1$ を代入して $10^2\cdot(11N-1)+1=11(100N-9)$ としてもよい。

← $100N-9$ は自然数。

65 (1) $a_1{}^2=2a_2+1$ より $a_2=4$

$a_2{}^2=3a_3+1$ より $a_3=5$

$a_3{}^2=4a_4+1$ より $a_4=6$

← $a_1=3$ を代入。

(2) $a_n=n+2$ …① と推定する。

(I) $n=1$ のとき，$a_1=3$ となり，①は成り立つ。

(II) $n=k$ のとき，①が成り立つと仮定すると

$$a_k=k+2 \quad \text{…②}$$

また，与えられた漸化式より

$$a_k{}^2=(k+1)a_{k+1}+1 \quad \text{…③}$$

$n=k+1$ のとき，②，③を用いて

$$\begin{aligned}
a_{k+1}&=\frac{a_k{}^2-1}{k+1}=\frac{(k+2)^2-1}{k+1}\\
&=\frac{k^2+4k+3}{k+1}=\frac{\cancel{(k+1)}(k+3)}{\cancel{k+1}}=(k+1)+2
\end{aligned}$$

← ③を変形した式に，②より $a_k=k+2$ を代入。

よって，$n=k+1$ のときも①が成り立つ。

(I)，(II)より，①はすべての自然数 n について成り立つ。

ゆえに $a_n=n+2$ 終

66 (1)

表の枚数	0	1	2	3	4	5	6	7
裏の枚数	7	6	5	4	3	2	1	0
X	7	5	3	1	1	3	5	7

より

$$P(X=1) = {}_7C_3\left(\frac{1}{2}\right)^3\left(\frac{1}{2}\right)^4 + {}_7C_4\left(\frac{1}{2}\right)^4\left(\frac{1}{2}\right)^3 = \frac{35}{64}$$

← 表が 3 枚，または表が 4 枚

$$P(X=3) = {}_7C_2\left(\frac{1}{2}\right)^2\left(\frac{1}{2}\right)^5 + {}_7C_5\left(\frac{1}{2}\right)^5\left(\frac{1}{2}\right)^2 = \frac{21}{64}$$

← 表が 2 枚，または表が 5 枚

$$P(X=5) = {}_7C_1\left(\frac{1}{2}\right)^1\left(\frac{1}{2}\right)^6 + {}_7C_6\left(\frac{1}{2}\right)^6\left(\frac{1}{2}\right)^1 = \frac{7}{64}$$

← 表が 1 枚，または表が 6 枚

$$P(X=7) = \left(\frac{1}{2}\right)^7 + \left(\frac{1}{2}\right)^7 = \frac{1}{64}$$

← 表が 0 枚，または表が 7 枚

よって，X の確率分布は

X	1	3	5	7	計
P	$\frac{35}{64}$	$\frac{21}{64}$	$\frac{7}{64}$	$\frac{1}{64}$	1

← 確率の総和は 1 になる。

(2) $P(X \geqq 3) = P(X=3) + P(X=5) + P(X=7)$

$$= \frac{21}{64} + \frac{7}{64} + \frac{1}{64} = \frac{29}{64}$$

← $P(X \geqq 3) = 1 - P(X=1)$

$$= 1 - \frac{35}{64} = \frac{29}{64}$$

と計算してもよい。

67

さいころの目	1	2	3	4	5	6
正 の 約 数	1	1,2	1,3	1,2,4	1,5	1,2,3,6
X	1	2	2	3	2	4

← $a^m \cdot b^n$ の正の約数の個数
$\Longrightarrow (m+1)(n+1)$ (個)
たとえば，$6 = 2^1 \cdot 3^1$ だから，
6 の正の約数の個数は
$(1+1) \cdot (1+1) = 4$ (個)

より，確率変数 X の確率分布は次のようになる。

X	1	2	3	4	計
P	$\frac{1}{6}$	$\frac{3}{6}$	$\frac{1}{6}$	$\frac{1}{6}$	1

よって

期待値　$E(X) = 1 \times \frac{1}{6} + 2 \times \frac{3}{6} + 3 \times \frac{1}{6} + 4 \times \frac{1}{6} = \frac{7}{3}$

分散　$V(X)$

$$= E(X^2) - \{E(X)\}^2$$

$$= \left(1^2 \times \frac{1}{6} + 2^2 \times \frac{3}{6} + 3^2 \times \frac{1}{6} + 4^2 \times \frac{1}{6}\right) - \left(\frac{7}{3}\right)^2$$

$$= \frac{1 + 12 + 9 + 16}{6} - \frac{49}{9} = \frac{8}{9}$$

期待値・分散・標準偏差

X	x_1	x_2	$\cdots$	x_n	計
P	p_1	p_2	$\cdots$	p_n	1

$E(X) = \sum\limits_{k=1}^{n} x_k p_k$

$V(X) = E(X^2) - \{E(X)\}^2$

$\sigma(X) = \sqrt{V(X)}$

標準偏差　$\sigma(X) = \sqrt{V(X)} = \sqrt{\dfrac{8}{9}} = \dfrac{2\sqrt{2}}{3}$

68 $P(X=0) = \dfrac{{}_3C_3}{{}_5C_3} = \dfrac{1}{10}$

$P(X=1) = \dfrac{{}_2C_1 \times {}_3C_2}{{}_5C_3} = \dfrac{6}{10}$

$P(X=2) = \dfrac{{}_2C_2 \times {}_3C_1}{{}_5C_3} = \dfrac{3}{10}$

よって，X の確率分布は

X	0	1	2	計
P	$\dfrac{1}{10}$	$\dfrac{6}{10}$	$\dfrac{3}{10}$	1

ゆえに

期待値　$E(X) = 0 \times \dfrac{1}{10} + 1 \times \dfrac{6}{10} + 2 \times \dfrac{3}{10} = \dfrac{6}{5}$

分散

$V(X) = \left(0^2 \times \dfrac{1}{10} + 1^2 \times \dfrac{6}{10} + 2^2 \times \dfrac{3}{10}\right) - \left(\dfrac{6}{5}\right)^2$

$= \dfrac{0+6+12}{10} - \dfrac{36}{25} = \dfrac{9}{25}$

標準偏差　$\sigma(X) = \sqrt{V(X)} = \sqrt{\dfrac{9}{25}} = \dfrac{3}{5}$

69 確率分布より

$a + a + b + b = 1$

すなわち　$2a + 2b = 1$　…①

X	1	2	3	4	計
P	a	a	b	b	1

また，期待値について

$E(X) = 1 \times a + 2 \times a + 3 \times b + 4 \times b = 2$

よって　$3a + 7b = 2$　…②

①，②から　$a = \dfrac{3}{8}$，$b = \dfrac{1}{8}$

分散

$V(X) = E(X^2) - \{E(X)\}^2$

$= \left(1^2 \times \dfrac{3}{8} + 2^2 \times \dfrac{3}{8} + 3^2 \times \dfrac{1}{8} + 4^2 \times \dfrac{1}{8}\right) - 2^2$

$= \dfrac{3+12+9+16}{8} - 4 = 1$

標準偏差　$\sigma(X) = \sqrt{V(X)} = 1$

←赤 0 個，白 3 個が取り出される。

←赤 1 個，白 2 個が取り出される。

←赤 2 個，白 1 個が取り出される。

←確率の総和は 1 になる。

←①×3−②×2 より
　$-8b = -1$
　よって　$b = \dfrac{1}{8}$

70 (1) 出た目の和を 4 で割った余りで分類する。

    (i) 余りが 0 になるのは

      出た目の和が 4, 8, 12 のときであるから

$$P(X=0)=\frac{3+5+1}{36}=\frac{9}{36}$$

    (ii) 余りが 1 になるのは

      出た目の和が 5, 9 のときであるから

$$P(X=1)=\frac{4+4}{36}=\frac{8}{36}$$

    (iii) 余りが 2 になるのは

      出た目の和が 2, 6, 10 のときであるから

$$P(X=2)=\frac{1+5+3}{36}=\frac{9}{36}$$

    (iv) 余りが 3 になるのは

      出た目の和が 3, 7, 11 のときであるから

$$P(X=3)=\frac{2+6+2}{36}=\frac{10}{36}$$

よって，X の確率分布は

X	0	1	2	3	計
P	$\dfrac{9}{36}$	$\dfrac{8}{36}$	$\dfrac{9}{36}$	$\dfrac{10}{36}$	1

← 確率の総和は 1 になる。

(2) $P(0 \leqq X \leqq 1)=P(X=0)+P(X=1)$

$$=\frac{9}{36}+\frac{8}{36}=\frac{17}{36}$$

(目の和)

A\B	1	2	3	4	5	6
1	2	3	4	5	6	7
2	3	4	5	6	7	8
3	4	5	6	7	8	9
4	5	6	7	8	9	10
5	6	7	8	9	10	11
6	7	8	9	10	11	12

71 $P(X=1)=\dfrac{{}_4\mathrm{C}_2}{{}_5\mathrm{C}_3}=\dfrac{6}{10}$

$P(X=2)=\dfrac{{}_3\mathrm{C}_2}{{}_5\mathrm{C}_3}=\dfrac{3}{10}$

$P(X=3)=\dfrac{{}_3\mathrm{C}_3}{{}_5\mathrm{C}_3}=\dfrac{1}{10}$

← ①が必ず取り出され，②～⑤の 4 枚から 2 枚取り出される。

← ②が必ず取り出され，①は取り出されず③～⑤の 3 枚から 2 枚取り出される。

← ③, ④, ⑤が取り出される。

よって，X の確率分布は

X	1	2	3	計
P	$\dfrac{6}{10}$	$\dfrac{3}{10}$	$\dfrac{1}{10}$	1

← 最小値が 4 または 5 になることはない。

ゆえに

期待値

$$E(X)=1\times\frac{6}{10}+2\times\frac{3}{10}+3\times\frac{1}{10}=\frac{3}{2}$$

分散

$$V(X) = E(X^2) - \{E(X)\}^2$$

$$= \left(1^2 \times \frac{6}{10} + 2^2 \times \frac{3}{10} + 3^2 \times \frac{1}{10}\right) - \left(\frac{3}{2}\right)^2$$

$$= \frac{6 + 12 + 9}{10} - \frac{9}{4} = \frac{9}{20}$$

標準偏差　$\sigma(X) = \sqrt{V(X)} = \sqrt{\frac{9}{20}} = \frac{3\sqrt{5}}{10}$

72　$P(X = 2) = \frac{{}_2C_2}{{}_5C_2} = \frac{1}{10}$

$P(X = 3) = \frac{{}_2C_1 \times {}_2C_1}{{}_5C_2} = \frac{4}{10}$

$P(X = 4) = \frac{{}_2C_2}{{}_5C_2} = \frac{1}{10}$

$P(X = 5) = \frac{{}_2C_1 \times {}_1C_1}{{}_5C_2} = \frac{2}{10}$

$P(X = 6) = \frac{{}_2C_1 \times {}_1C_1}{{}_5C_2} = \frac{2}{10}$

→2個取り出す

取り出した数の組
← (1, 1)
← (1, 2)
← (2, 2)
← (1, 4)
← (2, 4)

よって，X の確率分布は

X	2	3	4	5	6	計
P	$\frac{1}{10}$	$\frac{4}{10}$	$\frac{1}{10}$	$\frac{2}{10}$	$\frac{2}{10}$	1

ゆえに

期待値

$E(X)$

$= 2 \times \frac{1}{10} + 3 \times \frac{4}{10} + 4 \times \frac{1}{10} + 5 \times \frac{2}{10} + 6 \times \frac{2}{10}$

$= \frac{2 + 12 + 4 + 10 + 12}{10} = 4$

分散

$V(X)$

$= E(X^2) - \{E(X)\}^2$

$= \left(2^2 \times \frac{1}{10} + 3^2 \times \frac{4}{10} + 4^2 \times \frac{1}{10} + 5^2 \times \frac{2}{10} + 6^2 \times \frac{2}{10}\right) - 4^2$

$= \frac{4 + 36 + 16 + 50 + 72}{10} - 16 = \frac{9}{5}$

標準偏差　$\sigma(X) = \sqrt{V(X)} = \sqrt{\frac{9}{5}} = \frac{3\sqrt{5}}{5}$

73 $P(X=1)=\left(\dfrac{1}{6}\right)^2=\dfrac{1}{36}$

$X=k$ $(k\geqq 2)$ のとき

$\quad P(X=k)=P(X\leqq k)-P(X\leqq k-1)$

であるから

$\quad P(X=2)=P(X\leqq 2)-P(X=1)$

$\qquad\qquad =\left(\dfrac{2}{6}\right)^2-\left(\dfrac{1}{6}\right)^2=\dfrac{3}{36}$

$\quad P(X=3)=P(X\leqq 3)-P(X\leqq 2)$

$\qquad\qquad =\left(\dfrac{3}{6}\right)^2-\left(\dfrac{2}{6}\right)^2=\dfrac{5}{36}$

$\quad P(X=4)=P(X\leqq 4)-P(X\leqq 3)$

$\qquad\qquad =\left(\dfrac{4}{6}\right)^2-\left(\dfrac{3}{6}\right)^2=\dfrac{7}{36}$

$\quad P(X=5)=P(X\leqq 5)-P(X\leqq 4)$

$\qquad\qquad =\left(\dfrac{5}{6}\right)^2-\left(\dfrac{4}{6}\right)^2=\dfrac{9}{36}$

$\quad P(X=6)=P(X\leqq 6)-P(X\leqq 5)$

$\qquad\qquad =\left(\dfrac{6}{6}\right)^2-\left(\dfrac{5}{6}\right)^2=\dfrac{11}{36}$

よって，X の確率分布は

X	1	2	3	4	5	6	計
P	$\dfrac{1}{36}$	$\dfrac{3}{36}$	$\dfrac{5}{36}$	$\dfrac{7}{36}$	$\dfrac{9}{36}$	$\dfrac{11}{36}$	1

ゆえに

期待値

$\quad E(X)=1\times\dfrac{1}{36}+2\times\dfrac{3}{36}+3\times\dfrac{5}{36}$

$\qquad\qquad +4\times\dfrac{7}{36}+5\times\dfrac{9}{36}+6\times\dfrac{11}{36}$

$\qquad\quad =\dfrac{1+6+15+28+45+66}{36}=\dfrac{161}{36}$

分散

$\quad V(X)=\left(1^2\times\dfrac{1}{36}+2^2\times\dfrac{3}{36}+3^2\times\dfrac{5}{36}\right.$

$\qquad\qquad \left.+4^2\times\dfrac{7}{36}+5^2\times\dfrac{9}{36}+6^2\times\dfrac{11}{36}\right)-\left(\dfrac{161}{36}\right)^2$

$\qquad\quad =\dfrac{1+12+45+112+225+396}{36}-\left(\dfrac{161}{36}\right)^2$

$\qquad\quad =\dfrac{791}{36}-\dfrac{25921}{1296}=\dfrac{2555}{1296}$

← 2回とも1が出たとき。

← たとえば，$X=5$ となるのは
　　2回とも1から5のいずれか
かつ
　　少なくとも1回は5の目
という場合であるから，
　　$P(X=5)$
　　$=P(X\leqq 5)-P(X\leqq 4)$
　　$\boxed{1\text{回も}5\text{の目が出ない}}$

← 一般に，r 個のさいころを
　投げたとき，最大の目が
　k $(2\leqq k\leqq 6)$ になる確率は
　　$P(X=k)=\left(\dfrac{k}{6}\right)^r-\left(\dfrac{k-1}{6}\right)^r$

74　$E(X)=12$, $V(X)=16$ であるから

(1)　$E(Y)=E(3X+10)=3E(X)+10$

$$=3\times12+10=46$$

$$V(Y)=V(3X+10)=3^2V(X)$$

$$=9\times16=144$$

$$\sigma(Y)=\sqrt{V(Y)}=\sqrt{144}=12$$

別解　$\sigma(Y)=\sigma(3X+10)=|3|\sigma(X)$

$$=3\times4=12$$

(2)　$E(Y)=E\left(\dfrac{1}{3}X\right)=\dfrac{1}{3}E(X)$

$$=\dfrac{1}{3}\times12=4$$

$$V(Y)=V\left(\dfrac{1}{3}X\right)=\left(\dfrac{1}{3}\right)^2V(X)$$

$$=\dfrac{1}{9}\times16=\dfrac{16}{9}$$

$$\sigma(Y)=\sqrt{V(Y)}=\sqrt{\dfrac{16}{9}}=\dfrac{4}{3}$$

別解　$\sigma(Y)=\sigma\left(\dfrac{1}{3}X\right)=\left|\dfrac{1}{3}\right|\sigma(X)=\dfrac{1}{3}\times4=\dfrac{4}{3}$

(3)　$E(Y)=E\left(\dfrac{5-X}{2}\right)=-\dfrac{1}{2}E(X)+\dfrac{5}{2}$

$$=-\dfrac{1}{2}\times12+\dfrac{5}{2}=-\dfrac{7}{2}$$

$$V(Y)=V\left(\dfrac{5-X}{2}\right)=\left(-\dfrac{1}{2}\right)^2V(X)$$

$$=\dfrac{1}{4}\times16=4$$

$$\sigma(Y)=\sqrt{V(Y)}=\sqrt{4}=2$$

別解　$\sigma(Y)=\sigma\left(\dfrac{5-X}{2}\right)=\left|-\dfrac{1}{2}\right|\sigma(X)$

$$=\dfrac{1}{2}\times4=2$$

75 (1)　$E(X)=2\times\dfrac{3}{6}+5\times\dfrac{2}{6}+8\times\dfrac{1}{6}=4$

$$V(X)=\left(2^2\times\dfrac{3}{6}+5^2\times\dfrac{2}{6}+8^2\times\dfrac{1}{6}\right)-4^2$$

$$=\dfrac{12+50+64}{6}-16=5$$

右段

┌─────────────────────────────┐
│ $aX+b$ の期待値・分散・標準偏差 │
├─────────────────────────────┤
│ $E(aX+b)=aE(X)+b$ │
│ $V(aX+b)=a^2V(X)$ │
│ $\sigma(aX+b)=|a|\sigma(X)$ │
└─────────────────────────────┘

← $V(X)=\sqrt{V(X)}$
　　$=\sqrt{16}$
　　$=4$

← $(2-4)^2\times\dfrac{3}{6}+(5-4)^2\times\dfrac{2}{6}$

　　$+(8-4)^2\times\dfrac{1}{6}=5$

と計算してもよい。

(2) $E(Y)=E(2X-3)=2E(X)-3$
$\qquad =2\times4-3=5$
$\quad V(Y)=V(2X-3)=2^2V(X)$
$\qquad =4\times5=20$

76 A，B それぞれの袋から球を取り出す試行は互いに
独立であるから，X，Y も互いに独立である。
まず，X の確率分布は
$$P(X=k)=\frac{{}_2C_k\times{}_4C_{2-k}}{{}_6C_2}\quad(k=0,\ 1,\ 2)$$
より

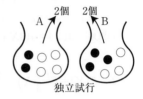

独立試行

X	0	1	2	計
P	$\frac{6}{15}$	$\frac{8}{15}$	$\frac{1}{15}$	1

よって
$$E(X)=0\times\frac{6}{15}+1\times\frac{8}{15}+2\times\frac{1}{15}=\frac{2}{3}$$
$$V(X)=\left(0^2\times\frac{6}{15}+1^2\times\frac{8}{15}+2^2\times\frac{1}{15}\right)-\left(\frac{2}{3}\right)^2=\frac{16}{45}$$
次に，Y の確率分布は
$$P(Y=m)=\frac{{}_3C_m\times{}_3C_{2-m}}{{}_6C_2}\quad(m=0,\ 1,\ 2)$$
より

Y	0	1	2	計
P	$\frac{3}{15}$	$\frac{9}{15}$	$\frac{3}{15}$	1

よって
$$E(Y)=0\times\frac{3}{15}+1\times\frac{9}{15}+2\times\frac{3}{15}=1$$
$$V(Y)=\left(0^2\times\frac{3}{15}+1^2\times\frac{9}{15}+2^2\times\frac{3}{15}\right)-1^2=\frac{2}{5}$$

(1) $E(X+Y)=E(X)+E(Y)=\frac{2}{3}+1=\frac{5}{3}$

(2) X，Y は独立であるから
$$V(X+Y)=V(X)+V(Y)=\frac{16}{45}+\frac{2}{5}=\frac{34}{45}$$

(3) X，Y は独立であるから
$$E(XY)=E(X)E(Y)=\frac{2}{3}\times1=\frac{2}{3}$$

$\leftarrow P(X=0)=\frac{{}_2C_0\times{}_4C_2}{{}_6C_2}$
$\qquad =\frac{1\times6}{15}=\frac{6}{15}$
$\quad P(X=1)=\frac{{}_2C_1\times{}_4C_1}{{}_6C_2}$
$\qquad =\frac{2\times4}{15}=\frac{8}{15}$
$\quad P(X=2)=\frac{{}_2C_2\times{}_4C_0}{{}_6C_2}$
$\qquad =\frac{1\times1}{15}=\frac{1}{15}$

$\leftarrow P(Y=0)=\frac{{}_3C_0\times{}_3C_2}{{}_6C_2}$
$\qquad =\frac{1\times3}{15}=\frac{3}{15}$
$\quad P(Y=1)=\frac{{}_3C_1\times{}_3C_1}{{}_6C_2}$
$\qquad =\frac{3\times3}{15}=\frac{9}{15}$
$\quad P(Y=2)=\frac{{}_3C_2\times{}_3C_0}{{}_6C_2}$
$\qquad =\frac{3\times1}{15}=\frac{3}{15}$

$\leftarrow X$，Y が独立でなくても成り立つ。

$\leftarrow X$，Y が独立のとき成り立つ。

$\leftarrow X$，Y が独立のとき成り立つ。

確率変数 X, Y について ➡ $E(X+Y)=E(X)+E(Y)$
確率変数 X, Y が互いに独立ならば

➡ $V(X+Y)=V(X)+V(Y)$, $E(XY)=E(X)E(Y)$

77 (1) $E(X)=0\times\dfrac{1}{8}+1\times\dfrac{3}{8}+2\times\dfrac{3}{8}+3\times\dfrac{1}{8}$

X	0	1	2	3	計
P	$\dfrac{1}{8}$	$\dfrac{3}{8}$	$\dfrac{3}{8}$	$\dfrac{1}{8}$	1

$\qquad\qquad =\dfrac{0+3+6+3}{8}=\dfrac{3}{2}$

$\qquad V(X)=\left(0^2\times\dfrac{1}{8}+1^2\times\dfrac{3}{8}+2^2\times\dfrac{3}{8}+3^2\times\dfrac{1}{8}\right)-\left(\dfrac{3}{2}\right)^2$

$\qquad\qquad =\dfrac{0+3+12+9}{8}-\dfrac{9}{4}=\dfrac{3}{4}$

(2) $E(Y)=E(aX+b)=aE(X)+b=\dfrac{3}{2}a+b$ より

$\qquad \dfrac{3}{2}a+b=0 \quad \cdots$① ⬅ $E(Y)=0$

$\qquad V(Y)=V(aX+b)=a^2V(X)=\dfrac{3}{4}a^2$ より

$\qquad \dfrac{3}{4}a^2=1 \quad \cdots$② ⬅ $V(Y)=1$

$\qquad$②より $a^2=\dfrac{4}{3}$ すなわち $a=\pm\dfrac{2\sqrt{3}}{3}$

$\qquad a>0$ であるから $a=\dfrac{2\sqrt{3}}{3}$

$\qquad$①に代入して $b=-\sqrt{3}$

78 $E(X)=-3$, $V(X)=5$ であるから

$\qquad E(Y)=E(aX+b)=aE(X)+b$

$\qquad\qquad =-3a+b$

$\quad$よって $-3a+b=0 \quad \cdots$① ⬅ $E(Y)=0$

$\quad$また，$V(Y)=E(Y^2)-\{E(Y)\}^2$ より

$\qquad E(Y^2)=V(Y)+\{E(Y)\}^2$

$\quad$と変形できる。

$\quad$ここで

$\qquad V(Y)=V(aX+b)=a^2V(X)=5a^2$

$\quad$であるから

$\qquad E(Y^2)=5a^2+0^2$ より $5a^2=10 \quad \cdots$② ⬅ $E(Y^2)=10$

$\quad$②より $a^2=2$ すなわち $a=\pm\sqrt{2}$

$\quad a>0$ であるから $a=\sqrt{2}$

$\quad$①に代入して $b=3\sqrt{2}$

79 X は n 個の値をそれぞれ等しい確率でとるから

$$P(X=2k-1)=\frac{1}{n} \quad (k=1, 2, 3, \cdots, n)$$

よって

$$E(X)=\sum_{k=1}^{n}\left\{(2k-1)\cdot\frac{1}{n}\right\}$$

$$=\frac{1}{n}\sum_{k=1}^{n}(2k-1)$$

$$=\frac{1}{n}\left\{2\times\frac{1}{2}n(n+1)-n\right\}$$

$$=\frac{1}{n}(n^2+n-n)=n$$

$V(X)$

$$=\sum_{k=1}^{n}\left\{(2k-1)^2\cdot\frac{1}{n}\right\}-\{E(X)\}^2$$

$$=\frac{1}{n}\sum_{k=1}^{n}(4k^2-4k+1)-n^2$$

$$=\frac{1}{n}\left\{4\times\frac{1}{6}n(n+1)(2n+1)-4\times\frac{1}{2}n(n+1)+n\right\}-n^2$$

$$=\frac{1}{n}\times\frac{1}{3}n\{2(n+1)(2n+1)-6(n+1)+3\}-n^2$$

$$=\frac{1}{3}(4n^2+6n+2-6n-6+3)-n^2$$

$$=\frac{1}{3}(n^2-1)$$

ゆえに

期待値 $E(Y)=E(3X+2)=3E(X)+2=3n+2$

分散 $V(Y)=V(3X+2)=3^2V(X)=3(n^2-1)$

右側の注釈:

X	1	3	5	$\cdots$	$2n-1$	計
P	$\frac{1}{n}$	$\frac{1}{n}$	$\frac{1}{n}$	$\cdots$	$\frac{1}{n}$	1

← 確率の総和は 1 で，n 個が等しい確率になるから，すべて $\frac{1}{n}$

← k が変化するから，$\frac{1}{n}$ は定数と考える。

← $\displaystyle\sum_{k=1}^{n}k=\frac{1}{2}n(n+1)$

← $\displaystyle\sum_{k=1}^{n}k^2=\frac{1}{6}n(n+1)(2n+1)$

← $E(aX+b)=aE(X)+b$

← $V(aX+b)=a^2V(X)$

80 50 円硬貨の表の枚数を X，

100 円硬貨の表の枚数を Y とすると，

X，Y は互いに独立である。

X	0	1	2	計
P	$\frac{1}{4}$	$\frac{2}{4}$	$\frac{1}{4}$	1

Y	0	1	2	計
P	$\frac{1}{4}$	$\frac{2}{4}$	$\frac{1}{4}$	1

より

$$E(X)=0\times\frac{1}{4}+1\times\frac{2}{4}+2\times\frac{1}{4}=1$$

$$V(X)=\left(0^2\times\frac{1}{4}+1^2\times\frac{2}{4}+2^2\times\frac{1}{4}\right)-1^2=\frac{1}{2}$$

同様に Y について

$$E(Y)=1, \quad V(Y)=\frac{1}{2}$$

期待値

$$\begin{aligned}
E(T)&=E(50X+100Y)\\
&=50E(X)+100E(Y)\\
&=50\times1+100\times1=150
\end{aligned}$$

分散

$$\begin{aligned}
V(T)&=V(50X+100Y)\\
&=50^2V(X)+100^2V(Y)\\
&=2500\times\frac{1}{2}+10000\times\frac{1}{2}=6250
\end{aligned}$$

標準偏差

$$\sigma(T)=\sqrt{V(T)}=\sqrt{6250}=25\sqrt{10}$$

81 X が二項分布 $B\left(10,\ \frac{1}{2}\right)$ に従うから

$$P(X=k)={}_{10}\mathrm{C}_k\left(\frac{1}{2}\right)^k\left(\frac{1}{2}\right)^{10-k}={}_{10}\mathrm{C}_k\left(\frac{1}{2}\right)^{10}$$

$$(k=0,\ 1,\ 2,\ \cdots,\ 10)$$

と表せる。

(1) $\begin{aligned}[t]
P(X\leqq2)&=P(X=0)+P(X=1)+P(X=2)\\
&={}_{10}\mathrm{C}_0\left(\frac{1}{2}\right)^{10}+{}_{10}\mathrm{C}_1\left(\frac{1}{2}\right)^{10}+{}_{10}\mathrm{C}_2\left(\frac{1}{2}\right)^{10}\\
&=({}_{10}\mathrm{C}_0+{}_{10}\mathrm{C}_1+{}_{10}\mathrm{C}_2)\times\left(\frac{1}{2}\right)^{10}\\
&=(1+10+45)\times\left(\frac{1}{2}\right)^{10}=\frac{7}{128}
\end{aligned}$

(2) $\begin{aligned}[t]
P(4\leqq X\leqq6)&=P(X=4)+P(X=5)+P(X=6)\\
&=({}_{10}\mathrm{C}_4+{}_{10}\mathrm{C}_5+{}_{10}\mathrm{C}_6)\times\left(\frac{1}{2}\right)^{10}\\
&=(210+252+210)\times\left(\frac{1}{2}\right)^{10}=\frac{21}{32}
\end{aligned}$

(3) $\begin{aligned}[t]
P(X\leqq9)&=1-P(X=10)\\
&=1-{}_{10}\mathrm{C}_{10}\left(\frac{1}{2}\right)^{10}\\
&=1-1\times\left(\frac{1}{2}\right)^{10}\\
&=\frac{1023}{1024}
\end{aligned}$

← X と Y の確率分布は同じ。

$aX+bY$ の期待値・分散

$E(aX+bY)=aE(X)+bE(Y)$
$X,\ Y$ が独立のとき
$V(aX+bY)=a^2V(X)+b^2V(Y)$

← $X,\ Y$ が独立であることの確認
は忘れない。
（最初に触れてある。）

二項分布

確率変数 X が二項分布
$B(n,\ p)$ に従う $\iff$
$\quad P(X=k)={}_n\mathrm{C}_k p^k(1-p)^{n-k}$
$\quad (k=0,\ 1,\ 2,\ \cdots,\ n)$

← 余事象の確率。

2 章

確率分布と統計的な推測

82 (1) $B\left(5, \dfrac{1}{6}\right)$ より

期待値 $E(X)=5\times\dfrac{1}{6}=\dfrac{5}{6}$

分散 $V(X)=5\times\dfrac{1}{6}\times\left(1-\dfrac{1}{6}\right)=\dfrac{25}{36}$

標準偏差 $\sigma(X)=\sqrt{V(X)}=\sqrt{\dfrac{25}{36}}=\dfrac{5}{6}$

(2) $B\left(200, \dfrac{3}{4}\right)$ より

期待値 $E(X)=200\times\dfrac{3}{4}=150$

分散 $V(X)=200\times\dfrac{3}{4}\times\left(1-\dfrac{3}{4}\right)=\dfrac{75}{2}$

標準偏差 $\sigma(X)=\sqrt{V(X)}=\sqrt{\dfrac{75}{2}}=\dfrac{5\sqrt{6}}{2}$

(3) $B\left(1000, \dfrac{1}{2}\right)$ より

期待値 $E(X)=1000\times\dfrac{1}{2}=500$

分散 $V(X)=1000\times\dfrac{1}{2}\times\left(1-\dfrac{1}{2}\right)=250$

標準偏差 $\sigma(X)=\sqrt{V(X)}=\sqrt{250}=5\sqrt{10}$

83 さいころを1回投げて，1の目が出る確率は $\dfrac{1}{6}$

よって，X は二項分布 $B\left(24, \dfrac{1}{6}\right)$ に従うから

期待値 $E(X)=24\times\dfrac{1}{6}=4$

分散 $V(X)=24\times\dfrac{1}{6}\times\left(1-\dfrac{1}{6}\right)=\dfrac{10}{3}$

84 1題につき，正解する確率は $\dfrac{1}{2}$

よって，X は二項分布 $B\left(10, \dfrac{1}{2}\right)$ に従うから

期待値 $E(X)=10\times\dfrac{1}{2}=5$

分散 $V(X)=10\times\dfrac{1}{2}\times\left(1-\dfrac{1}{2}\right)=\dfrac{5}{2}$

標準偏差 $\sigma(X)=\sqrt{V(X)}=\sqrt{\dfrac{5}{2}}=\dfrac{\sqrt{10}}{2}$

二項分布の期待値・分散・標準偏差

確率変数 X が
二項分布 $B(n, p)$ に従うとき
$q=1-p$ とすると
期待値 $E(X)=np$
分散 $V(X)=npq$
標準偏差 $\sigma(X)=\sqrt{V(X)}$
$\qquad\qquad =\sqrt{npq}$

反復試行と二項分布

事象 A の起こる確率が p の
とき，n 回の反復試行で A の
起こる回数を X とすると，
確率変数 X は
二項分布 $B(n, p)$ に従う。

反復回数 事象 A の確率

85 種子 1 個の発芽率は $\dfrac{80}{100}=\dfrac{4}{5}$

よって，X は二項分布 $B\left(300,\ \dfrac{4}{5}\right)$ に従うから

期待値 $E(X)=300\times\dfrac{4}{5}=240$

標準偏差

$$\sigma(X)=\sqrt{V(X)}=\sqrt{300\times\dfrac{4}{5}\times\left(1-\dfrac{4}{5}\right)}$$
$$=\sqrt{48}=4\sqrt{3}$$

86 1 回の試行で，表が 2 枚，裏が 2 枚出る確率は

$${}_4\mathrm{C}_2\left(\dfrac{1}{2}\right)^2\left(\dfrac{1}{2}\right)^2=\dfrac{3}{8}$$

よって，X は二項分布 $B\left(100,\ \dfrac{3}{8}\right)$ に従うから

期待値 $E(X)=100\times\dfrac{3}{8}=\dfrac{75}{2}$

標準偏差

$$\sigma(X)=\sqrt{V(X)}=\sqrt{100\times\dfrac{3}{8}\times\left(1-\dfrac{3}{8}\right)}$$
$$=\sqrt{\dfrac{375}{16}}=\dfrac{5\sqrt{15}}{4}$$

←

A	B	C	D

表	表	裏	裏
表	裏	表	裏
………………			
裏	裏	表	表

$\left.\right\}{}_4\mathrm{C}_2$ 通り

すべての場合で

確率は $\dfrac{1}{2}\times\dfrac{1}{2}\times\dfrac{1}{2}\times\dfrac{1}{2}$

87 (1) 二項分布 $B(n,\ p)$ に従う確率変数 X の

期待値が 6 であるから $np=6$ …①
分散が 2 であるから $np(1-p)=2$ …②
①を②に代入して $6(1-p)=2$

よって $p=\dfrac{2}{3}$

①より $n=9$

(2) (1)より，$B\left(9,\ \dfrac{2}{3}\right)$ であるから

$$\dfrac{p_4}{p_3}=\dfrac{{}_9\mathrm{C}_4\left(\dfrac{2}{3}\right)^4\left(\dfrac{1}{3}\right)^5}{{}_9\mathrm{C}_3\left(\dfrac{2}{3}\right)^3\left(\dfrac{1}{3}\right)^6}$$

$$=\left(\dfrac{9\cdot8\cdot7\cdot6}{4\cdot3\cdot2\cdot1}\times\dfrac{2^4}{3^9}\right)\times\left(\dfrac{3\cdot2\cdot1}{9\cdot8\cdot7}\times\dfrac{3^9}{2^3}\right)=3$$

←
$$\dfrac{\dfrac{9\cdot8\cdot7\cdot6}{4\cdot3\cdot2\cdot1}\times\dfrac{2^4}{3^9}}{\dfrac{9\cdot8\cdot7}{3\cdot2\cdot1}\times\dfrac{2^3}{3^9}}$$

88 (1) n 回の移動で正の向きに Y 回移動したとすると，
負の向きには $n-Y$ 回移動したことになるから，
n 回移動したあとの X は
$$X=3Y-1(n-Y)=-n+4Y$$
と表せる。これが $X=an+bY$ であるから
$$a=-1, \quad b=4$$

← 点 A は，1 回の移動で
正の向きには 3 だけ
負の向きには 1 だけ
移動する。

(2) Y は二項分布 $B(n, p)$ に従うから
$$E(Y)=np, \quad V(Y)=np(1-p)$$
よって，X について

期待値
$$E(X)=E(-n+4Y)=4E(Y)-n$$
$$=4np-n$$

分散
$$V(X)=V(-n+4Y)=4^2V(Y)$$
$$=16np(1-p)$$

89 (1) 右の図の色のついた
部分の面積が 1 である
から
$$\frac{1}{2}\times\{(a+1)+(3a+1)\}\times(3-1)=1$$
整理すると $\quad 4a+2=1$
よって $\quad a=-\dfrac{1}{4}$

(2) 右の図の斜線部分の
面積を考えて
$$P(1\leqq X\leqq 2)$$
$$=\frac{1}{2}\times\left(\frac{3}{4}+\frac{1}{2}\right)\times(2-1)=\frac{5}{8}$$

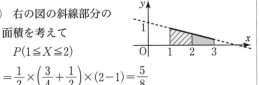

(別解)

(1) $\displaystyle\int_1^3 (ax+1)dx=1$ より $\left[\dfrac{1}{2}ax^2+x\right]_1^3=1$

よって $\quad 4a+2=1$ より $\quad a=-\dfrac{1}{4}$

(2) $\displaystyle P(1\leqq X\leqq 2)=\int_1^2\left(-\frac{1}{4}x+1\right)dx$
$$=\left[-\frac{1}{8}x^2+x\right]_1^2=\frac{5}{8}$$

← 定積分を用いた解法。
曲線で囲まれた部分の面積は，
定積分を用いて求めることが
できる。(数学Ⅱ)

90 (1) $P(0 \leqq Z \leqq 1) = 0.3413$

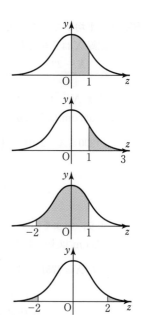

(2) $P(1 \leqq Z \leqq 3) = P(0 \leqq Z \leqq 3) - P(0 \leqq Z \leqq 1)$
$= 0.4987 - 0.3413$
$= 0.1574$

(3) $P(-2 \leqq Z \leqq 1) = P(-2 \leqq Z \leqq 0) + P(0 \leqq Z \leqq 1)$
$= P(0 \leqq Z \leqq 2) + P(0 \leqq Z \leqq 1)$
$= 0.4772 + 0.3413$
$= 0.8185$

(4) $P(|Z| \geqq 2) = P(Z \leqq -2) + P(Z \geqq 2)$
$= 2\{P(Z \geqq 0) - P(0 \leqq Z \leqq 2)\}$
$= 2(0.5 - 0.4772)$
$= 0.0456$

> 標準正規分布の確率 ➡ $P(0 \leqq Z \leqq t)$ で表して正規分布表

91 $Z = \dfrac{X-2}{3}$ とおくと，Z は標準正規分布 $N(0, 1)$ に従う。

◆ X を標準化する。

(1) $P(2 \leqq X \leqq 5) = P\left(\dfrac{2-2}{3} \leqq Z \leqq \dfrac{5-2}{3}\right)$
$= P(0 \leqq Z \leqq 1)$
$= 0.3413$

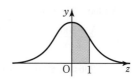

(2) $P(X \geqq -1) = P\left(Z \geqq \dfrac{-1-2}{3}\right)$
$= P(Z \geqq -1)$
$= P(Z \geqq 0) + P(0 \leqq Z \leqq 1)$
$= 0.5 + 0.3413 = 0.8413$

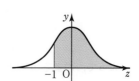

(3) $P(-4 \leqq X \leqq 8) = P\left(\dfrac{-4-2}{3} \leqq Z \leqq \dfrac{8-2}{3}\right)$
$= P(-2 \leqq Z \leqq 2)$
$= 2P(0 \leqq Z \leqq 2)$
$= 2 \times 0.4772 = 0.9544$

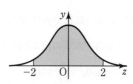

> X が正規分布 $N(\mu, \sigma^2)$ に従う ➡ $Z = \dfrac{X-\mu}{\sigma}$ とおき標準化

2 章

確率分布と統計的な推測

92 (1) 平均が 225 cm，標準偏差が 25 cm であるから，記録 X は正規分布 $N(\boxed{225},\ \boxed{25^2})$ に従う。

$Z = \dfrac{X - \boxed{225}}{\boxed{25}}$ とおくと，

Z は $N(\boxed{0},\ \boxed{1})$ に従う。

← $N(225,\ 625)$ でもよい。

← X を標準化する。

← 標準正規分布は $N(0,\ 1)$

(2) 200 cm 以上 250 cm 未満の生徒は

$$P(200 \leqq X < 250) = P\left(\frac{200 - 225}{25} \leqq Z < \frac{250 - 225}{25}\right)$$
$$= P(-1 \leqq Z < 1)$$
$$= 2P(0 \leqq Z < 1)$$
$$= 2 \times 0.3413 = 0.6826$$

より，およそ $\boxed{68.3}$ ％

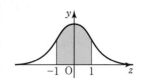

275 cm 以上の生徒は

$$P(X \geqq 275) = P\left(Z \geqq \frac{275 - 225}{25}\right)$$
$$= P(Z \geqq 2)$$
$$= P(Z \geqq 0) - P(0 \leqq Z \leqq 2)$$
$$= 0.5 - 0.4772 = 0.0228$$

より，およそ $\boxed{2.3}$ ％

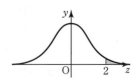

93 冷凍食品の重さを X g とすると，X は正規分布 $N(300,\ 2^2)$ に従う。

$Z = \dfrac{X - 300}{2}$ とおくと，Z は $N(0,\ 1)$ に従うから

← X を標準化する。

$$P(296 \leqq X \leqq 305) = P\left(\frac{296 - 300}{2} \leqq Z \leqq \frac{305 - 300}{2}\right)$$
$$= P(-2 \leqq Z \leqq 2.5)$$
$$= P(0 \leqq Z \leqq 2) + P(0 \leqq Z \leqq 2.5)$$
$$= 0.4772 + 0.4938 = 0.9710$$

よって，およそ 97.1 ％

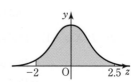

94 1回の試行で赤球が取り出される確率は $\dfrac{1}{3}$ であるから，赤球の出る回数を X とすると，X は二項分布 $B\left(450,\ \dfrac{1}{3}\right)$ に従う。

二項分布 $B(n,\ p)$
n が十分大きいとき，$q = 1 - p$ とすると，正規分布 $N(np,\ npq)$ で近似できる。

$$E(X) = 450 \times \frac{1}{3} = 150$$

$$\sigma(X) = \sqrt{450 \times \frac{1}{3} \times \frac{2}{3}} = \sqrt{100} = 10$$

また，450 は十分大きな値であるから，

X の分布は正規分布 $N(150, 10^2)$ で近似できる。

ここで，$Z=\dfrac{X-150}{10}$ とおくと，

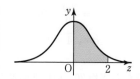
← X を標準化する。

Z は $N(0, 1)$ に従う。

(1) $P(150 \leqq X \leqq 170)$

$\quad = P\left(\dfrac{150-150}{10} \leqq Z \leqq \dfrac{170-150}{10}\right)$

$\quad = P(0 \leqq Z \leqq 2)$

$\quad = 0.4772$

(2) $P(X \leqq 130) = P\left(Z \leqq \dfrac{130-150}{10}\right)$

$\qquad\qquad\quad = P(Z \leqq -2)$

$\qquad\qquad\quad = P(Z \geqq 0) - P(0 \leqq Z \leqq 2)$

$\qquad\qquad\quad = 0.5 - 0.4772 = 0.0228$

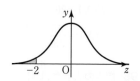

95 1 回の試行で 2 枚とも表の出る確率は $\dfrac{1}{4}$

よって，2 枚とも表の出る回数を X とすると，

X は二項分布 $B\left(1200, \dfrac{1}{4}\right)$ に従う。

$\quad E(X) = 1200 \times \dfrac{1}{4} = 300$

$\quad \sigma(X) = \sqrt{1200 \times \dfrac{1}{4} \times \dfrac{3}{4}} = \sqrt{225} = 15$

また，$n=1200$ は十分大きな値であるから，

X の分布は正規分布 $N(300, 15^2)$ で近似できる。

ここで，$Z=\dfrac{X-300}{15}$ とおくと，

← X を標準化する。

Z は $N(0, 1)$ に従う。

$\quad P(X \geqq 333) = P\left(Z \geqq \dfrac{333-300}{15}\right)$

$\qquad\qquad\quad = P(Z \geqq 2.2)$

$\qquad\qquad\quad = 0.5 - P(0 \leqq Z \leqq 2.2)$

$\qquad\qquad\quad = 0.5 - 0.4861 = 0.0139$

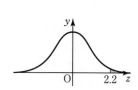

96 (1) 母集団分布は，次のようになる。

X	2	4	6	8	計
P	$\dfrac{4}{10}$	$\dfrac{3}{10}$	$\dfrac{2}{10}$	$\dfrac{1}{10}$	1

(2) $\mu = 2 \times \dfrac{4}{10} + 4 \times \dfrac{3}{10} + 6 \times \dfrac{2}{10} + 8 \times \dfrac{1}{10}$

$\qquad = \dfrac{40}{10} = 4$

$\quad \sigma^2 = \left(2^2 \times \dfrac{4}{10} + 4^2 \times \dfrac{3}{10} + 6^2 \times \dfrac{2}{10} + 8^2 \times \dfrac{1}{10}\right) - 4^2$

$\qquad = \dfrac{200}{10} - 16 = 4$

$\quad \sigma = \sqrt{4} = 2$

97 母平均 20，母標準偏差 15 であるから

$\quad E(\overline{X}) = 20$

$\quad \sigma(\overline{X}) = \dfrac{15}{\sqrt{36}} = \dfrac{5}{2}$

> **標本平均の期待値・標準偏差**
>
> 母平均 μ，母標準偏差 σ の母集団から大きさ n の標本を抽出するとき，標本平均の期待値は　$E(\overline{X}) = \mu$
>
> 標準偏差は　$\sigma(\overline{X}) = \dfrac{\sigma}{\sqrt{n}}$

98 標本の大きさは 81 で十分大きいから，

標本平均 $\overline{X}$ の分布は正規分布 $N\left(30, \dfrac{18^2}{81}\right)$，

すなわち $N(30, 2^2)$ で近似できる。

ここで，$Z = \dfrac{\overline{X} - 30}{2}$ とおくと，

Z は $N(0, 1)$ に従う。

←X を標準化する。

(1) $P(28 \leqq \overline{X} \leqq 34)$

$\quad = P\left(\dfrac{28 - 30}{2} \leqq Z \leqq \dfrac{34 - 30}{2}\right)$

$\quad = P(-1 \leqq Z \leqq 2)$

$\quad = P(0 \leqq Z \leqq 1) + P(0 \leqq Z \leqq 2)$

$\quad = 0.3413 + 0.4772 = 0.8185$

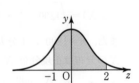

(2) $P(27 \leqq \overline{X} \leqq 31)$

$\quad = P\left(\dfrac{27 - 30}{2} \leqq Z \leqq \dfrac{31 - 30}{2}\right)$

$\quad = P(-1.5 \leqq Z \leqq 0.5)$

$\quad = P(0 \leqq Z \leqq 1.5) + P(0 \leqq Z \leqq 0.5)$

$\quad = 0.4332 + 0.1915 = 0.6247$

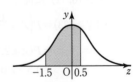

(3) $P(\overline{X} \leqq 32)$

$\quad = P\left(Z \leqq \dfrac{32 - 30}{2}\right)$

$\quad = P(Z \leqq 1)$

$\quad = P(Z \geqq 0) + P(0 \leqq Z \leqq 1)$

$\quad = 0.5 + 0.3413 = 0.8413$

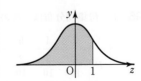

99 標本の大きさは 64 で十分大きいから,

標本平均 $\overline{X}$ の分布は正規分布 $N\left(90,\ \dfrac{40^2}{64}\right)$,

すなわち $N(90,\ 5^2)$ で近似できる。

ここで,$Z=\dfrac{\overline{X}-90}{5}$ とおくと, ← X を標準化する。

Z は $N(0,\ 1)$ に従うから

$$P(80\leqq\overline{X}\leqq100)=P\left(\dfrac{80-90}{5}\leqq Z\leqq\dfrac{100-90}{5}\right)$$
$$=P(-2\leqq Z\leqq2)$$
$$=2P(0\leqq Z\leqq2)$$
$$=2\times0.4772=0.9544$$

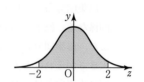

100 標本の大きさを n とするとき,

n が十分大きければ,標本平均 $\overline{X}$ の分布は ← 正規分布に近似できるように,n が十分大きいと仮定する。

正規分布 $N\left(80,\ \dfrac{60^2}{n}\right)$,すなわち $N\left(80,\ \left(\dfrac{60}{\sqrt{n}}\right)^2\right)$

で近似できる。

ここで,$Z=\dfrac{\overline{X}-80}{\dfrac{60}{\sqrt{n}}}$ とおくと, ← X を標準化する。

Z は $N(0,\ 1)$ に従うから

$$P(70\leqq\overline{X}\leqq90)=P\left(\dfrac{70-80}{\dfrac{60}{\sqrt{n}}}\leqq Z\leqq\dfrac{90-80}{\dfrac{60}{\sqrt{n}}}\right)$$
$$=P\left(-\dfrac{\sqrt{n}}{6}\leqq Z\leqq\dfrac{\sqrt{n}}{6}\right)$$
$$=2P\left(0\leqq Z\leqq\dfrac{\sqrt{n}}{6}\right)$$

$P(70\leqq\overline{X}\leqq90)\geqq0.9544$ を満たすとき ← $2P\left(0\leqq Z\leqq\dfrac{\sqrt{n}}{6}\right)\geqq0.9544$

$$P\left(0\leqq Z\leqq\dfrac{\sqrt{n}}{6}\right)\geqq0.4772$$

であり,正規分布表より

$$P(0\leqq Z\leqq2)=0.4772$$

であるから

t	.00	.01
0.0	0.0000	0.0040
⋮	⋮	⋮
2.0	0.4772	0.4778
⋮	⋮	⋮

$$\dfrac{\sqrt{n}}{6}\geqq2 \quad\text{すなわち}\quad \sqrt{n}\geqq12$$

よって $n\geqq144$ ← 144 は十分大きい。

ゆえに,144 個以上

101 ① 標本平均は標本を抽出する試行ごとに定まる確率変数であるから，標本ごとに異なる。
よって，誤り。

← 標本平均の分布や期待値，分散などを考えてきたのも，標本平均が確率変数だからである。

② 標本平均の分散は $V(\overline{X})=\dfrac{\sigma^2}{n}$ と表せるから，n の値によって変動する。
よって，誤り。

③ 母集団分布が正規分布のとき，標本の大きさに関係なく，標本平均の分布も正規分布になる。
また，母集団分布が正規分布に近いとき，標本の大きさがそれほど大きくなくても，標本平均の分布は正規分布に近似できる。
よって，正しい。

④ 母集団分布が偏っていても，n が大きくなるにつれて正規分布に近づいていくから，正規分布に近似できるようになる。
よって，誤り。

以上より，正しく述べたものは　③

102 標本平均は　$\overline{X}=75$
標本の大きさは　$n=64$
母標準偏差は　$\sigma=4$
であるから，母平均 μ に対する信頼度 95 % の信頼区間は

$$75-1.96\times\dfrac{4}{\sqrt{64}}\leqq\mu\leqq75+1.96\times\dfrac{4}{\sqrt{64}}$$

$$75-0.98\leqq\mu\leqq75+0.98$$

よって　$74.02\leqq\mu\leqq75.98$

母平均の推定

母標準偏差 σ の母集団から大きさ n の標本を抽出するとき，n が十分大きければ，母平均 μ に対する信頼度 95 % の信頼区間は

$$\overline{X}-1.96\times\dfrac{\sigma}{\sqrt{n}}\leqq\mu$$

$$\leqq\overline{X}+1.96\times\dfrac{\sigma}{\sqrt{n}}$$

103 標本平均は　$\overline{X}=50$
標本の大きさは　$n=100$
標本の標準偏差は　$\sigma=10$
であるから，母平均 μ に対する信頼度 95 % の信頼区間は

$$50-1.96\times\dfrac{10}{\sqrt{100}}\leqq\mu\leqq50+1.96\times\dfrac{10}{\sqrt{100}}$$

$$50-1.96\leqq\mu\leqq50+1.96$$

よって　$48.04\leqq\mu\leqq51.96$

← 母標準偏差がわからず，標本の大きさが十分大きいとき，母標準偏差の代わりに標本の標準偏差を用いてもよい。

104 標本の大きさは $n=600$

標本比率は $p_0 = \dfrac{240}{600} = 0.4$

であるから，母比率 p に対する信頼度 95 % の
信頼区間は

$$0.4 - 1.96\sqrt{\frac{0.4 \times 0.6}{600}} \leqq p \leqq 0.4 + 1.96\sqrt{\frac{0.4 \times 0.6}{600}}$$

$$0.4 - 1.96 \times 0.02 \leqq p \leqq 0.4 + 1.96 \times 0.02$$

$$0.4 - 0.0392 \leqq p \leqq 0.4 + 0.0392$$

よって　$0.3608 \leqq p \leqq 0.4392$

母比率の推定

大きさ n の標本の標本比率を
p_0 とするとき，n が十分大き
ければ，母比率 p に対する信
頼度 95 % の信頼区間は

$$p_0 - 1.96\sqrt{\frac{p_0(1-p_0)}{n}} \leqq p$$
$$\leqq p_0 + 1.96\sqrt{\frac{p_0(1-p_0)}{n}}$$

母平均に対する信頼度 95 % の信頼区間が

$$\overline{X} - 1.96 \times \frac{\sigma}{\sqrt{n}} \leqq \mu \leqq \overline{X} + 1.96 \times \frac{\sigma}{\sqrt{n}} \quad \text{であることの証明}$$

母平均 μ，母標準偏差 σ の母集団から大きさ n の標本を無作為に抽出するとき，

n が十分大きければ，標本平均 $\overline{X}$ の分布は正規分布 $N\left(\mu, \dfrac{\sigma^2}{n}\right)$ で近似できる。

よって，$Z = \dfrac{\overline{X} - \mu}{\dfrac{\sigma}{\sqrt{n}}}$ とおくと，Z は近似的に標準正規分布 $N(0, 1)$ に従う。

ここで　$P(-k \leqq Z \leqq k) = 0.95$　とおくと

$$2 \times P(0 \leqq Z \leqq k) = 0.95$$

すなわち　$P(0 \leqq Z \leqq k) = 0.475$

であるから，正規分布表より　$k = 1.96$

区間　$-1.96 \leqq Z \leqq 1.96$　すなわち　$-1.96 \leqq \dfrac{\overline{X} - \mu}{\dfrac{\sigma}{\sqrt{n}}} \leqq 1.96$　は

$$\overline{X} - 1.96 \times \frac{\sigma}{\sqrt{n}} \leqq \mu \leqq \overline{X} + 1.96 \times \frac{\sigma}{\sqrt{n}}$$

と変形できるから

$$P\left(\overline{X} - 1.96 \times \frac{\sigma}{\sqrt{n}} \leqq \mu \leqq \overline{X} + 1.96 \times \frac{\sigma}{\sqrt{n}}\right) \fallingdotseq 0.95$$

また，母比率に対する信頼度 95 % の信頼区間については，性質 A をもつものの
母比率が p である母集団から大きさ n の標本を無作為抽出するとき，
標本に含まれる性質 A をもつものの個数 X は二項分布 $B(n, p)$ に従う。

よって，n が十分大きければ，X の分布は正規分布 $N(np, np(1-p))$ で近似できる。

$Z = \dfrac{X - np}{\sqrt{np(1-p)}}$ とおくと，以降同様に証明できる。

105 (1) 標本平均は $\overline{X}=800$

標本の大きさは $n=625$

標本の標準偏差は $\sigma=125$

であるから，平均寿命 μ に対する信頼度 95 % の
信頼区間は

$$800-1.96\times\frac{125}{\sqrt{625}}\leqq\mu\leqq 800+1.96\times\frac{125}{\sqrt{625}}$$

$$800-9.8\leqq\mu\leqq 800+9.8$$

よって $790.2\leqq\mu\leqq 809.8$

(2) 信頼度 95 % の信頼区間の幅が 10 時間以下と
なるとき

$$2\times 1.96\times\frac{125}{\sqrt{n}}\leqq 10$$

$$490\leqq 10\sqrt{n}$$

よって $2401\leqq n$

ゆえに，標本の大きさは 2401 本以上 とすればよい。

← $C=1.96\times\dfrac{125}{\sqrt{n}}$ とおくと，

　信頼区間は

　　$800-C\leqq\mu\leqq 800+C$

　であるから，その幅は

　　$(800+C)-(800-C)=2C$

106 標本の大きさは $n=300$

標本比率は $p_0=\dfrac{225}{300}=0.75$

であるから，母比率 p に対する信頼度 95 % の
信頼区間は

$$0.75-1.96\sqrt{\frac{0.75\times 0.25}{300}}\leqq p\leqq 0.75+1.96\sqrt{\frac{0.75\times 0.25}{300}}$$

$$0.75-1.96\times 0.025\leqq p\leqq 0.75+1.96\times 0.025$$

$$0.75-0.049\leqq p\leqq 0.75+0.049$$

よって $0.701\leqq p\leqq 0.799$

107 標本平均を $\overline{X}$，標本の大きさを n，母標準偏差を
σ とすると，母平均 μ に対する信頼区間は

信頼度 95 % では $\overline{X}-1.96\times\dfrac{\sigma}{\sqrt{n}}\leqq\mu\leqq\overline{X}+1.96\times\dfrac{\sigma}{\sqrt{n}}$

信頼度 99 % では $\overline{X}-2.58\times\dfrac{\sigma}{\sqrt{n}}\leqq\mu\leqq\overline{X}+2.58\times\dfrac{\sigma}{\sqrt{n}}$

① 信頼区間は信頼度 99 % の方が広いから，誤り。

② $C_1+C_2=\left(\overline{X}-1.96\times\dfrac{\sigma}{\sqrt{n}}\right)+\left(\overline{X}+1.96\times\dfrac{\sigma}{\sqrt{n}}\right)=2\overline{X}$

であり，標本平均 $\overline{X}$ だけで定まるから，正しい。

← $P(-t\leqq Z\leqq t)=0.99$

　を変形すると

　　$P(0\leqq Z\leqq t)=0.495$

　であり，正規分布表より

　　$P(0\leqq Z\leqq 2.58)=0.4951$

③　信頼度 95 % の信頼区間の幅は　$2 \times 1.96 \times \dfrac{\sigma}{\sqrt{n}}$

であり，n を大きくすると幅は狭くなるから，誤り。

④　信頼度 95 % の信頼区間は標本ごとに定まり，
抽出を繰り返して多数の信頼区間を求めると，
その 95 % が μ を含む。

よって，標本の大きさによらず，およそ 5 %
の確率で $C_1 \leqq \mu \leqq C_2$ が成り立たない標本
が生じると考えられるから，誤り。

以上より，正しく述べたものは　②

108 (1)　母集団は $N\left(7, \dfrac{3^2}{4}\right)$ に従い，

標本平均が 10 であるから

$$z = \frac{10-7}{\dfrac{3}{\sqrt{4}}} = \frac{3}{\dfrac{3}{2}} = 2 > 1.96$$

z は棄却域に含まれるから，
帰無仮説は 棄却される。

(2)　母集団は $N\left(12, \dfrac{3^2}{4}\right)$ に従い，

標本平均が 10 であるから

$$z = \frac{10-12}{\dfrac{3}{\sqrt{4}}} = \frac{-2}{\dfrac{3}{2}} = -\frac{4}{3} = -1.3\cdots$$

よって　$|z| < 1.96$

z は棄却域に含まれないから，
帰無仮説は 棄却されない。

109 (1)　$z = \dfrac{0.4-0.5}{\sqrt{\dfrac{0.5 \times 0.5}{49}}} = \dfrac{-0.1}{\dfrac{0.5}{7}} = -1.4$

よって　$|z| < 1.96$

z は棄却域に含まれないから，
帰無仮説は 棄却されない。

(2)　$z = \dfrac{0.4-0.2}{\sqrt{\dfrac{0.2 \times 0.8}{49}}} = \dfrac{0.2}{\dfrac{0.4}{7}} = 3.5 > 1.96$

z は棄却域に含まれるから，
帰無仮説は 棄却される。

←下の図の⑦のように μ を含まない区間が，およそ 5 % 生じる。

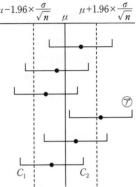

←母集団が正規分布に従うから，標本平均も正規分布に従う。

母平均 μ の検定

母集団から大きさ n，
標本平均 $\overline{X}$，標準偏差 σ
の標本を抽出したとき，
n が十分大きければ

$z = \dfrac{\overline{X}-\mu}{\dfrac{\sigma}{\sqrt{n}}}$ とおくと，

$|z| > 1.96$ が棄却域
（有意水準 5 %）

母比率 p の検定

母集団から大きさ n の標本を
抽出したとき，その標本比率
を p_0 として，

$z = \dfrac{p_0 - p}{\sqrt{\dfrac{p(1-p)}{n}}}$ とおくと，

$|z| > 1.96$ が棄却域
（有意水準 5 %）

110 帰無仮説は「製品の重さに変化はなかった」

すなわち 「製品の重さの平均は 200 g である」

製品の重さは正規分布 $N\left(200,\ \dfrac{30^2}{400}\right)$ に従い,

標本平均が 203 g であるから

$$z = \frac{203 - 200}{\dfrac{30}{\sqrt{400}}} = \frac{3}{\dfrac{30}{20}} = 2 > 1.96$$

z は棄却域に含まれるから,帰無仮説は棄却される。

よって,新しい機械によって 製品の重さに変化が

あったといえる。

111 帰無仮説は「男女の出生率は同じである」

すなわち「男子の出生率は 0.5 である」

標本比率は $\dfrac{212}{400} = \dfrac{53}{100} = 0.53$ であるから

$$z = \frac{0.53 - 0.5}{\sqrt{\dfrac{0.5 \times 0.5}{400}}} = \frac{0.03}{\dfrac{0.5}{20}} = 1.2 < 1.96$$

z は棄却域に含まれないから,

帰無仮説は棄却されない。

よって,男子と女子の出生率が異なるとはいえない。

112 帰無仮説は「ステーキの重さは 200 g である」

対立仮説は「ステーキの重さは 200 g より重い」

母標準偏差の代わりに標本の標準偏差 4 g を用いる

と,母集団は $N\left(200,\ \dfrac{4^2}{49}\right)$ に従うと考えられる。

また,本平均が 201 g であるから

$$z = \frac{201 - 200}{\dfrac{4}{\sqrt{49}}} = \frac{1}{\dfrac{4}{7}} = 1.75 > 1.64$$

z は棄却域に含まれるから,帰無仮説は棄却される。

よって,200 g より重いといえる。

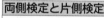

両側検定と片側検定

両側検定の棄却域　$|z| > 1.96$

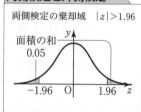

片側検定の棄却域　$|z| > 1.64$

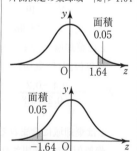

113 帰無仮説は「Bの効果はAと変わらない」

すなわち「Bは80％の人に効果がある」

対立仮説は「Bは80％より多くの人に効果がある」

標本比率は $\dfrac{416}{500}$ であるから

$$z = \dfrac{\dfrac{416}{500} - \dfrac{4}{5}}{\sqrt{\dfrac{\dfrac{4}{5} \times \dfrac{1}{5}}{500}}} = \dfrac{\dfrac{16}{500}}{\sqrt{\dfrac{4}{12500}}}$$

$$= \dfrac{4\sqrt{5}}{5} = 1.78\cdots > 1.64$$

z は棄却域に含まれるから，帰無仮説は棄却される。

よって，BはAよりすぐれているといえる。

数学B　復習問題

1 (1) $a_n = \dfrac{1}{4} + (n-1) \cdot \dfrac{3}{4} = \dfrac{3}{4}n - \dfrac{1}{2}$

$\qquad S_n = \dfrac{1}{2}n\left\{2 \cdot \dfrac{1}{4} + (n-1) \cdot \dfrac{3}{4}\right\}$

$\qquad\quad = \dfrac{1}{8}n(3n-1)$

別解

$\qquad S_n = \dfrac{1}{2}n\left\{\dfrac{1}{4} + \left(\dfrac{3}{4}n - \dfrac{1}{2}\right)\right\} = \dfrac{1}{8}n(3n-1)$

(2) $a_n = 2 \cdot \left(\dfrac{5}{3}\right)^{n-1}$

$\qquad S_n = \dfrac{2\left\{\left(\dfrac{5}{3}\right)^n - 1\right\}}{\dfrac{5}{3} - 1} = 3\left\{\left(\dfrac{5}{3}\right)^n - 1\right\}$

2 (1) 公差を d とすると

$\qquad -3 = 25 + (13-1)d$

よって　$12d = -28$　より　$d = -\dfrac{7}{3}$

また，和を S とすると

$\qquad S = \dfrac{1}{2} \cdot 13 \cdot (25-3) = 143$

$\Leftarrow l = a + (n-1)d$

$\Leftarrow S_n = \dfrac{1}{2}n(a+l)$

(2) 項数を n とすると

$\qquad 3 \cdot (-2)^{n-1} = -384$

$\qquad (-2)^{n-1} = -128$

$\qquad (-2)^{n-1} = (-2)^7$

よって　$n-1 = 7$　より　$n = 8$

また，和を S とすると

$\qquad S = \dfrac{3\{1 - (-2)^8\}}{1 - (-2)} = -255$

$\Leftarrow a_n = ar^{n-1}$

$\Leftarrow S_n = \dfrac{a(1-r^n)}{1-r} = \dfrac{a(r^n - 1)}{r - 1}$

(3) 初項を a, 公比を r とすると

$\qquad ar^3 = 24 \qquad\qquad \cdots ①$

$\qquad ar^3 + ar^4 + ar^5 = 312 \quad \cdots ②$

①，②より　$r = 3, \ -4$

$\qquad r = 3$ のとき　　$a = \dfrac{8}{9}$

$\qquad r = -4$ のとき　$a = -\dfrac{3}{8}$

$\Leftarrow$ ②より　$ar^3(1 + r + r^2) = 312$
①を代入して
$24(1 + r + r^2) = 312$
$r^2 + r - 12 = 0$
$(r-3)(r+4) = 0$
$r = 3, \ -4$

3 (1) $b_{n+1} - b_n = \log_{10} a_{n+1} - \log_{10} a_n$

$$= \log_{10} \frac{a_{n+1}}{a_n}$$

$$= \log_{10} \frac{5 \cdot 2^n}{5 \cdot 2^{n-1}}$$

$$= \log_{10} 2 \quad (\text{一定})$$

よって, 数列 $\{b_n\}$ は等差数列。 **終**

また, 初項 $b_1 = \log_{10} a_1 = \log_{10} 5 \cdot 2^0 = \log_{10} 5$

公差 $\log_{10} 2$

別解 $b_n = \log_{10} a_n$

$$= \log_{10} 5 \cdot 2^{n-1} = \log_{10} 5 + (n-1) \log_{10} 2 \qquad \Leftarrow a_n = a + (n-1)d$$

よって, 数列 $\{b_n\}$ は

初項 $\log_{10} 5$, 公差 $\log_{10} 2$ の等差数列。 **終**

(2) $b_1 + b_2 + b_3 + \cdots\cdots + b_n$

$$= \frac{1}{2} n \{ 2 \cdot \log_{10} 5 + (n-1) \log_{10} 2 \} \qquad \Leftarrow S_n = \frac{1}{2} n \{ 2a + (n-1)d \}$$

$$= \frac{n}{2} (\log_{10} 25 + \log_{10} 2^{n-1})$$

$$= \frac{n}{2} \log_{10} 25 \cdot 2^{n-1}$$

4 (1) $\displaystyle\sum_{k=1}^{n} (k^2 - 2k)$

$$= \sum_{k=1}^{n} k^2 - 2 \sum_{k=1}^{n} k$$

$$= \frac{1}{6} n(n+1)(2n+1) - 2 \cdot \frac{1}{2} n(n+1) \qquad \Leftarrow \frac{1}{6} n(n+1) \text{ が共通因数}$$

$$= \frac{1}{6} n(n+1)(2n+1-6)$$

$$= \frac{1}{6} n(n+1)(2n-5)$$

(2) $\displaystyle\sum_{k=1}^{n} (k-1)k(k+1)$

$$= \sum_{k=1}^{n} (k^3 - k)$$

$$= \sum_{k=1}^{n} k^3 - \sum_{k=1}^{n} k$$

$$= \left\{ \frac{1}{2} n(n+1) \right\}^2 - \frac{1}{2} n(n+1) \qquad \Leftarrow \frac{1}{2} n(n+1) \text{ が共通因数}$$

$$= \frac{1}{2} n(n+1) \left\{ \frac{1}{2} n(n+1) - 1 \right\}$$

$$= \frac{1}{4} n(n+1)(n^2 + n - 2)$$

$$= \frac{1}{4} n(n+1)(n-1)(n+2)$$

Σ の公式

$$\sum_{k=1}^{n} c = cn, \quad \sum_{k=1}^{n} k = \frac{1}{2} n(n+1)$$

$$\sum_{k=1}^{n} k^2 = \frac{1}{6} n(n+1)(2n+1)$$

$$\sum_{k=1}^{n} k^3 = \left\{ \frac{1}{2} n(n+1) \right\}^2$$

(3) $\displaystyle\sum_{k=1}^{m} k = \frac{1}{2}m(m+1)$

であるから

$$\sum_{m=1}^{l}\left(\sum_{k=1}^{m} k\right) = \sum_{m=1}^{l} \frac{1}{2}m(m+1)$$

$$= \frac{1}{2}\sum_{m=1}^{l} m^2 + \frac{1}{2}\sum_{m=1}^{l} m$$

$$= \frac{1}{2}\cdot\frac{1}{6}l(l+1)(2l+1) + \frac{1}{2}\cdot\frac{1}{2}l(l+1) \qquad \Leftarrow \frac{1}{12}l(l+1) \text{ が共通因数}$$

$$= \frac{1}{12}l(l+1)\{(2l+1)+3\}$$

$$= \frac{1}{6}l(l+1)(l+2)$$

よって
$$\sum_{l=1}^{n}\left\{\sum_{m=1}^{l}\left(\sum_{k=1}^{m} k\right)\right\}$$

$$= \sum_{l=1}^{n} \frac{1}{6}l(l+1)(l+2) \qquad \Leftarrow \frac{1}{6}l(l+1)(l+2)$$

$$= \sum_{l=1}^{n}\left(\frac{1}{6}l^3 + \frac{1}{2}l^2 + \frac{1}{3}l\right) \qquad = \frac{1}{6}(l^3+3l^2+2l)$$

$$= \frac{1}{6}\sum_{l=1}^{n} l^3 + \frac{1}{2}\sum_{l=1}^{n} l^2 + \frac{1}{3}\sum_{l=1}^{n} l \qquad = \frac{1}{6}l^3 + \frac{1}{2}l^2 + \frac{1}{3}l$$

$$= \frac{1}{6}\left\{\frac{1}{2}n(n+1)\right\}^2 + \frac{1}{2}\cdot\frac{1}{6}n(n+1)(2n+1) \qquad \Leftarrow \frac{1}{24}n(n+1) \text{ が共通因数}$$

$$\qquad + \frac{1}{3}\cdot\frac{1}{2}n(n+1)$$

$$= \frac{1}{24}n(n+1)\{n(n+1)+2(2n+1)+4\}$$

$$= \frac{1}{24}n(n+1)(n^2+5n+6)$$

$$= \frac{1}{24}n(n+1)(n+2)(n+3)$$

5 (1) 一般項 a_n は
$$a_n = 1+3+5+\cdots\cdots+(2n-1) = n^2$$
よって, S_n は
$$S_n = \frac{1}{6}n(n+1)(2n+1) \qquad \Leftarrow S_n = \sum_{n=1}^{k} k^2$$

(2) 一般項 a_n は
$$a_n = (2n-1)^3 - (2n)^3$$
よって, S_n は

$$S_n = \sum_{k=1}^{n} \{(2k-1)^3 - (2k)^3\}$$
$$= \sum_{k=1}^{n} (-12k^2 + 6k - 1)$$
$$= -12 \sum_{k=1}^{n} k^2 + 6 \sum_{k=1}^{n} k - \sum_{k=1}^{n} 1$$
$$= -12 \cdot \frac{1}{6} n(n+1)(2n+1) + 6 \cdot \frac{1}{2} n(n+1) - n$$
$$= -n\{2(n+1)(2n+1) - 3(n+1) + 1\}$$
$$= -n^2(4n+3)$$

$\Leftarrow (2k+1)^3 - (2k)^3$
$= 8k^3 - 12k^2 + 6k - 1 - 8k^3$
$= -12k^2 + 6k - 1$

6 (1) 階差数列を $\{b_n\}$ とすると

$$-1, \ 0, \ 4, \ 11, \ 21, \ 34, \ \cdots\cdots \ \{a_n\}$$
$$1 \quad 4 \quad 7 \quad 10 \quad 13 \quad \cdots\cdots \ \{b_n\}$$

$\Leftarrow$ 初項 1, 公差 3 の等差数列。

$b_n = 1 + (n-1) \cdot 3 = 3n - 2$ であるから,

$n \geqq 2$ のとき

$$a_n = -1 + \sum_{k=1}^{n-1} (3k-2)$$
$$= -1 + 3 \sum_{k=1}^{n-1} k - \sum_{k=1}^{n-1} 2$$
$$= -1 + 3 \cdot \frac{1}{2} n(n-1) - 2(n-1)$$
$$= \frac{3}{2} n^2 - \frac{7}{2} n + 1$$
$$= \frac{1}{2} (n-2)(3n-1)$$

（$n=1$ のときも成り立つ）

よって $\quad a_n = \dfrac{1}{2} (n-2)(3n-1)$

> **階差数列の一般項**
>
> $b_n = a_{n+1} - a_n$ のとき
> $a_n = a_1 + \sum_{k=1}^{n-1} b_k \ (n \geqq 2)$

$\Leftarrow a_n = \dfrac{3}{2} n^2 - \dfrac{7}{2} n + 1$
でもよい。

(2) 階差数列を $\{b_n\}$ とすると

$$2, \ 3, \ 1, \ 5, \ -3, \ 13, \ \cdots\cdots \ \{a_n\}$$
$$1 \quad -2 \quad 4 \quad -8 \quad 16 \quad \cdots\cdots \ \{b_n\}$$

$\Leftarrow$ 初項 1, 公比 -2 の等比数列。

$b_n = (-2)^{n-1}$ であるから, $n \geqq 2$ のとき

$$a_n = 2 + \sum_{k=1}^{n-1} (-2)^{k-1}$$
$$= 2 + \frac{1\{1 - (-2)^{n-1}\}}{1 - (-2)}$$
$$= \frac{1}{3} \{7 - (-2)^{n-1}\}$$

（$n=1$ のときも成り立つ）

よって $\quad a_n = \dfrac{1}{3} \{7 - (-2)^{n-1}\}$

7 (1) 第 k 項は

$$a_k = \frac{1}{(k+1)^2-1} = \frac{1}{k(k+2)} = \frac{1}{2}\left(\frac{1}{k} - \frac{1}{k+2}\right)$$

であるから

$$S_n = \sum_{k=1}^{n} a_k$$

$$= \sum_{k=1}^{n} \frac{1}{2}\left(\frac{1}{k} - \frac{1}{k+2}\right)$$

$$= \frac{1}{2}\left\{\left(1 - \frac{1}{3}\right) + \left(\frac{1}{2} - \frac{1}{4}\right) + \left(\frac{1}{3} - \frac{1}{5}\right) + \cdots\right.$$

$$\left.\cdots + \left(\frac{1}{n-1} - \frac{1}{n+1}\right) + \left(\frac{1}{n} - \frac{1}{n+2}\right)\right\}$$

$$= \frac{1}{2}\left(1 + \frac{1}{2} - \frac{1}{n+1} - \frac{1}{n+2}\right)$$

$$= \frac{n(3n+5)}{4(n+1)(n+2)}$$

(2) $S_n = \dfrac{1}{2} + \dfrac{3}{2^2} + \dfrac{5}{2^3} + \dfrac{7}{2^4} + \cdots\cdots + \dfrac{2n-1}{2^n}$

$$-\underline{)\ \frac{1}{2}S_n = \qquad \frac{1}{2^2} + \frac{3}{2^3} + \frac{5}{2^4} + \cdots\cdots + \frac{2n-3}{2^n} + \frac{2n-1}{2^{n+1}}}$$

$$\frac{1}{2}S_n = \frac{1}{2} + \frac{2}{2^2} + \frac{2}{2^3} + \frac{2}{2^4} + \cdots\cdots + \frac{2}{2^n} \qquad - \frac{2n-1}{2^{n+1}}$$

$$= \frac{1}{2} + \frac{\dfrac{1}{2}\left\{1 - \left(\dfrac{1}{2}\right)^{n-1}\right\}}{1 - \dfrac{1}{2}} - \frac{2n-1}{2^{n+1}}$$

$$= \frac{1}{2} + 1 - \left(\frac{1}{2}\right)^{n-1} - \frac{2n-1}{2^{n+1}}$$

$$= -\frac{2n+3}{2^{n+1}} + \frac{3}{2}$$

よって $S_n = -\dfrac{2n+3}{2^n} + 3$

8 (1) $n \geqq 2$ のとき，第 $(n-1)$ 群の最後の数までの
項数は

$$2 + 4 + 6 + \cdots\cdots + 2(n-1) = n(n-1)$$

区切りを除いた数列 $\{a_n\}$ の第 m 項は

$$a_m = 2m - 1$$

第 n 群の最初の数は，数列 $\{a_n\}$ の

$$n(n-1) + 1 = n^2 - n + 1 \ (番目)$$

よって

← $\dfrac{1}{2}\left(1 + \dfrac{1}{2} - \dfrac{1}{n+1} - \dfrac{1}{n+2}\right)$

$$= \frac{1}{2}\left\{\left(1 - \frac{1}{n+1}\right) + \left(\frac{1}{2} - \frac{1}{n+2}\right)\right\}$$

$$= \frac{1}{2}\left\{\frac{n}{n+1} + \frac{n}{2(n+2)}\right\}$$

$$= \frac{n}{2} \cdot \frac{2(n+2) + (n+1)}{2(n+1)(n+2)}$$

$$= \frac{n(3n+5)}{4(n+1)(n+2)}$$

← $\dfrac{2}{2^2} + \dfrac{2}{2^3} + \dfrac{2}{2^4} + \cdots\cdots + \dfrac{2}{2^n}$ は，

初項 $\dfrac{1}{2}$，公比 $\dfrac{1}{2}$，項数 $n-1$

の等比数列の和。

$n=1$ のときは，項数 0 となる

から，この部分の和は 0。

$$\frac{\dfrac{1}{2}\left\{1 - \left(\dfrac{1}{2}\right)^{1-1}\right\}}{1 - \dfrac{1}{2}} = \frac{\dfrac{1}{2}(1-1)}{1 - \dfrac{1}{2}}$$

$$= 0$$

とも一致する。

$$2(n^2-n+1)-1=2n^2-2n+1$$
$$(n=1 \text{ のときも成り立つ})$$

ゆえに，第 n 群の最初の数は $\quad 2n^2-2n+1$

(2) 第 8 群の最初の数は

$\qquad 2\cdot 8^2-2\cdot 8+1=113$ ← $n=8$ を(1)で求めた式に代入。

よって，第 8 群の 3 番目の数は $\quad 117$ ← $113+2+2$

別解 第 7 群までの項数は

$$2+4+6+\cdots\cdots+14=\frac{1}{2}\cdot 7\cdot(2+14)=56 \text{ （個）}$$

よって，第 8 群の 3 番目の数は，区切りを除いた
数列の 59 番目の奇数であるから

$\qquad 2\cdot 59-1=117$ ← $m=59$ を $a_m=2m-1$ に代入。

(3) 195 が第 k 群に含まれるとすると，(1)より

$\qquad 2k^2-2k+1\leqq 195<2(k+1)^2-2(k+1)+1$ ← 各辺から 1 を引いて，各辺を 2 で割る。

$\qquad k^2-k\leqq 97<(k+1)^2-(k+1)$

$\qquad k(k-1)\leqq 97<k(k+1)$

ここで，$10\cdot 9=90,\ 10\cdot 11=110$ であるから

$\qquad k=10$

195 が第 10 群の l 番目であるとすると

$\qquad (2\cdot 10^2-2\cdot 10+1)+(l-1)\cdot 2=195$ ← 第 10 群の数は
初項 $2\cdot 10^2-2\cdot 10+1$
公差 2，項数 20 の等差数列。

これを解くと $\quad l=8$

よって，195 は第 10 群の 8 番目

別解 $195=2\cdot 98-1$ より，195 は区切りを除いた
数列の 98 番目の奇数である。

195 が第 k 群に含まれるとすると

$\qquad k(k-1)+1\leqq 98<(k+1)k+1$

$\qquad k(k-1)\leqq 97<(k+1)k$

これを満たす自然数 k は 10 である。

$\qquad$ 98 番目
$\qquad\qquad\downarrow$
← $\cdots\ \bigcirc\ |\ \bigcirc,\ \cdots,\ 195,\ \cdots,\ \bigcirc\ |\ \bigcirc,\ \cdots$
$\qquad\qquad\uparrow\qquad\qquad\qquad\qquad\uparrow$
$\{k(k-1)+1\}$ 番目 $\quad \{(k+1)k+1\}$ 番目

195 が第 10 群の l 番目であるとすると

$\qquad l=98-(2+4+6+\cdots\cdots+18)$ ← 第 9 群までに含まれる項の数を引く。

$\qquad\ =98-\frac{1}{2}\cdot 9\cdot(2+18)=8$

よって，195 は第 10 群の 8 番目

(4) 第 n 群に含まれる数は

初項 $2n^2-2n+1$，公差 2，項数 $2n$ の等差数列
であるから，求める和 S は

$$S=\frac{1}{2}\cdot 2n\cdot\{2(2n^2-2n+1)+(2n-1)\cdot 2\}=4n^3$$

9 (1) $a_{n+1}-a_n=3n-1$ と変形できる。

$n \geqq 2$ のとき

$$a_n = -1 + \sum_{k=1}^{n-1}(3k-1)$$

$$= -1 + 3 \cdot \frac{1}{2}(n-1)n - (n-1)$$

$$= \frac{3}{2}n^2 - \frac{5}{2}n$$

$$= \frac{1}{2}n(3n-5) \quad (n=1 \text{ のときも成り立つ})$$

よって $a_n = \dfrac{1}{2}n(3n-5)$

(2) $a_{n+1}=\dfrac{2}{3}a_n+\dfrac{1}{3}$ より

$$a_{n+1}-1=\frac{2}{3}(a_n-1)$$

と変形できる。

$b_n=a_n-1$ とおくと $b_{n+1}=\dfrac{2}{3}b_n$

数列 $\{b_n\}$ は，初項 $b_1=a_1-1=-1$，公比 $\dfrac{2}{3}$ の

等比数列である。

よって $b_n=-1\cdot\left(\dfrac{2}{3}\right)^{n-1}$ より

$$a_n-1=-1\cdot\left(\frac{2}{3}\right)^{n-1}$$

ゆえに $a_n=1-\left(\dfrac{2}{3}\right)^{n-1}$

(3) $a_1=2>0$ であるから，任意の自然数 n について

$a_n>0$

よって，$a_{n+1}=\dfrac{a_n}{3a_n+1}$ の両辺の逆数をとると

$$\frac{1}{a_{n+1}}=3+\frac{1}{a_n}$$

ここで，$\dfrac{1}{a_n}=b_n$ とおくと $b_{n+1}=b_n+3$

よって，数列 $\{b_n\}$ は，初項 $b_1=\dfrac{1}{a_1}=\dfrac{1}{2}$，公差 3

の等差数列であるから

$$b_n=\frac{1}{2}+(n-1)\cdot 3=3n-\frac{5}{2}=\frac{6n-5}{2}$$

ゆえに $a_n=\dfrac{1}{b_n}=\dfrac{2}{6n-5}$

（右段の注釈）

◆ $a_{n+1}-a_n$ は $\{a_n\}$ の階差数列の
　　一般項を表している。

◆ $a_{n+1}=a_n+f(n)$ の漸化式
　　$\implies n\geqq2$ のとき
　　　$a_n=a_1+\sum_{k=1}^{n-1}f(k)$

◆ 特性方程式の解は
　　$\alpha=\dfrac{2}{3}\alpha+\dfrac{1}{3}$ より $\alpha=1$

◆ $\dfrac{3a_n+1}{a_n}=\dfrac{3a_n}{a_n}+\dfrac{1}{a_n}$

(4)
$$a_{n+2}=4a_{n+1}+3(n+1)-1$$
$$-\underline{)\quad a_{n+1}=4a_n\ +3n-1}$$
$$a_{n+2}-a_{n+1}=4(a_{n+1}-a_n)+3$$

$b_n=a_{n+1}-a_n$ とおくと $b_{n+1}=a_{n+2}-a_{n+1}$

よって $b_{n+1}=4b_n+3$ $\cdots$①

また $b_1=a_2-a_1$
$$=(4a_1+3\cdot1-1)-a_1$$
$$=3a_1+2=11$$

①は, $b_{n+1}+1=4(b_n+1)$ と変形できる。

◀ 特性方程式の解は
$\alpha=4\alpha+3$ より $\alpha=-1$

ここで, $c_n=b_n+1$ とおくと $c_{n+1}=4c_n$

また $c_1=b_1+1=11+1=12$

よって, 数列 $\{c_n\}$ は, 初項 $c_1=12$, 公比 4 の
等比数列である。

ゆえに $b_n+1=12\cdot4^{n-1}$ より
$$b_n=12\cdot4^{n-1}-1$$

すなわち $a_{n+1}-a_n=12\cdot4^{n-1}-1$

◀ $\{b_n\}$ は $\{a_n\}$ の階差数列

$n\geqq2$ のとき
$$a_n=a_1+\sum_{k=1}^{n-1}(12\cdot4^{k-1}-1)$$
$$=3+\frac{12(4^{n-1}-1)}{4-1}-(n-1)$$
$$=4^n-n\quad(n=1\text{ のときも成り立つ})$$

したがって $a_n=4^n-n$

10 (1) $n=1$ のとき $S_1=2a_1+1$

$S_1=a_1$ より $a_1=2a_1+1$

よって $a_1=-1$

(2) $a_{n+1}=S_{n+1}-S_n$
$$=\{2a_{n+1}+(n+1)\}-(2a_n+n)$$
$$=2a_{n+1}-2a_n+1$$

◀ $S_{n+1}=a_1+a_2+\cdots\cdots+a_n+a_{n+1}$
$S_n=a_1+a_2+\cdots\cdots+a_n$ より
$S_{n+1}-S_n=a_{n+1}$

よって $a_{n+1}=2a_n-1$

(3) (2)より $a_{n+1}-1=2(a_n-1)$

◀ 特性方程式の解は
$\alpha=2\alpha-1$ より $\alpha=1$

$b_n=a_n-1$ とおくと $b_{n+1}=2b_n$

数列 $\{b_n\}$ は初項 $b_1=a_1-1=-2$, 公比 2 の
等比数列であるから
$$b_n=-2\cdot2^{n-1}$$

よって $a_n-1=-2\cdot2^{n-1}$

ゆえに $a_n=1-2^n$

11 (1) $\dfrac{1}{1\cdot2}+\dfrac{1}{3\cdot4}+\cdots\cdots+\dfrac{1}{(2n-1)\cdot2n}$

$=\dfrac{1}{n+1}+\dfrac{1}{n+2}+\cdots\cdots+\dfrac{1}{n+n}$　…①

とおく。

(Ⅰ) $n=1$ のとき

$\qquad$（左辺）$=\dfrac{1}{1\cdot2}=\dfrac{1}{2}$,　（右辺）$=\dfrac{1}{1+1}=\dfrac{1}{2}$

$\quad$よって，$n=1$ のとき，①が成り立つ。

(Ⅱ) $n=k$ のとき，①が成り立つと仮定すると

$\qquad\dfrac{1}{1\cdot2}+\dfrac{1}{3\cdot4}+\cdots\cdots+\dfrac{1}{(2k-1)\cdot2k}$

$=\dfrac{1}{k+1}+\dfrac{1}{k+2}+\cdots\cdots+\dfrac{1}{k+k}$　…②

$\quad$ $n=k+1$ のとき，①の左辺を，②を用いて変形
すると

$\quad$（左辺）

$=\dfrac{1}{1\cdot2}+\dfrac{1}{3\cdot4}+\cdots\cdots+\dfrac{1}{(2k-1)\cdot2k}+\dfrac{1}{(2k+1)\cdot2(k+1)}$

$=\dfrac{1}{k+1}+\dfrac{1}{k+2}+\cdots\cdots+\dfrac{1}{k+k}+\dfrac{1}{(2k+1)\cdot2(k+1)}$

$=\dfrac{1}{k+1}+\dfrac{1}{k+2}+\cdots\cdots+\dfrac{1}{k+k}+\dfrac{1}{2k+1}-\dfrac{1}{2k+2}$ ← 部分分数に分解

$\qquad\qquad\qquad\qquad\qquad\qquad\qquad\qquad\qquad\quad$ $\dfrac{1}{(2k+1)(2k+2)}$

$=\dfrac{1}{k+2}+\dfrac{1}{k+3}+\cdots\cdots$ $\qquad\qquad\qquad\qquad$ $=\dfrac{1}{2k+1}-\dfrac{1}{2k+2}$

$\qquad\qquad\quad+\dfrac{1}{k+k}+\dfrac{1}{2k+1}+\left(\dfrac{1}{k+1}-\dfrac{1}{2k+2}\right)$ ← $\dfrac{1}{k+1}$ を移動。

$=\dfrac{1}{k+2}+\dfrac{1}{k+3}+\cdots\cdots+\dfrac{1}{2k}+\dfrac{1}{2k+1}+\dfrac{1}{2k+2}$

$=\dfrac{1}{(k+1)+1}+\dfrac{1}{(k+1)+2}+\cdots\cdots+\dfrac{1}{(k+1)+(k+1)}$

$=$（右辺）

$\quad$よって，$n=k+1$ のときも①が成り立つ。

(Ⅰ), (Ⅱ)より，①はすべての自然数 n について成り
立つ。 🏁

(2) $1^2+2^2+3^2+\cdots\cdots+n^2<\dfrac{(n+1)^3}{3}$　…① とおく。

(Ⅰ) $n=1$ のとき

$\qquad$（左辺）$=1^2=1$,　（右辺）$=\dfrac{2^3}{3}=\dfrac{8}{3}$

$\quad$よって，$n=1$ のとき，①は成り立つ。

(Ⅱ) $n=k$ のとき，①が成り立つと仮定すると

$$1^2+2^2+3^2+\cdots\cdots+k^2<\frac{(k+1)^3}{3}$$

両辺に $(k+1)^2$ を加えると

$$1^2+2^2+3^2+\cdots\cdots+k^2+(k+1)^2$$

$$<\frac{(k+1)^3}{3}+(k+1)^2 \quad \cdots②$$

ここで

$$\frac{(k+2)^3}{3}-\left\{\frac{(k+1)^3}{3}+(k+1)^2\right\}=\frac{3k+4}{3}>0$$

よって

$$\frac{(k+1)^3}{3}+(k+1)^2<\frac{(k+2)^3}{3} \quad \cdots③$$

②，③より

$$1^2+2^2+3^2+\cdots\cdots+(k+1)^2<\frac{(k+2)^3}{3}$$

ゆえに，$n=k+1$ のときも①は成り立つ。

(Ⅰ)，(Ⅱ)より，①はすべての自然数 n について成り立つ。 終

← $n=k+1$ のときの①の左辺は，$\dfrac{(k+1)^3}{3}+(k+1)^2$ より小さい。

← $\dfrac{(k+2)^3}{3}$ は，$n=k+1$ のときの①の右辺。

← $n=k+1$ のときの①の右辺は，$\dfrac{(k+1)^3}{3}+(k+1)^2$ より大きい。

12 (1) $a_1=\dfrac{1}{2}$ であるから

$$a_2=\frac{a_1-2}{2a_1-3}=\frac{\frac{1}{2}-2}{2\cdot\frac{1}{2}-3}=\frac{1-4}{2-6}=\frac{3}{4}$$

$$a_3=\frac{a_2-2}{2a_2-3}=\frac{\frac{3}{4}-2}{2\cdot\frac{3}{4}-3}=\frac{3-8}{6-12}=\frac{5}{6}$$

$$a_4=\frac{a_3-2}{2a_3-3}=\frac{\frac{5}{6}-2}{2\cdot\frac{5}{6}-3}=\frac{5-12}{10-18}=\frac{7}{8}$$

以上より，一般項 a_n は次のように推定できる。

$$a_n=\frac{2n-1}{2n} \quad \cdots①$$

(2) (Ⅰ) $n=1$ のとき

$$a_1=\frac{2\cdot1-1}{2\cdot1}=\frac{1}{2}$$

ゆえに，①は成り立つ。

← $a_{n+1}=\dfrac{a_n-2}{2a_n-3}$ に $n=1$ を代入し $a_1=\dfrac{1}{2}$ を使う。

以下，同様に繰り返す。

← 分母は 2, 4, 6, 8, … 分子は 1, 3, 5, 7, …

(II) $n=k$ のとき，①が成り立つと仮定すると

$$a_k = \frac{2k-1}{2k} \quad \cdots ②$$

$n=k+1$ のとき，与えられた漸化式と②より

$$a_{k+1} = \frac{a_k - 2}{2a_k - 3}$$

← $a_{n+1} = \dfrac{a_n - 2}{2a_n - 3}$ に $n=k$ を代入。

$$= \frac{\dfrac{2k-1}{2k} - 2}{2 \cdot \dfrac{2k-1}{2k} - 3}$$

← ②より，$a_k = \dfrac{2k-1}{2k}$ を代入して，分母・分子に $2k$ を掛けて整理する。

$$= \frac{(2k-1) - 4k}{2(2k-1) - 6k}$$

$$= \frac{2k+1}{2k+2}$$

$$= \frac{2(k+1) - 1}{2(k+1)}$$

← ①の右辺で $n=k+1$ とおいた式。

よって，$n=k+1$ のときも①は成り立つ。

(I)，(II)より，①はすべての自然数 n について成り立つ。

ゆえに $a_n = \dfrac{2n-1}{2n}$ 　終

13 (1)(ア) a 枚の中から，1 枚だけある $2a$ のカードを取り出す確率であるから，

$X=2a$ となる確率は $\dfrac{1}{a}$

(イ) $a=5$ のとき，確率分布は次の表のようになる。

X	2	4	6	8	10	計
P	$\frac{1}{5}$	$\frac{1}{5}$	$\frac{1}{5}$	$\frac{1}{5}$	$\frac{1}{5}$	1

よって，X の期待値は

$$E(X) = \frac{1}{5}(2+4+6+8+10)$$

$$= \frac{1}{5} \cdot 30 = 6$$

X の分散は

$$V(X) = E(X^2) - \{E(X)\}^2$$

$$= \frac{1}{5}(2^2 + 4^2 + 6^2 + 8^2 + 10^2) - 6^2$$

$$= \frac{1}{5} \cdot 220 - 36 = 8$$

期待値・分散・標準偏差

X	x_1	x_2	$\cdots$	x_n	計
P	p_1	p_2	$\cdots$	p_n	1

$$E(X) = \sum_{k=1}^{n} x_k p_k$$
$$V(X) = E(X^2) - \{E(X)\}^2$$
$$\sigma(X) = \sqrt{V(X)}$$

(ウ)　$E(sX+t)=sE(X)+t=20$　より

　　　　$6s+t=20$　…①

　　　$V(sX+t)=s^2V(X)=32$　より

　　　　$8s^2=32$　…②

　　②と　$s>0$　より　$s=2$

　　①に代入して　$12+t=20$　より　$t=8$

　　また，$sX+t\geqq20$　となる確率は

　　　$P(2X+8\geqq20)$　より　$P(X\geqq6)$

　　であるから

　　　$P(X\geqq6)=P(X=6)+P(X=8)+P(X=10)$

　　　　　　　　$=\dfrac{1}{5}+\dfrac{1}{5}+\dfrac{1}{5}=\dfrac{3}{5}$

(2)(ア)　a 枚のカードから 3 枚を取り出したとき，

　　　取り出した 3 枚を並べるのは 3! 通り。

　　　取り出した 3 枚を小さい順に並べるのは 1 通り。

　　　よって　$P(A)=\dfrac{1}{3!}=\dfrac{1}{6}$

(イ)　この試行を 180 回繰り返し行うとき，

　　　A の起こる回数 Y は，二項分布 $B\left(180,\ \dfrac{1}{6}\right)$

　　　に従うから

　　　期待値は　$m=180\times\dfrac{1}{6}=30$

　　　標準偏差は　$\sigma=\sqrt{180\times\dfrac{1}{6}\times\dfrac{5}{6}}=5$

(ウ)　180 は十分大きな値であるから，

　　　Y の分布は正規分布 $N(30,\ 5^2)$ で近似できる。

　　　ここで，$Z=\dfrac{X-30}{5}$ とおくと，

　　　Z は $N(0,\ 1)$ に従うから

　　　　$P(18\leqq Y\leqq36)$

　　　　$=P\left(\dfrac{18-30}{5}\leqq Z\leqq\dfrac{36-30}{5}\right)$

　　　　$=P(-2.4\leqq Z\leqq1.2)$

　　　　$=P(0\leqq Z\leqq2.4)+P(0\leqq Z\leqq1.2)$

　　　　$=0.4918+0.3849$

　　　　$=0.8767$

$aX+b$ の期待値・分散・標準偏差

$E(aX+b)=aE(X)+b$
$V(aX+b)=a^2V(X)$
$\sigma(aX+b)=|a|\sigma(X)$

◀ $2X+8\geqq20$ の不等式を解いて，
　$X\geqq6$

◀　$P(X\geqq6)$
　$=1-\{P(X=2)+P(X=4)\}$
　$=1-\dfrac{2}{5}=\dfrac{3}{5}$
　としてもよい。

二項分布の期待値・分散・標準偏差

確率変数 X が
二項分布 $B(n,\ p)$ に従うとき
$q=1-p$ とすると
期待値 $E(X)=np$
分散 $V(X)=npq$
標準偏差 $\sigma(X)=\sqrt{V(X)}=\sqrt{npq}$

二項分布 $B(n,\ p)$

n が十分大きいとき，
$q=1-p$ とすると，正規分布
$N(np,\ npq)$ で近似できる。

正規分布と標準化

確率変数 X が正規分布
$N(\mu,\ \sigma^2)$ に従うとき
　$Z=\dfrac{X-\mu}{\sigma}$
とおくと，X は標準正規分布
$N(0,\ 1)$ に従う。

14 (1) X の母平均が m，母標準偏差が σ であり，

49 は十分大きな値であるから，$\overline{X}$ の分布は

正規分布 $N\!\left(m,\ \dfrac{\sigma^2}{49}\right)$，すなわち $N\!\left(m,\ \left(\dfrac{\sigma}{7}\right)^2\right)$

で近似できる。

よって，$\boxed{\text{ア}}$ は m，$\boxed{\text{イ}}$ は $\dfrac{\sigma}{7}$

ここで，$W = 125000 \times \overline{X}$ であるから

W の平均は

$\qquad E(W) = 125000m$

W の標準偏差は

$\qquad \sigma(W) = 125000 \times \dfrac{\sigma}{7} = \dfrac{125000}{7}\sigma$

ゆえに，$\boxed{\text{ウ}}$ は $125000m$，$\boxed{\text{エ}}$ は $\dfrac{125000}{7}\sigma$

$\sigma = 2$ と仮定すると，母平均 m に対する信頼度

95 % の信頼区画は

$\qquad 16 - 1.96 \times \dfrac{2}{\sqrt{49}} \leqq m \leqq 16 + 1.96 \times \dfrac{2}{\sqrt{49}}$

$\qquad 16 - 0.56 \leqq m \leqq 16 + 0.56$

$\qquad 15.44 \leqq m \leqq 16.56$

ここで，$M = 125000m$　より

$\qquad 125000 \times 15.44 \leqq M \leqq 125000 \times 16.56$

$\qquad 1930000 \leqq M \leqq 2070000$

$\qquad 193 \times 10^4 \leqq M \leqq 207 \times 10^4$

よって，$\boxed{\text{オ}}$ は 193，$\boxed{\text{カ}}$ は 207

(2) 帰無仮説は「昨年の調査の結果と変わらない」，

すなわち「今年の母平均は昨年と同じ 15」

よって，$\boxed{\text{キ}}$ は ②

対立仮説は，それに反することであるから，

「今年の母平均は昨年の 15 とは異なる」

よって，$\boxed{\text{ク}}$ は ⑤

次に，帰無仮説が正しいとすると，$\overline{X}$ の分布は

正規分布 $N\!\left(15,\ \dfrac{2^2}{49}\right)$，すなわち $N\!\left(15,\ \left(\dfrac{2}{7}\right)^2\right)$

に近似できる。

よって，$\boxed{\text{ケ}}$ は ⑦，$\boxed{\text{コ}}$ は ②

標本平均の分布

母平均 μ，母標準偏差 σ の
母集団から大きさ n の標本を
抽出するとき，n が十分大きけ
れば，標準平均 $\overline{X}$ の分布は，
正規分布 $N\!\left(\mu,\ \dfrac{\sigma^2}{n}\right)$ で近似
できる。

母平均の推定

母標準偏差 σ の母集団から
大きさ n の標本を抽出する
とき，n が十分大きければ，
母平均 μ に対する信頼度 95 %
の信頼区間は

$\qquad \overline{X} - 1.96 \times \dfrac{\sigma}{\sqrt{n}} \leqq \mu$

$\qquad\qquad \leqq \overline{X} + 1.96 \times \dfrac{\sigma}{\sqrt{n}}$

ここで，$Z = \dfrac{\overline{X} - 15}{\dfrac{2}{7}}$ とおくと，

Z は $N(0, 1)$ に従う。

花子さんたちの調査結果から Z の値を求めると

$$Z = \frac{16 - 15}{\dfrac{2}{7}} = 3.5$$

となるから

$\quad P(Z \leqq -|z|) + P(Z \geqq |z|)$

$= P(Z \leqq -3.5) + P(Z \geqq 3.5)$

$= 2(0.5 - 0.4998)$

$= 0.0004 < 0.05$

ゆえに，$P(Z \leqq -|z|) + P(Z \leqq |z|)$ の和は

0.05 より小さいので，$\boxed{\text{サ}}$ は②

したがって，有意水準 5 % で今年の母平均 m は

昨年と異なるといえるので，$\boxed{\text{シ}}$ は①

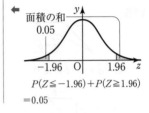

← 面積の和
0.05

$P(Z \leqq -1.96) + P(Z \geqq 1.96)$
$= 0.05$

114 (1) $\overrightarrow{OB}$, $\overrightarrow{EO}$, $\overrightarrow{DC}$

(2) $\overrightarrow{BA}$, $\overrightarrow{CO}$, $\overrightarrow{OF}$, $\overrightarrow{CF}$

(3) $\overrightarrow{DA}$, $\overrightarrow{BE}$, $\overrightarrow{EB}$, $\overrightarrow{CF}$, $\overrightarrow{FC}$

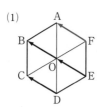 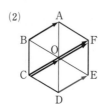 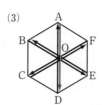

115 (1)

(2) $\vec{a}+(-\vec{b})$ より

(3) $2\vec{a}+(-3\vec{b})$ より

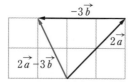

別解 差については，始点を そろえて次のように考える こともできる。

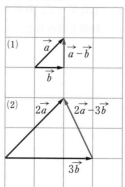

116 (1) $(2\vec{a}+3\vec{b})-(4\vec{a}-\vec{b})=2\vec{a}+3\vec{b}-4\vec{a}+\vec{b}$
$$=-2\vec{a}+4\vec{b}$$

(2) $4(\vec{a}-3\vec{b})+2(\vec{b}-2\vec{a})=4\vec{a}-12\vec{b}+2\vec{b}-4\vec{a}$
$$=-10\vec{b}$$

ベクトルの加法，減法，実数倍 ➡ 文字式の計算と同様にできる

---

117 (1) $\vec{a}$, $\vec{b}$ が 1 次独立であるから

$3x-1=5$ …① かつ $-2=y+2$ …②

①より $x=2$, ②より $y=-4$

(2) $\vec{a}$, $\vec{b}$ が 1 次独立であるから

$2x-y+1=0$ …① かつ $x+y-3=0$ …②

①＋②より $3x-2=0$ よって $x=\dfrac{2}{3}$

ベクトルの分解

$\vec{0}$ でない 2 つのベクトル $\vec{a}$ と $\vec{b}$ が平行でないとき，$\vec{a}$, $\vec{b}$ は 1 次独立であるといい，ベクトル $\vec{p}$ は $\vec{p}=m\vec{a}+n\vec{b}$ の形でただ 1 通りに表せる。

②に代入して $\dfrac{2}{3}+y-3=0$　ゆえに $y=\dfrac{7}{3}$

$$\boxed{\vec{a},\ \vec{b}\ が1次独立 \ \Rightarrow\ \begin{array}{l} m\vec{a}+n\vec{b}=m'\vec{a}+n'\vec{b} \\ \Longleftrightarrow\ m=m'\ かつ\ n=n' \end{array}}$$

118 (1) $3(\vec{x}-\vec{a})=\vec{x}-2(\vec{b}+\vec{x})$　より

$3\vec{x}-3\vec{a}=\vec{x}-2\vec{b}-2\vec{x}$

$4\vec{x}=3\vec{a}-2\vec{b}$

よって　$\vec{x}=\dfrac{3}{4}\vec{a}-\dfrac{1}{2}\vec{b}$

◀ x の方程式
$3(x-a)=x-2(b+x)$
を解く要領で計算する。

(2) $\begin{cases} \vec{x}-\vec{y}=\vec{a}+2\vec{b} & \cdots① \\ 2\vec{x}+3\vec{y}=7\vec{a}-\vec{b} & \cdots② \end{cases}$

①より　$\vec{x}=\vec{y}+\vec{a}+2\vec{b}$　$\cdots①'$

これを②に代入して

$2(\vec{y}+\vec{a}+2\vec{b})+3\vec{y}=7\vec{a}-\vec{b}$

$2\vec{y}+2\vec{a}+4\vec{b}+3\vec{y}=7\vec{a}-\vec{b}$

$5\vec{y}=5\vec{a}-5\vec{b}$

よって　$\vec{y}=\vec{a}-\vec{b}$

$①'$に代入して　$\vec{x}=(\vec{a}-\vec{b})+\vec{a}+2\vec{b}=2\vec{a}+\vec{b}$

◀ $x,\ y$ の連立方程式
$\begin{cases} x-y=a+2b \\ 2x+3y=7a-b \end{cases}$
を解く要領で計算する。

119 (1) $|\overrightarrow{AC}|=4$ であるから,

$\overrightarrow{AC}$ と同じ向きの単位ベクトルは

$\dfrac{1}{4}\overrightarrow{AC}$

◀ 大きさが1のベクトルを
単位ベクトルという。

(2) 三平方の定理から

$|\overrightarrow{BC}|=BC=\sqrt{AB^2+AC^2}=\sqrt{3^2+4^2}=5$

よって, $\overrightarrow{BC}$ に平行な単位ベクトルは

$\dfrac{1}{5}\overrightarrow{BC},\ -\dfrac{1}{5}\overrightarrow{BC}$

$\overrightarrow{BC}=\overrightarrow{AC}-\overrightarrow{AB}$　であるから，求めるベクトルは

$\dfrac{1}{5}(\overrightarrow{AC}-\overrightarrow{AB}),\ -\dfrac{1}{5}(\overrightarrow{AC}-\overrightarrow{AB})$

すなわち　$-\dfrac{1}{5}\overrightarrow{AB}+\dfrac{1}{5}\overrightarrow{AC},\ \dfrac{1}{5}\overrightarrow{AB}-\dfrac{1}{5}\overrightarrow{AC}$

◀ $\overrightarrow{BC}$ の大きさを求める。

◀ 同じ向きと逆の向きがある。

◀ $\overrightarrow{BC}=\overset{\bullet}{\bullet}\overrightarrow{C}-\overset{\bullet}{\bullet}\overrightarrow{B}$

120 (1) $\overrightarrow{BC}=\overrightarrow{AC}-\overrightarrow{AB}$

$=\vec{c}-\vec{b}=-\vec{b}+\vec{c}$

別解　$\overrightarrow{BC}=\overrightarrow{BA}+\overrightarrow{AC}=-\vec{b}+\vec{c}$

◀ $\overrightarrow{BC}=\overset{\bullet}{\bullet}\overrightarrow{C}-\overset{\bullet}{\bullet}\overrightarrow{B}$

◀ $\overrightarrow{BA}=-\overrightarrow{AB}=-\vec{b}$

(2) $\overrightarrow{AL}=\overrightarrow{AB}+\overrightarrow{BL}$

$\qquad =\overrightarrow{AB}+\dfrac{1}{2}\overrightarrow{BC}$

$\qquad =\vec{b}+\dfrac{1}{2}(-\vec{b}+\vec{c})=\dfrac{1}{2}\vec{b}+\dfrac{1}{2}\vec{c}$

(3) $\overrightarrow{CN}=\overrightarrow{AN}-\overrightarrow{AC}=\dfrac{1}{2}\overrightarrow{AB}-\overrightarrow{AC}$

$\qquad =\dfrac{1}{2}\vec{b}-\vec{c}$

別解 $\overrightarrow{CN}=\overrightarrow{CA}+\overrightarrow{AN}$

$\qquad =-\vec{c}+\dfrac{1}{2}\vec{b}=\dfrac{1}{2}\vec{b}-\vec{c}$

(4) $\overrightarrow{LM}=\overrightarrow{AM}-\overrightarrow{AL}$

$\qquad =\dfrac{1}{2}\vec{c}-\left(\dfrac{1}{2}\vec{b}+\dfrac{1}{2}\vec{c}\right)=-\dfrac{1}{2}\vec{b}$

別解 $\overrightarrow{LM}=\overrightarrow{LC}+\overrightarrow{CM}=\dfrac{1}{2}\overrightarrow{BC}+\dfrac{1}{2}\overrightarrow{CA}$

$\qquad =\dfrac{1}{2}(-\vec{b}+\vec{c})+\dfrac{1}{2}(-\vec{c})$

$\qquad =-\dfrac{1}{2}\vec{b}$

$\overrightarrow{PQ}$ は ➡ $\left\{\begin{array}{l}\overrightarrow{PQ}=\overrightarrow{P\blacksquare}+\overrightarrow{\blacksquare Q}\ \text{と和の形}\\\overrightarrow{PQ}=\overrightarrow{\bullet Q}-\overrightarrow{\bullet P}\ \text{と差の形}\end{array}\right\}$ に表せる

---

121 正六角形の中心を O とする。

(1) $\overrightarrow{BC}=\overrightarrow{AO}=\overrightarrow{AB}+\overrightarrow{BO}$

$\qquad\qquad =\overrightarrow{AB}+\overrightarrow{AF}=\vec{x}+\vec{y}$

(2) $\overrightarrow{AC}=\overrightarrow{AB}+\overrightarrow{BC}$

$\qquad\quad =\vec{x}+(\vec{x}+\vec{y})=2\vec{x}+\vec{y}$

(3) $\triangle GAB \backsim \triangle GCF$ であり，

$\quad AB:CF=1:2$ であるから

$\qquad AG:GC=1:2$

よって

$\qquad \overrightarrow{AG}=\dfrac{1}{3}\overrightarrow{AC}$

$\qquad\qquad =\dfrac{1}{3}(2\vec{x}+\vec{y})=\dfrac{2}{3}\vec{x}+\dfrac{1}{3}\vec{y}$

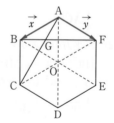

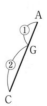

ベクトル $\overrightarrow{AB}$ は $\overrightarrow{AB}=\overrightarrow{AP}+\overrightarrow{PB}$ と任意の点 P に寄り道できる

122 (1) $3\vec{a}=3(-1,\ 1)=(-3,\ 3)$

$\qquad |3\vec{a}|=\sqrt{(-3)^2+3^2}=\sqrt{18}=3\sqrt{2}$

別解 $\vec{a}=\sqrt{(-1)^2+1^2}=\sqrt{2}$ より

$\qquad |3\vec{a}|=3|\vec{a}|=3\sqrt{2}$

(2) $2\vec{b}-\vec{c}=2(2,\ -6)-(1,\ -3)$

$\qquad\qquad =(4,\ -12)-(1,\ -3)$

$\qquad\qquad =(3,\ -9)$

$\qquad |2\vec{b}-\vec{c}|=\sqrt{3^2+(-9)^2}$

$\qquad\qquad\quad =\sqrt{90}=3\sqrt{10}$

(3) $\vec{a}-\vec{b}+\vec{c}=(-1,\ 1)-(2,\ -6)+(1,\ -3)$

$\qquad\qquad\quad =(-2,\ 4)$

$\qquad |\vec{a}-\vec{b}+\vec{c}|=\sqrt{(-2)^2+4^2}$

$\qquad\qquad\quad =\sqrt{20}=2\sqrt{5}$

← k が正の定数のとき

$\qquad |k\vec{a}|=k|\vec{a}|$

ベクトルの大きさ

① $\vec{a}=(a_1,\ a_2)$ について

$\quad |\vec{a}|=\sqrt{{a_1}^2+{a_2}^2}$

② $A(a_1,\ a_2),\ B(b_1,\ b_2)$ について

$\quad \overrightarrow{AB}=(b_1-a_1,\ b_2-a_2)$

$\quad |\overrightarrow{AB}|=\sqrt{(b_1-a_1)^2+(b_2-a_2)^2}$

123 (1) $\overrightarrow{AB}=(-1-2,\ 1-(-1))$

$\qquad\qquad =(-3,\ 2)$

$\qquad |\overrightarrow{AB}|=\sqrt{(-3)^2+2^2}=\sqrt{13}$

(2) $\overrightarrow{AC}=(-2-2,\ -3-(-1))=(-4,\ -2)$ より

$\qquad \overrightarrow{AB}+\overrightarrow{AC}=(-3,\ 2)+(-4,\ -2)$

$\qquad\qquad\qquad =(-7,\ 0)$

$\qquad |\overrightarrow{AB}+\overrightarrow{AC}|=\sqrt{(-7)^2+0^2}=7$

(3) $\overrightarrow{BC}=(-2-(-1),\ -3-1)=(-1,\ -4)$ より

$\qquad 2\overrightarrow{BC}-\overrightarrow{AC}=2(-1,\ -4)-(-4,\ -2)$

$\qquad\qquad\qquad =(-2,\ -8)-(-4,\ -2)$

$\qquad\qquad\qquad =(2,\ -6)$

$\qquad |2\overrightarrow{BC}-\overrightarrow{AC}|=\sqrt{2^2+(-6)^2}$

$\qquad\qquad\qquad =\sqrt{40}=2\sqrt{10}$

← $(-7,\ 0)$ の大きさは、y 成分が 0 であるから、x 成分 -7 の絶対値となる。

$$A(a_1,\ a_2),\ B(b_1,\ b_2)\ のとき\ \Rightarrow\ \overrightarrow{AB}=(b_1-a_1,\ b_2-a_2)$$

124 $2(\vec{x}-\vec{b})=\vec{a}+\vec{b}-\vec{x}$ より

$\qquad 2\vec{x}-2\vec{b}=\vec{a}+\vec{b}-\vec{x}$

$\qquad 3\vec{x}=\vec{a}+3\vec{b}$

よって $\vec{x}=\dfrac{1}{3}\vec{a}+\vec{b}$

$\qquad\qquad =\dfrac{1}{3}(3,\ -9)+(-5,\ 4)$

$\qquad\qquad =(1,\ -3)+(-5,\ 4)=(-4,\ 1)$

← x の方程式

$\quad 2(x-b)=a+b-x$

を解く要領で計算する。

← $\vec{x}$ について解いてから成分で表す。

125 $|\vec{a}|=\sqrt{5^2+(-12)^2}=\sqrt{169}=13$ より

$\vec{a}$ と同じ向きの単位ベクトル $\vec{e}$ は

$$\vec{e}=\frac{\vec{a}}{|\vec{a}|}=\frac{1}{13}(5,\ -12)=\left(\frac{5}{13},\ -\frac{12}{13}\right)$$

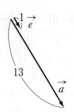

$\vec{a}$ と同じ向きの単位ベクトル ➡ $\vec{a}$ を, $\vec{a}$ の大きさ $|\vec{a}|$ で割って $\dfrac{\vec{a}}{|\vec{a}|}$

---

126 四角形 ABCD が平行四辺形となるのは
$\overrightarrow{AD}=\overrightarrow{BC}$ のときである。

$\overrightarrow{AD}=(5,\ 7)$, $\overrightarrow{BC}=(13-x,\ 5-y)$ より

$$\begin{cases} 5=13-x & \cdots① \\ 7=5-y & \cdots② \end{cases}$$

①, ②より $x=8,\ y=-2$

◆ $\overrightarrow{AD}=\overrightarrow{BC}$

$\Longleftrightarrow$ AD∥BC かつ AD=BC

D   C

A   B

$\overrightarrow{AB}=\overrightarrow{DC}$ としてもよい。

◆連立方程式を解く要領で計算する。

127 $\begin{cases} 2\vec{a}+\vec{b}=(5,\ 12) & \cdots① \\ \vec{a}-2\vec{b}=(-15,\ 1) & \cdots② \end{cases}$

①×2+② より

$$\begin{array}{ll} 4\vec{a}+2\vec{b}=(10,\ 24) & \cdots①×2 \\ +)\ \ \vec{a}-2\vec{b}=(-15,\ 1) & \cdots② \\ \hline 5\vec{a}\qquad=(-5,\ 25) & \end{array}$$

よって $\vec{a}=(-1,\ 5)$

①−②×2 より

$$\begin{array}{ll} 2\vec{a}+\ \vec{b}=\ (5,\ 12) & \cdots① \\ -)\ 2\vec{a}-4\vec{b}=(-30,\ 2) & \cdots②×2 \\ \hline 5\vec{b}=(35,\ 10) & \end{array}$$

よって $\vec{b}=(7,\ 2)$

128 $\begin{cases} 5\vec{x}-2\vec{y}=4\vec{a} & \cdots① \\ \vec{x}-\vec{y}=-\vec{a} & \cdots② \end{cases}$

①−②×2 より

$$\begin{array}{ll} 5\vec{x}-2\vec{y}=\ \ 4\vec{a} & \cdots① \\ -)\ 2\vec{x}-2\vec{y}=-2\vec{a} & \cdots②×2 \\ \hline 3\vec{x}\qquad=\ \ 6\vec{a} & \end{array}$$

よって $\vec{x}=2\vec{a}$ $\cdots③$

③を②に代入して $2\vec{a}-\vec{y}=-\vec{a}$

◆$\vec{x}∥\vec{y}$ ならば, $\vec{y}=k\vec{x}$ を満たす実数 k が存在するから, これを示せるように連立方程式の要領で計算する。

よって $\vec{y}=3\vec{a}$ …④

③, ④より $\vec{a}$ を消去すると $\vec{y}=\dfrac{3}{2}\vec{x}$

ゆえに $\vec{x}\,/\!/\,\vec{y}$ 【終】

←③より $\vec{a}=\dfrac{1}{2}\vec{x}$ を④に代入。

←$\vec{y}=k\vec{x}$ を満たす実数 k が存在したから, $\vec{x}\,/\!/\,\vec{y}$

129 $\vec{a}\,/\!/\,\vec{p}$ であるから,
$\vec{p}=k\vec{a}$ を満たす実数 k が存在する。
$\quad\vec{p}=k(-2,\ 1)=(-2k,\ k)$
$\quad|\vec{p}|=\sqrt{15}$ より $|\vec{p}|^2=15$ であるから
$\quad(-2k)^2+k^2=15$
$\quad k^2=3$
よって $k=\pm\sqrt{3}$
ゆえに $\vec{p}=(2\sqrt{3},\ -\sqrt{3}),\ (-2\sqrt{3},\ \sqrt{3})$

130 $\vec{a}+t\vec{b}=(3,\ 1)+t(2,\ -1)=(3+2t,\ 1-t)$
$\vec{a}+t\vec{b}\neq\vec{0},\ \vec{c}\neq\vec{0}$ より, $(\vec{a}+t\vec{b})\,/\!/\,\vec{c}$ となるとき,
$\vec{a}+t\vec{b}=k\vec{c}$ を満たす実数 k が存在する。
$(3+2t,\ 1-t)=k(-6,\ 8)$ より

$\begin{cases} 3+2t=-6k & \cdots① \\ 1-t=8k & \cdots② \end{cases}$

①+②×2 より

$\begin{array}{rl} 3+2t=-6k & \cdots① \\ +)\ \ 2-2t=\ 16k & \cdots②×2 \\ \hline 5\quad\ \ =10k & \end{array}$

$\qquad k=\dfrac{1}{2}$

このとき $t=-3$

←$3+2t=0,\ 1-t=0$ を同時に満たす t は存在しないから $\vec{a}+t\vec{b}\neq\vec{0}$

←$\vec{c}=k(\vec{a}+t\vec{b})$ としてもよいが $(-6,\ 8)=(k(3+2t),\ k(1-t))$ となり, 計算が複雑になる。

$\boxed{\vec{p}\ と\ \vec{q}\ が平行\ \Rightarrow\ \vec{p}=k\vec{q}\ を満たす実数\ k\ が存在する}$

131 $\vec{a}+\vec{b}=(x+1,\ 2),\ \vec{a}-\vec{b}=(x-1,\ 6)$
$\vec{a}+\vec{b}\neq\vec{0},\ \vec{a}-\vec{b}\neq\vec{0}$ より, $(\vec{a}+\vec{b})\,/\!/\,(\vec{a}-\vec{b})$ となるとき, $\vec{a}-\vec{b}=k(\vec{a}+\vec{b})$ を満たす実数 k が存在する。
$(x-1,\ 6)=k(x+1,\ 2)$ より

$\begin{cases} x-1=k(x+1) & \cdots① \\ 6=2k & \cdots② \end{cases}$

②より $k=3$
①より $x=-2$

←$\vec{a}+\vec{b}=k(\vec{a}-\vec{b})$ としてもよい。この場合は $k=\dfrac{1}{3}$ となる。

←代入すると $x-1=3(x+1)$

1章 ベクトル

79

132 $m\vec{a}+n\vec{b}=m(2,\ 1)+n(-1,\ 3)$
$\qquad\qquad=(2m-n,\ m+3n)$

(1) $\vec{c}=(-7,\ 7)$ と成分を比較して

$\begin{cases} 2m-n=-7 & \cdots① \\ m+3n=7 & \cdots② \end{cases}$

①×3+②より

$\begin{array}{l} 6m-3n=-21 \quad \cdots①×3 \\ +)\ \ m+3n=\ \ \ \ 7 \quad \cdots② \\ \hline 7m\ \ \ \ \ \ =-14 \\ \qquad m=-2 \end{array}$

②より $n=3$

よって $\vec{c}=-2\vec{a}+3\vec{b}$

(2) $\vec{d}=(9,\ 1)$ と成分を比較して

$\begin{cases} 2m-n=9 & \cdots① \\ m+3n=1 & \cdots② \end{cases}$

①×3+②より

$\begin{array}{l} 6m-3n=27 \quad \cdots①×3 \\ +)\ \ m+3n=\ 1 \quad \cdots② \\ \hline 7m\ \ \ \ \ \ =28 \\ \qquad m=4 \end{array}$

②より $n=-1$

よって $\vec{d}=4\vec{a}-\vec{b}$

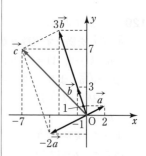

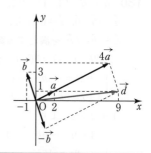

$\boxed{\vec{p}\ を\ m\vec{a}+n\vec{b}\ で表す\ \Rightarrow\ m\vec{a}+n\vec{b}\ と\ \vec{p}\ の成分を比較する}$

133 (1) $\vec{a}\cdot\vec{b}=|\vec{a}||\vec{b}|\cos 45°$

$\qquad\qquad=5\times 2\times\dfrac{\sqrt{2}}{2}=5\sqrt{2}$

(2) $\vec{a}\cdot\vec{b}=|\vec{a}||\vec{b}|\cos 120°$

$\qquad\qquad=3\times 4\times\left(-\dfrac{1}{2}\right)=-6$

134 (1) $\overrightarrow{\mathrm{AD}}\cdot\overrightarrow{\mathrm{AC}}=|\overrightarrow{\mathrm{AD}}||\overrightarrow{\mathrm{AC}}|\cos 30°$

$\qquad\qquad\ \ =\sqrt{3}\times 2\times\dfrac{\sqrt{3}}{2}=3$

(2) $\overrightarrow{\mathrm{BA}}\cdot\overrightarrow{\mathrm{AD}}=|\overrightarrow{\mathrm{BA}}||\overrightarrow{\mathrm{AD}}|\cos 90°$

$\qquad\qquad\ \ =0$

> **ベクトルの内積**
>
> $\vec{a},\ \vec{b}$ のなす角を θ とすると
> $\vec{a}\cdot\vec{b}=|\vec{a}||\vec{b}|\cos\theta$

A $\overset{\sqrt{3}}{\underset{2}{\diagdown}}$ D
$\qquad 30°$
B $\qquad$ C

A $\qquad$ D
1
B $\underset{\sqrt{3}}{}$ C $\qquad \cos 90°=0$

(3) $\overrightarrow{DB} \cdot \overrightarrow{BC} = |\overrightarrow{DB}||\overrightarrow{BC}|\cos 150°$

$= 2 \times \sqrt{3} \times \left(-\dfrac{\sqrt{3}}{2}\right) = -3$

(4) $\overrightarrow{AC} \cdot \overrightarrow{DB} = |\overrightarrow{AC}||\overrightarrow{DB}|\cos 120°$

$= 2 \times 2 \times \left(-\dfrac{1}{2}\right) = -2$

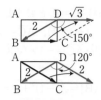

ベクトルの内積 ➡ 2つのベクトルの始点をそろえてなす角を考える

---

135 (1) $\vec{a} \cdot \vec{b} = 4 \times 3 + (-1) \times 5 = 7$

(2) $\vec{a} \cdot \vec{b} = 2 \times (-3) + 6 \times 1 = 0$

136 (1) $\cos\theta = \dfrac{\vec{a} \cdot \vec{b}}{|\vec{a}||\vec{b}|} = \dfrac{6}{2 \times 2\sqrt{3}} = \dfrac{\sqrt{3}}{2}$

$0° \leqq \theta \leqq 180°$ より $\theta = 30°$

(2) $\cos\theta = \dfrac{\vec{a} \cdot \vec{b}}{|\vec{a}||\vec{b}|} = \dfrac{-2\sqrt{2}}{4 \times 1} = -\dfrac{\sqrt{2}}{2}$

$0° \leqq \theta \leqq 180°$ より $\theta = 135°$

137 (1) $\vec{a} \cdot \vec{b} = -1 \times 1 + 2 \times 3 = 5$

$|\vec{a}| = \sqrt{(-1)^2 + 2^2} = \sqrt{5}$

$|\vec{b}| = \sqrt{1^2 + 3^2} = \sqrt{10}$

よって $\cos\theta = \dfrac{\vec{a} \cdot \vec{b}}{|\vec{a}||\vec{b}|} = \dfrac{5}{\sqrt{5} \times \sqrt{10}} = \dfrac{1}{\sqrt{2}}$

$0° \leqq \theta \leqq 180°$ より $\theta = 45°$

(2) $\vec{a} \cdot \vec{b} = (\sqrt{2}-1) \times \sqrt{2} + 1 \times (\sqrt{2}-2)$

$= 2 - \sqrt{2} + \sqrt{2} - 2 = 0$

よって $\theta = 90°$

138 (1) $\vec{a} \perp \vec{b}$ となるのは，$\vec{a} \cdot \vec{b} = 0$ のときであるから

$6 \times x + (-1) \times 4 = 0$

よって $x = \dfrac{2}{3}$

(2) $\vec{a} \perp \vec{b}$ となるのは，$\vec{a} \cdot \vec{b} = 0$ のときであるから

$1 \times (-2) + (x+1) \times x = 0$

$x^2 + x - 2 = 0$

$(x-1)(x+2) = 0$

よって $x = 1, \ -2$

ベクトルの内積

$\vec{a} = (a_1, \ a_2), \ \vec{b}(b_1, \ b_2)$
について
$\vec{a} \cdot \vec{b} = a_1 b_1 + a_2 b_2$

ベクトルのなす角

$\vec{a}$ と $\vec{b}$ のなす角を θ とすると
$\cos\theta = \dfrac{\vec{a} \cdot \vec{b}}{|\vec{a}||\vec{b}|}$

ベクトルのなす角

$\vec{a} = (a_1, \ a_2), \ \vec{b} = (b_1, \ b_2)$ の
なす角を θ とすると
$\cos\theta = \dfrac{\vec{a} \cdot \vec{b}}{|\vec{a}||\vec{b}|}$
$= \dfrac{a_1 b_1 + a_2 b_2}{\sqrt{a_1{}^2 + a_2{}^2}\sqrt{b_1{}^2 + b_2{}^2}}$

ベクトルの垂直条件

$\vec{a} \neq \vec{0}, \ \vec{b} \neq \vec{0}$ のとき
$\vec{a} \perp \vec{b} \iff \vec{a} \cdot \vec{b} = 0$

垂直条件 ➡ （内積）=0

139 ∠BAC$=\theta$ とおくと

$\overrightarrow{AB}=(-1,\ 1),\ \overrightarrow{AC}=(\sqrt{3}+1,\ \sqrt{3}-1)$ より

$\overrightarrow{AB}\cdot\overrightarrow{AC}=-1\times(\sqrt{3}+1)+1\times(\sqrt{3}-1)$

$\qquad\qquad =-2$

$|\overrightarrow{AB}|=\sqrt{(-1)^2+1^2}=\sqrt{2}$

$|\overrightarrow{AC}|=\sqrt{(\sqrt{3}+1)^2+(\sqrt{3}-1)^2}$

$\qquad =\sqrt{(4+2\sqrt{3})+(4-2\sqrt{3})}$

$\qquad =2\sqrt{2}$

よって

$$\cos\theta=\frac{\overrightarrow{AB}\cdot\overrightarrow{AC}}{|\overrightarrow{AB}||\overrightarrow{AC}|}=\frac{-2}{\sqrt{2}\times2\sqrt{2}}=-\frac{1}{2}$$

$0°\leqq\theta\leqq180°$ より $\theta=120°$

ベクトルのなす角

$\vec{a}=(a_1,\ a_2),\ \vec{b}=(b_1,\ b_2)$ のなす角を θ とすると

$$\cos\theta=\frac{\vec{a}\cdot\vec{b}}{|\vec{a}||\vec{b}|}$$

$$=\frac{a_1b_1+a_2b_2}{\sqrt{a_1{}^2+a_2{}^2}\sqrt{b_1{}^2+b_2{}^2}}$$

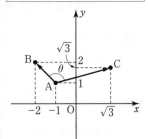

140 $2\vec{a}-\vec{b}=2(1,\ 3)-(5,\ 2)=(-3,\ 4)$

$\vec{a}+t\vec{b}=(1,\ 3)+t(5,\ 2)=(1+5t,\ 3+2t)$

$(2\vec{a}-\vec{b})\perp(\vec{a}+t\vec{b})$ となるのは

$(2\vec{a}-\vec{b})\cdot(\vec{a}+t\vec{b})=0$ のときであるから

$\qquad -3(1+5t)+4(3+2t)=0$

よって $t=\dfrac{9}{7}$

141 求めるベクトルを $\vec{p}=(x,\ y)$ とおくと

$\vec{p}\perp\vec{a}$ より $\vec{p}\cdot\vec{a}=0$ であるから

$\qquad 3x+y=0$ $\cdots$①

$|\vec{p}|=2\sqrt{5}$ より $|\vec{p}|^2=20$ であるから

$\qquad x^2+y^2=20$ $\cdots$②

①より $y=-3x$ $\cdots$③

これを②に代入して

$\qquad x^2+(-3x)^2=20$

$\qquad\quad 10x^2=20$

よって $x^2=2$

ゆえに $x=\pm\sqrt{2}$

③に代入して $x=\sqrt{2}$ のとき $y=-3\sqrt{2}$

$\qquad\qquad\quad x=-\sqrt{2}$ のとき $y=3\sqrt{2}$

したがって $\vec{p}=(\sqrt{2},\ -3\sqrt{2}),\ (-\sqrt{2},\ 3\sqrt{2})$

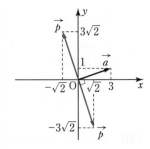

垂直条件 ➡ (内積)＝0

142 求めるベクトルを $\vec{e}=(x, y)$ とおくと

$|\vec{e}|=1$ より $|\vec{e}|^2=1$ であるから

$\quad x^2+y^2=1$ …①

$\vec{a}=(1, \sqrt{3})$ となす角が $30°$ より

$\vec{e}\cdot\vec{a}=|\vec{e}||\vec{a}|\cos 30°$ であるから

$\quad x+\sqrt{3}\,y=1\times 2\times\dfrac{\sqrt{3}}{2}=\sqrt{3}$

よって $x=\sqrt{3}\,(1-y)$ …②

②を①に代入して $3(1-y)^2+y^2=1$

展開すると $4y^2-6y+3=1$

整理して $2y^2-3y+1=0$

$\qquad\qquad (2y-1)(y-1)=0$

ゆえに $y=\dfrac{1}{2},\ 1$

②に代入して $y=\dfrac{1}{2}$ のとき $x=\dfrac{\sqrt{3}}{2}$

$\qquad\qquad y=1$ のとき $x=0$

したがって $\vec{e}=\left(\dfrac{\sqrt{3}}{2},\ \dfrac{1}{2}\right),\ (0,\ 1)$

◀ 単位ベクトルは大きさが 1

◀ $|\vec{a}|=\sqrt{1^2+(\sqrt{3})^2}=2$

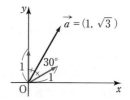

143 (1) $\vec{c}=\vec{a}+t\vec{b}=(2, 1)+t(-1, 1)=(2-t, 1+t)$

であるから

$\quad |\vec{c}|^2=(2-t)^2+(1+t)^2=2t^2-2t+5$

$|\vec{c}|=\sqrt{17}$ より $|\vec{c}|^2=17$ であるから

$\quad 2t^2-2t+5=17$

整理すると $t^2-t-6=0$

$\qquad\qquad (t-3)(t+2)=0$

よって $t=3,\ -2$

(2) (1)より

$\quad |\vec{c}|^2=2t^2-2t+5$

$\qquad =2(t^2-t)+5$

$\qquad =2\left\{\left(t-\dfrac{1}{2}\right)^2-\dfrac{1}{4}\right\}+5=2\left(t-\dfrac{1}{2}\right)^2+\dfrac{9}{2}$

よって，$|\vec{c}|^2$ は $t=\dfrac{1}{2}$ のとき最小値 $\dfrac{9}{2}$

ゆえに，$|\vec{c}|$ は $t=\dfrac{1}{2}$ のとき最小値 $\sqrt{\dfrac{9}{2}}=\dfrac{3\sqrt{2}}{2}$

◀ t の 2 次関数とみて平方完成する。

◀ 求めるのは，$|\vec{c}|^2$ ではなく $|\vec{c}|$ の最小値。

$|\vec{c}|$ の最大・最小 ➡ $|\vec{c}|^2$ の最大・最小を考える

144 (1) $(\vec{a}-3\vec{b})\cdot(2\vec{a}+\vec{b})$

$\quad = 2\vec{a}\cdot\vec{a}+\vec{a}\cdot\vec{b}-6\vec{b}\cdot\vec{a}-3\vec{b}\cdot\vec{b}$

$\quad = 2|\vec{a}|^2-5\vec{a}\cdot\vec{b}-3|\vec{b}|^2$

$\quad = 2\times2^2-5\times(-1)-3\times3^2$

$\quad = -14$

(2) $|\vec{a}+2\vec{b}|^2=(\vec{a}+2\vec{b})\cdot(\vec{a}+2\vec{b})$

$\quad\quad = |\vec{a}|^2+4\vec{a}\cdot\vec{b}+4|\vec{b}|^2$

$\quad\quad = 2^2+4\times(-1)+4\times3^2=36$

$|\vec{a}+2\vec{b}|\geqq0$ であるから $|\vec{a}+2\vec{b}|=6$

← $(a-3b)(2a+b)$ を展開するのと同様に計算する。

ただし, $\vec{a}\cdot\vec{a}=\vec{a}^2$ は誤りで,

$\vec{a}\cdot\vec{a}=|\vec{a}|^2$ が正しい。

内積の基本性質

$\vec{a}\cdot\vec{a}=|\vec{a}|^2$

$\vec{a}\cdot\vec{b}=\vec{b}\cdot\vec{a}$

$\vec{a}\cdot(\vec{b}+\vec{c})=\vec{a}\cdot\vec{b}+\vec{a}\cdot\vec{c}$

$(\vec{a}+\vec{b})\cdot\vec{c}=\vec{a}\cdot\vec{c}+\vec{b}\cdot\vec{c}$

$(k\vec{a})\cdot\vec{b}=\vec{a}\cdot(k\vec{b})=k\vec{a}\cdot\vec{b}$

$|\vec{a}+\vec{b}|$ を求めるには ➡ $|\vec{a}+\vec{b}|^2=(\vec{a}+\vec{b})\cdot(\vec{a}+\vec{b})=|\vec{a}|^2+2\vec{a}\cdot\vec{b}+|\vec{b}|^2$

---

145 $|2\vec{a}-\vec{b}|^2=(2\vec{a}-\vec{b})\cdot(2\vec{a}-\vec{b})=4|\vec{a}|^2-4\vec{a}\cdot\vec{b}+|\vec{b}|^2$

ここで

$$\vec{a}\cdot\vec{b}=|\vec{a}||\vec{b}|\cos120°=2\times4\times\left(-\frac{1}{2}\right)=-4$$

より

$\quad |2\vec{a}-\vec{b}|^2=4\times2^2-4\times(-4)+4^2=48$

$|2\vec{a}-\vec{b}|\geqq0$ であるから $|2\vec{a}-\vec{b}|=4\sqrt{3}$

---

146 (1) $|\vec{a}-2\vec{b}|^2=(\vec{a}-2\vec{b})\cdot(\vec{a}-2\vec{b})$

$\quad\quad\quad = |\vec{a}|^2-4\vec{a}\cdot\vec{b}+4|\vec{b}|^2$ より

$\quad 2^2=2^2-4\vec{a}\cdot\vec{b}+4\times(\sqrt{3})^2$

よって $\vec{a}\cdot\vec{b}=3$

ゆえに $\cos\theta=\dfrac{\vec{a}\cdot\vec{b}}{|\vec{a}||\vec{b}|}=\dfrac{3}{2\times\sqrt{3}}=\dfrac{\sqrt{3}}{2}$

$0°\leqq\theta\leqq180°$ であるから $\theta=30°$

(2) $(2\vec{a}-\vec{b})\perp(\vec{a}+t\vec{b})$ となるのは

$(2\vec{a}-\vec{b})\cdot(\vec{a}+t\vec{b})=0$ のときであるから

$\quad 2|\vec{a}|^2+2t\vec{a}\cdot\vec{b}-\vec{a}\cdot\vec{b}-t|\vec{b}|^2=0$

$\quad 2\times2^2+2t\times3-3-t\times(\sqrt{3})^2=0$

よって $t=-\dfrac{5}{3}$

ベクトルのなす角

$\vec{a}$ と $\vec{b}$ のなす角を θ とすると

$$\cos\theta=\frac{\vec{a}\cdot\vec{b}}{|\vec{a}||\vec{b}|}$$

ベクトルの垂直条件

$\vec{a}\neq\vec{0}$, $\vec{b}\neq\vec{0}$ のとき

$\vec{a}\perp\vec{b} \iff \vec{a}\cdot\vec{b}=0$

---

147 (1) $\overrightarrow{OA}=(1,\ 3),\ \overrightarrow{OB}=(-2,\ 2)$ より

$\quad \overrightarrow{OA}\cdot\overrightarrow{OB}=1\times(-2)+3\times2=4$

$\quad |\overrightarrow{OA}|=\sqrt{1^2+3^2}=\sqrt{10}$

$\quad |\overrightarrow{OB}|=\sqrt{(-2)^2+2^2}=2\sqrt{2}$

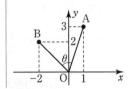

よって　$\cos\theta=\dfrac{\overrightarrow{\mathrm{OA}}\cdot\overrightarrow{\mathrm{OB}}}{|\overrightarrow{\mathrm{OA}}||\overrightarrow{\mathrm{OB}}|}=\dfrac{4}{\sqrt{10}\times2\sqrt{2}}=\dfrac{1}{\sqrt{5}}$

$0°<\theta<180°$ より　$\sin\theta>0$ であるから

$\sin\theta=\sqrt{1-\cos^2\theta}=\sqrt{1-\left(\dfrac{1}{\sqrt{5}}\right)^2}=\sqrt{\dfrac{4}{5}}=\dfrac{2\sqrt{5}}{5}$

← $\sin^2\theta+\cos^2\theta=1$

(2)　$S=\dfrac{1}{2}|\overrightarrow{\mathrm{OA}}||\overrightarrow{\mathrm{OB}}|\sin\theta$

$=\dfrac{1}{2}\times\sqrt{10}\times2\sqrt{2}\times\dfrac{2\sqrt{5}}{5}=4$

(3)　$S=\dfrac{1}{2}\sqrt{|\overrightarrow{\mathrm{OA}}|^2|\overrightarrow{\mathrm{OB}}|^2-(\overrightarrow{\mathrm{OA}}\cdot\overrightarrow{\mathrm{OB}})^2}$

$=\dfrac{1}{2}\sqrt{(\sqrt{10})^2\times(2\sqrt{2})^2-4^2}=\dfrac{1}{2}\sqrt{64}=4$

(4)　$\vec{a}=(a_1,\ a_2),\ \vec{b}=(b_1,\ b_2)$ のとき

$|\vec{a}|^2|\vec{b}|^2-(\vec{a}\cdot\vec{b})^2$

$=(a_1{}^2+a_2{}^2)(b_1{}^2+b_2{}^2)-(a_1b_1+a_2b_2)^2$

$=(a_1{}^2b_1{}^2+a_1{}^2b_2{}^2+a_2{}^2b_1{}^2+a_2{}^2b_2{}^2)$

$\quad-(a_1{}^2b_1{}^2+2a_1a_2b_1b_2+a_2{}^2b_2{}^2)$

$=a_1{}^2b_2{}^2-2a_1a_2b_1b_2+a_2{}^2b_1{}^2$

$=(a_1b_2-a_2b_1)^2$

よって　$S=\dfrac{1}{2}\sqrt{|\vec{a}|^2|\vec{b}|^2-(\vec{a}\cdot\vec{b})^2}$

$=\dfrac{1}{2}\sqrt{(a_1b_2-a_2b_1)^2}$

$=\dfrac{1}{2}|a_1b_2-a_2b_1|$　**終**

← 例題 61 ①

← $\sqrt{A^2}=|A|$

この公式②を用いると，

$\vec{a}=\overrightarrow{\mathrm{OA}}=(1,\ 3),\ \vec{b}=\overrightarrow{\mathrm{OB}}=(-2,\ 2)$ より

$S=\dfrac{1}{2}|1\times2-3\times(-2)|=\dfrac{1}{2}\times8=4$

148 (1)　$\vec{p}=\dfrac{2\vec{a}+5\vec{b}}{5+2}=\dfrac{2}{7}\vec{a}+\dfrac{5}{7}\vec{b}$

$\vec{q}=\dfrac{-2\vec{a}+5\vec{b}}{5-2}=-\dfrac{2}{3}\vec{a}+\dfrac{5}{3}\vec{b}$

(2)　$\vec{r}=\dfrac{3\vec{a}+2\vec{b}}{2+3}=\dfrac{3}{5}\vec{a}+\dfrac{2}{5}\vec{b}$

$\vec{s}=\dfrac{-3\vec{a}+2\vec{b}}{2-3}=3\vec{a}-2\vec{b}$

三角形の面積

(Ⅰ)　$S=\dfrac{1}{2}|\vec{a}||\vec{b}|\sin\theta$

(Ⅱ)　$S=\dfrac{1}{2}\sqrt{|\vec{a}|^2|\vec{b}|^2-(\vec{a}\cdot\vec{b})^2}$

(Ⅲ)　$S=\dfrac{1}{2}|a_1b_2-a_2b_1|$

内分点，外分点の位置ベクトル

2点 $\mathrm{A}(\vec{a})$，$\mathrm{B}(\vec{b})$ について，
線分 AB を $m:n$ に
内分する点の位置ベクトルは

$\dfrac{n\vec{a}+m\vec{b}}{m+n}$

外分する点の位置ベクトルは

$\dfrac{-n\vec{a}+m\vec{b}}{m-n}$

149 3点 P, Q, R の位置ベクトルをそれぞれ
$\vec{p}$, $\vec{q}$, $\vec{r}$ とすると

$$\vec{p} = \frac{1\vec{b}+3\vec{c}}{3+1} = \frac{\vec{b}+3\vec{c}}{4}$$

$$\vec{q} = \frac{-1\vec{b}+3\vec{c}}{3-1} = \frac{-\vec{b}+3\vec{c}}{2}$$

$$\vec{r} = \frac{\vec{a}+\vec{c}}{2}$$

(1) $\overrightarrow{AP} = \vec{p} - \vec{a}$
$$= \frac{\vec{b}+3\vec{c}}{4} - \vec{a} = -\vec{a} + \frac{1}{4}\vec{b} + \frac{3}{4}\vec{c}$$

(2) $\overrightarrow{BR} = \vec{r} - \vec{b}$
$$= \frac{\vec{a}+\vec{c}}{2} - \vec{b} = \frac{1}{2}\vec{a} - \vec{b} + \frac{1}{2}\vec{c}$$

(3) $\overrightarrow{RQ} = \vec{q} - \vec{r}$
$$= \frac{-\vec{b}+3\vec{c}}{2} - \frac{\vec{a}+\vec{c}}{2} = -\frac{1}{2}\vec{a} - \frac{1}{2}\vec{b} + \vec{c}$$

> **中点の位置ベクトル**
>
> 2点 A($\vec{a}$), B($\vec{b}$) について,
> 線分 AB の中点の位置ベクト
> ルは $\dfrac{\vec{a}+\vec{b}}{2}$

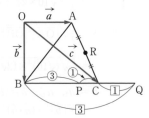

位置ベクトルの利用

➡ それぞれの点を，1つの点(原点 O)を基準とする位置ベクトルで表す

---

150 点 G の位置ベクトルを $\vec{g}$ とすると

$$\vec{g} = \frac{\vec{a}+\vec{b}+\vec{c}}{3}$$

よって
$$\overrightarrow{GA} + \overrightarrow{GB} + \overrightarrow{GC} = (\vec{a}-\vec{g}) + (\vec{b}-\vec{g}) + (\vec{c}-\vec{g})$$
$$= \vec{a} + \vec{b} + \vec{c} - 3\vec{g}$$
$$= \vec{a} + \vec{b} + \vec{c} - 3 \times \frac{\vec{a}+\vec{b}+\vec{c}}{3}$$
$$= \vec{0} \quad 終$$

> **重心の位置ベクトル**
>
> 3点 A($\vec{a}$), B($\vec{b}$), C($\vec{c}$) を
> 頂点とする △ABC において
> 重心 G($\vec{g}$) は
> $\vec{g} = \dfrac{\vec{a}+\vec{b}+\vec{c}}{3}$

151 点 B が線分 AC の中点であるから

$$\vec{b} = \frac{\vec{a}+\vec{c}}{2} \quad より \quad 2\vec{b} = \vec{a}+\vec{c}$$

よって $\vec{c} = -\vec{a} + 2\vec{b}$

別解 点 C が線分 AB を 2:1 に外分する点
であるから

$$\vec{c} = \frac{-\vec{a}+2\vec{b}}{2-1} = -\vec{a}+2\vec{b}$$

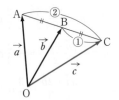

152 点 D, E, F, G_1, G_2 の位置ベクトルをそれぞれ $\vec{d}$, $\vec{e}$, $\vec{f}$, $\vec{g_1}$, $\vec{g_2}$ とすると

$$\vec{g_1} = \frac{\vec{a}+\vec{b}+\vec{c}}{3}$$

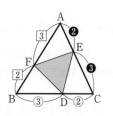

また

$$\vec{d} = \frac{2\vec{b}+3\vec{c}}{3+2} = \frac{2\vec{b}+3\vec{c}}{5}$$

$$\vec{e} = \frac{2\vec{c}+3\vec{a}}{3+2} = \frac{2\vec{c}+3\vec{a}}{5}$$

$$\vec{f} = \frac{2\vec{a}+3\vec{b}}{3+2} = \frac{2\vec{a}+3\vec{b}}{5}$$

であるから

$$\vec{g_2} = \frac{\vec{d}+\vec{e}+\vec{f}}{3}$$

$$= \frac{1}{3}\left(\frac{2\vec{b}+3\vec{c}}{5} + \frac{2\vec{c}+3\vec{a}}{5} + \frac{2\vec{a}+3\vec{b}}{5}\right)$$

$$= \frac{1}{3} \times \frac{5(\vec{a}+\vec{b}+\vec{c})}{5} = \frac{\vec{a}+\vec{b}+\vec{c}}{3}$$

よって $\vec{g_1} = \vec{g_2}$

ゆえに，G_1 と G_2 は一致する。 **終**

153 点 P, Q の位置ベクトルをそれぞれ $\vec{p}$, $\vec{q}$ とすると

$\vec{p} = \dfrac{\vec{a}+\vec{b}}{2}$, $\vec{q} = \dfrac{\vec{c}+\vec{d}}{2}$ であるから

$$\overrightarrow{AD} + \overrightarrow{BC} = (\vec{d}-\vec{a}) + (\vec{c}-\vec{b})$$
$$= -\vec{a}-\vec{b}+\vec{c}+\vec{d}$$

$$2\overrightarrow{PQ} = 2(\vec{q}-\vec{p})$$
$$= 2\left(\frac{\vec{c}+\vec{d}}{2} - \frac{\vec{a}+\vec{b}}{2}\right)$$
$$= (\vec{c}+\vec{d}) - (\vec{a}+\vec{b}) = -\vec{a}-\vec{b}+\vec{c}+\vec{d}$$

よって $\overrightarrow{AD} + \overrightarrow{BC} = 2\overrightarrow{PQ}$ **終**

154 $\overrightarrow{PA} + \overrightarrow{PC} = \overrightarrow{PB} + \overrightarrow{PD}$ より

$$(\vec{a}-\vec{p}) + (\vec{c}-\vec{p}) = (\vec{b}-\vec{p}) + (\vec{d}-\vec{p})$$
$$\vec{a}+\vec{c} = \vec{b}+\vec{d}$$

よって $\vec{a}-\vec{b} = \vec{d}-\vec{c}$

ゆえに $\overrightarrow{BA} = \overrightarrow{CD}$

したがって，四角形 ABCD は **平行四辺形**

← 1 組の向かい合う辺が平行で
　等しい四角形は，平行四辺形。

別解 $\vec{a}+\vec{c}=\vec{b}+\vec{d}$ より $\dfrac{\vec{a}+\vec{c}}{2}=\dfrac{\vec{b}+\vec{d}}{2}$

よって，AC の中点と BD の中点は一致するから，
四角形 ABCD は平行四辺形

← 2本の対角線が互いの中点で交わる四角形は，平行四辺形。

155 (1) $\overrightarrow{PA}+\overrightarrow{PB}=\vec{0}$ より $(\vec{a}-\vec{p})+(\vec{b}-\vec{p})=\vec{0}$

よって $\vec{p}=\dfrac{\vec{a}+\vec{b}}{2}$

ゆえに，点 P は辺 AB の中点

← A($\vec{a}$)，B($\vec{b}$) について，線分 AB の中点の位置ベクトルは
$$\dfrac{\vec{a}+\vec{b}}{2}$$

(2) $2\overrightarrow{PB}+3\overrightarrow{PC}=\vec{0}$ より

$2(\vec{b}-\vec{p})+3(\vec{c}-\vec{p})=\vec{0}$

$2\vec{b}-2\vec{p}+3\vec{c}-3\vec{p}=\vec{0}$

よって $\vec{p}=\dfrac{2\vec{b}+3\vec{c}}{5}$

← 分母5を 3+2 と変形し，
$\dfrac{n\vec{b}+m\vec{c}}{m+n}$ の形をつくる。

ゆえに $\vec{p}=\dfrac{2\vec{b}+3\vec{c}}{3+2}$ より

点 P は辺 BC を 3:2 に内分する点

(3) $\overrightarrow{BP}+2\overrightarrow{CB}=\vec{0}$ より

$(\vec{p}-\vec{b})+2(\vec{b}-\vec{c})=\vec{0}$

$\vec{p}-\vec{b}+2\vec{b}-2\vec{c}=\vec{0}$

よって $\vec{p}=-\vec{b}+2\vec{c}$

← 分母1を 2−1 と変形し，
$\dfrac{-n\vec{b}+m\vec{c}}{m-n}$ の形をつくる。

ゆえに $\vec{p}=\dfrac{-\vec{b}+2\vec{c}}{2-1}$ より

点 P は辺 BC を 2:1 に外分する点

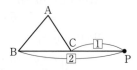

156 3点 A，B，C が一直線上にあるとき，
$\overrightarrow{AB}=k\overrightarrow{AC}$ を満たす実数 k が存在する。
$\overrightarrow{AB}=(3,\ y-3)$，$\overrightarrow{AC}=(5,\ -10)$ であるから
$(3,\ y-3)=k(5,\ -10)$ より

$\begin{cases} 3=5k & \cdots\text{①} \\ y-3=-10k & \cdots\text{②} \end{cases}$

①より $k=\dfrac{3}{5}$

②より $y=-3$

← $\overrightarrow{AC}=k\overrightarrow{AB}$ でもよいが
$(5,\ -10)=k(3,\ y-3)$ より
$\begin{cases} 5=3k \\ -10=k(y-3) \end{cases}$ となり
計算が複雑になる。

157 (1) $\overrightarrow{AP}=\dfrac{1}{3}\vec{b}$

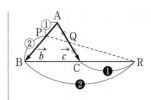

$\overrightarrow{AQ}=\dfrac{1}{2}\vec{c}$

$\overrightarrow{AR}=\dfrac{-1\vec{b}+2\vec{c}}{2-1}=-\vec{b}+2\vec{c}$

であるから

$\overrightarrow{PQ}=\overrightarrow{AQ}-\overrightarrow{AP}$

    $=\dfrac{1}{2}\vec{c}-\dfrac{1}{3}\vec{b}$ ← $\overrightarrow{PQ}=\bullet\overrightarrow{Q}-\bullet\overrightarrow{P}$ (差の形)

$\overrightarrow{PR}=\overrightarrow{AR}-\overrightarrow{AP}$

    $=(-\vec{b}+2\vec{c})-\dfrac{1}{3}\vec{b}$ ← $\overrightarrow{PR}=\bullet\overrightarrow{R}-\bullet\overrightarrow{P}$ (差の形)

    $=2\vec{c}-\dfrac{4}{3}\vec{b}$

(2) (1)より

$\overrightarrow{PQ}=\dfrac{1}{6}(3\vec{c}-2\vec{b})$ ···①

$\overrightarrow{PR}=\dfrac{2}{3}(3\vec{c}-2\vec{b})$ ···②

①, ②より

$\overrightarrow{PR}=4\overrightarrow{PQ}$ ···③   ← ①より $3\vec{c}-2\vec{b}=6\overrightarrow{PQ}$

よって, 3点 P, Q, R は一直線上にある。 終   ②より $\overrightarrow{PR}=\dfrac{2}{3}\times 6\overrightarrow{PQ}$

(3) ③より

$\overrightarrow{PQ}=\dfrac{1}{4}\overrightarrow{PR}$

よって, 点 Q は PR を 1:3 に内分する点

「3点 **P, Q, R** が一直線上」の証明 ➡ $\overrightarrow{PQ}=k\overrightarrow{PR}$ (k は実数)を示す

---

158 $\overrightarrow{OA}=\vec{a}$, $\overrightarrow{OB}=\vec{b}$ とする。

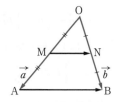

$\overrightarrow{MN}=\overrightarrow{ON}-\overrightarrow{OM}$

    $=\dfrac{1}{2}\vec{b}-\dfrac{1}{2}\vec{a}$

    $=\dfrac{1}{2}(\vec{b}-\vec{a})$

    $=\dfrac{1}{2}\overrightarrow{AB}$ ← 中点連結定理をベクトルを用い

よって   MN∥AB, MN$=\dfrac{1}{2}$AB   終   て証明したことになる。

159 $\overrightarrow{AB}=\vec{b}$, $\overrightarrow{AC}=\vec{c}$ とすると

$$\overrightarrow{AD}=\frac{5}{7}\vec{b}, \quad \overrightarrow{AE}=\frac{5}{8}\vec{c}$$

また，点 G は △ABC の重心であるから

$$\overrightarrow{AG}=\frac{1}{3}(\vec{b}+\vec{c})$$

$$\begin{aligned}
\overrightarrow{DG}&=\overrightarrow{AG}-\overrightarrow{AD}\\
&=\frac{1}{3}(\vec{b}+\vec{c})-\frac{5}{7}\vec{b}\\
&=\frac{1}{21}(-8\vec{b}+7\vec{c}) \quad \cdots①
\end{aligned}$$

$$\begin{aligned}
\overrightarrow{DE}&=\overrightarrow{AE}-\overrightarrow{AD}\\
&=\frac{5}{8}\vec{c}-\frac{5}{7}\vec{b}=\frac{5}{56}(-8\vec{b}+7\vec{c}) \quad \cdots②
\end{aligned}$$

①，②より $\overrightarrow{DE}=\dfrac{15}{8}\overrightarrow{DG}$

ゆえに 線分 DE は重心 G を通る。 **終**

← △ABC の重心 G の位置ベクトルは

$$\overset{\bullet}{G}=\frac{\overset{\bullet}{A}+\overset{\bullet}{B}+\overset{\bullet}{C}}{3}$$

と表せ，●の部分はどんな点でもよい。

$$\begin{aligned}
\overrightarrow{AG}&=\frac{\overrightarrow{AA}+\overrightarrow{AB}+\overrightarrow{AC}}{3}\\
&=\frac{\vec{0}+\vec{b}+\vec{c}}{3}
\end{aligned}$$

← ①より $-8\vec{b}+7\vec{c}=21\overrightarrow{DG}$

これを②に代入して

$$\overrightarrow{DE}=\frac{5}{56}\times 21\overrightarrow{DG}$$

---

3 点 A，B，C が一直線上にある条件 ➡ $\overrightarrow{AB}=k\overrightarrow{AC}$（$k$ は実数）

---

160 AP：PD$=s$：$(1-s)$ とおくと

$$\begin{aligned}
\overrightarrow{OP}&=(1-s)\overrightarrow{OA}+s\overrightarrow{OD}\\
&=(1-s)\vec{a}+\frac{s}{3}\vec{b} \quad \cdots①
\end{aligned}$$

BP：PC$=t$：$(1-t)$ とおくと

$$\begin{aligned}
\overrightarrow{OP}&=t\overrightarrow{OC}+(1-t)\overrightarrow{OB}\\
&=\frac{3}{4}t\vec{a}+(1-t)\vec{b} \quad \cdots②
\end{aligned}$$

①，②より

$$(1-s)\vec{a}+\frac{s}{3}\vec{b}=\frac{3}{4}t\vec{a}+(1-t)\vec{b}$$

$\vec{a}$ と $\vec{b}$ は 1 次独立であるから

$$1-s=\frac{3}{4}t \quad かつ \quad \frac{s}{3}=1-t$$

これを解いて $s=\dfrac{1}{3}$, $t=\dfrac{8}{9}$

$s=\dfrac{1}{3}$ を①に代入して $\overrightarrow{OP}=\dfrac{2}{3}\vec{a}+\dfrac{1}{9}\vec{b}$

← △OAD で考える。

← △OCB で考える。

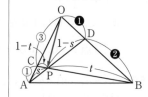

←
$$\begin{cases} 4-4s=3t & \cdots③\\ s=3-3t & \cdots④\end{cases}$$
③＋④より $4-3s=3$

$s=\dfrac{1}{3}$ ④に代入して $t=\dfrac{8}{9}$

← $t=\dfrac{8}{9}$ を②に代入してもよい。

$$m\vec{a}+n\vec{b}=m'\vec{a}+n'\vec{b} \ ➡ \ m=m',\ n=n' \ (\text{ただし，} \vec{a}\ne\vec{0},\ \vec{b}\ne\vec{0},\ \vec{a}\nparallel\vec{b})$$

161 3点 A，P，E が一直線上にあるから

$\overrightarrow{\text{AP}} = k\overrightarrow{\text{AE}}$ を満たす実数 k が存在する。

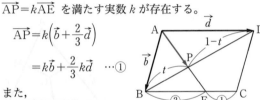

$$\overrightarrow{\text{AP}} = k\left(\vec{b} + \frac{2}{3}\vec{d}\right)$$

$$= k\vec{b} + \frac{2}{3}k\vec{d} \quad \cdots ①$$

← $\overrightarrow{\text{AE}} = \overrightarrow{\text{AB}} + \overrightarrow{\text{BE}}$

また，

BP：PD$=t:(1-t)$ とおくと

← △ABD で考える。

$$\overrightarrow{\text{AP}} = (1-t)\vec{b} + t\vec{d} \quad \cdots ②$$

①，②より

$$k\vec{b} + \frac{2}{3}k\vec{d} = (1-t)\vec{b} + t\vec{d}$$

$\vec{b}$ と $\vec{d}$ は1次独立であるから

$$k=1-t \quad かつ \quad \frac{2}{3}k=t$$

これを解いて

$$k=\frac{3}{5}, \quad t=\frac{2}{5}$$

$k=\dfrac{3}{5}$ を①に代入して $\overrightarrow{\text{AP}} = \dfrac{3}{5}\vec{b} + \dfrac{2}{5}\vec{d}$

← $\begin{cases} k=1-t \quad \cdots ③ \\ \dfrac{2}{3}k=t \quad \cdots ④ \end{cases}$

③＋④より $\dfrac{5}{3}k=1$

$k=\dfrac{3}{5}$ ④に代入して $t=\dfrac{2}{5}$

← $t=\dfrac{2}{5}$ を②に代入してもよい。

162 (1) AD は ∠A の二等分線であるから

BD：DC＝AB：AC＝5：4

よって

$$\overrightarrow{\text{AD}} = \frac{4\overrightarrow{\text{AB}} + 5\overrightarrow{\text{AC}}}{5+4} = \frac{4}{9}\vec{b} + \frac{5}{9}\vec{c}$$

(2) BD：DC＝5：4 であるから

$$\text{BD} = \frac{5}{5+4}\text{BC} = \frac{5}{9} \times 6 = \frac{10}{3}$$

また，△ABD において，

BI は ∠B の二等分線であるから

$$\text{AI：ID＝BA：BD＝5：}\frac{10}{3}$$

$$= 3:2$$

よって

$$\overrightarrow{\text{AI}} = \frac{3}{5}\overrightarrow{\text{AD}}$$

$$= \frac{3}{5}\left(\frac{4}{9}\vec{b} + \frac{5}{9}\vec{c}\right) = \frac{4}{15}\vec{b} + \frac{1}{3}\vec{c}$$

← 内角の二等分線の性質

BD：DC＝AB：AC

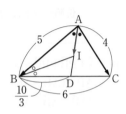

163 $\overrightarrow{AB}=\vec{b}$, $\overrightarrow{AC}=\vec{c}$ とする。

$$\overrightarrow{AL}=\frac{\overrightarrow{AB}+\overrightarrow{AC}}{2}=\frac{\vec{b}+\vec{c}}{2}$$

$$\overrightarrow{AM}=\frac{1}{2}\overrightarrow{AC}=\frac{1}{2}\vec{c}$$

$$\overrightarrow{AN}=\frac{1}{2}\overrightarrow{AB}=\frac{1}{2}\vec{b}$$

$$\overrightarrow{AG}=\frac{\overrightarrow{AA}+\overrightarrow{AB}+\overrightarrow{AC}}{3}$$

$$=\frac{\vec{0}+\vec{b}+\vec{c}}{3}=\frac{\vec{b}+\vec{c}}{3}$$

であるから

$$\overrightarrow{GL}+\overrightarrow{GM}+\overrightarrow{GN}$$
$$=(\overrightarrow{AL}-\overrightarrow{AG})+(\overrightarrow{AM}-\overrightarrow{AG})+(\overrightarrow{AN}-\overrightarrow{AG})$$
$$=\overrightarrow{AL}+\overrightarrow{AM}+\overrightarrow{AN}-3\overrightarrow{AG}$$
$$=\frac{\vec{b}+\vec{c}}{2}+\frac{1}{2}\vec{c}+\frac{1}{2}\vec{b}-3\times\frac{\vec{b}+\vec{c}}{3}$$
$$=\vec{0} \quad \text{終}$$

別解 原点 O を基準とする点 A, B, C の位置ベクトルをそれぞれ $\vec{a}$, $\vec{b}$, $\vec{c}$ とする。

$$\overrightarrow{OL}=\frac{\vec{b}+\vec{c}}{2}, \quad \overrightarrow{OM}=\frac{\vec{c}+\vec{a}}{2}, \quad \overrightarrow{ON}=\frac{\vec{a}+\vec{b}}{2}$$

であるから

$$\overrightarrow{GL}+\overrightarrow{GM}+\overrightarrow{GN}$$
$$=(\overrightarrow{OL}-\overrightarrow{OG})+(\overrightarrow{OM}-\overrightarrow{OG})+(\overrightarrow{ON}-\overrightarrow{OG})$$
$$=\overrightarrow{OL}+\overrightarrow{OM}+\overrightarrow{ON}-3\overrightarrow{OG}$$
$$=\frac{\vec{b}+\vec{c}}{2}+\frac{\vec{c}+\vec{a}}{2}+\frac{\vec{a}+\vec{b}}{2}-3\times\frac{\vec{a}+\vec{b}+\vec{c}}{3}$$
$$=\vec{0} \quad \text{終}$$

← 点 A を基準とする位置ベクトルを考える。

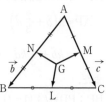

← △ABC の重心 G の位置ベクトルは

$$\bullet\overrightarrow{G}=\frac{\bullet\overrightarrow{A}+\bullet\overrightarrow{B}+\bullet\overrightarrow{C}}{3}$$

と表せ、●はどんな点でもよい。

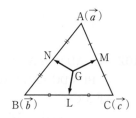

位置ベクトルの利用 ➡ 基準の点は原点以外でもよい
（頂点，分点，重心なども考えてみる）

---

164 $\overrightarrow{PA}+\overrightarrow{PB}+\overrightarrow{PC}=\overrightarrow{BC}$ より

$$-\overrightarrow{AP}+(\overrightarrow{AB}-\overrightarrow{AP})+(\overrightarrow{AC}-\overrightarrow{AP})=\overrightarrow{AC}-\overrightarrow{AB}$$
$$-3\overrightarrow{AP}+\overrightarrow{AB}+\overrightarrow{AC}=\overrightarrow{AC}-\overrightarrow{AB}$$

よって $\overrightarrow{AP}=\frac{2}{3}\overrightarrow{AB}$

ゆえに，点 P は辺 AB を 2 : 1 に内分する点

← 始点を A にそろえる。

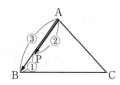

別解 原点 O を基準とする位置ベクトルを考えて

$\overrightarrow{PA}+\overrightarrow{PB}+\overrightarrow{PC}=\overrightarrow{BC}$ より

$(\overrightarrow{OA}-\overrightarrow{OP})+(\overrightarrow{OB}-\overrightarrow{OP})+(\overrightarrow{OC}-\overrightarrow{OP})=\overrightarrow{OC}-\overrightarrow{OB}$

$-3\overrightarrow{OP}+\overrightarrow{OA}+\overrightarrow{OB}+\overrightarrow{OC}=\overrightarrow{OC}-\overrightarrow{OB}$

← 始点を O にそろえる。

よって $\overrightarrow{OP}=\dfrac{\overrightarrow{OA}+2\overrightarrow{OB}}{3}=\dfrac{1\overrightarrow{OA}+2\overrightarrow{OB}}{2+1}$

ゆえに，点 P は辺 AB を 2:1 に内分する点

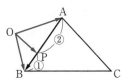

165 (1) $3\overrightarrow{PA}+4\overrightarrow{PB}+5\overrightarrow{PC}=\vec{0}$ より

$-3\overrightarrow{AP}+4(\overrightarrow{AB}-\overrightarrow{AP})+5(\overrightarrow{AC}-\overrightarrow{AP})=\vec{0}$

$12\overrightarrow{AP}=4\overrightarrow{AB}+5\overrightarrow{AC}$

← 始点を A にそろえる。

よって

$\overrightarrow{AP}=\dfrac{4\overrightarrow{AB}+5\overrightarrow{AC}}{12}=\dfrac{9}{12}\times\dfrac{4\overrightarrow{AB}+5\overrightarrow{AC}}{9}$

$=\dfrac{3}{4}\times\dfrac{4\overrightarrow{AB}+5\overrightarrow{AC}}{5+4}$

← $k\times\dfrac{n\overrightarrow{AB}+m\overrightarrow{AC}}{m+n}$ の形にする。

ここで，$\overrightarrow{AD}=\dfrac{4\overrightarrow{AB}+5\overrightarrow{AC}}{5+4}$ とおくと

← $\overrightarrow{●D}=\dfrac{n\overrightarrow{●B}+m\overrightarrow{●C}}{m+n}$ のとき,

　D は BC を $m:n$ に内分する点。

$\overrightarrow{AP}=\dfrac{3}{4}\overrightarrow{AD}$

ゆえに

辺 BC を 5:4 に内分する点を D とすると，
点 P は線分 AD を 3:1 に内分する点

(2) △PDC$=4S$ とおく。

△PBD:△PDC$=$BD:DC$=5:4$ より

$\triangle PBD=\dfrac{5}{4}\times\triangle PDC=\dfrac{5}{4}\times 4S=5S$

← 面積の一番小さい三角形に着目。

← 三角形の面積比

　高さが同じなら ➡ 底辺の比
　底辺が同じなら ➡ 高さの比

よって △PBC$=$△PBD$+$△PDC

$\qquad\qquad =5S+4S=9S$

また，△PCA:△PDC$=$AP:PD$=3:1$ より

△PCA$=3\times$△PDC$=3\times 4S=12S$

さらに，△PAB:△PBD$=$AP:PD$=3:1$ より

△PBA$=3\times$△PBD$=3\times 5S=15S$

ゆえに，求める三角形の面積比は

△PBC:△PCA:△PAB$=9S:12S:15S$

$\qquad\qquad\qquad =3:4:5$

$a\overrightarrow{PA}+b\overrightarrow{PB}+c\overrightarrow{PC}=\vec{0}$ の問題 ➡ $\overrightarrow{AP}=k\times\dfrac{n\overrightarrow{AB}+m\overrightarrow{AC}}{m+n}$ の形を導く

166 $\overrightarrow{AB}=\vec{b}$, $\overrightarrow{AC}=\vec{c}$ とする。

$\overrightarrow{AB}\cdot\overrightarrow{BC}=\overrightarrow{CA}\cdot\overrightarrow{BC}$ より

$\overrightarrow{AB}\cdot(\overrightarrow{AC}-\overrightarrow{AB})=-\overrightarrow{AC}\cdot(\overrightarrow{AC}-\overrightarrow{AB})$

よって $\vec{b}\cdot(\vec{c}-\vec{b})=-\vec{c}\cdot(\vec{c}-\vec{b})$

$\vec{b}\cdot\vec{c}-|\vec{b}|^2=-|\vec{c}|^2+\vec{c}\cdot\vec{b}$

$|\vec{b}|^2=|\vec{c}|^2$

$|\vec{b}|>0$, $|\vec{c}|>0$ より $|\vec{b}|=|\vec{c}|$

ゆえに，△ABC は AB＝AC の二等辺三角形 終

← 始点を A にそろえる。

← $\vec{c}\cdot\vec{b}=\vec{b}\cdot\vec{c}$

167 $\overrightarrow{AB}=\vec{b}$, $\overrightarrow{AC}=\vec{c}$ とする。

$\overrightarrow{AP}=\dfrac{1\vec{b}+2\vec{c}}{2+1}=\dfrac{\vec{b}+2\vec{c}}{3}$

また，$\overrightarrow{AQ}=\dfrac{1}{2}\overrightarrow{AC}=\dfrac{1}{2}\vec{c}$ より

$\overrightarrow{BQ}=\overrightarrow{AQ}-\overrightarrow{AB}=\dfrac{1}{2}\vec{c}-\vec{b}=\dfrac{\vec{c}-2\vec{b}}{2}$

であるから

$\overrightarrow{AP}\cdot\overrightarrow{BQ}=\dfrac{\vec{b}+2\vec{c}}{3}\cdot\dfrac{\vec{c}-2\vec{b}}{2}$

$=\dfrac{1}{6}(\vec{b}+2\vec{c})\cdot(\vec{c}-2\vec{b})$

$=\dfrac{1}{6}(2|\vec{c}|^2-3\vec{b}\cdot\vec{c}-2|\vec{b}|^2)$ …①

ここで，∠A＝90° であるから

$\vec{b}\perp\vec{c}$ より $\vec{b}\cdot\vec{c}=0$

また，AP⊥BQ のとき

$\overrightarrow{AP}\cdot\overrightarrow{BQ}=0$

これと①より

$\dfrac{1}{6}(2|\vec{c}|^2-2|\vec{b}|^2)=0$

よって $|\vec{b}|^2=|\vec{c}|^2$

$|\vec{b}|>0$, $|\vec{c}|>0$ より $|\vec{b}|=|\vec{c}|$

ゆえに AB＝AC 終

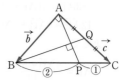

← $(b+2c)(c-2b)$ を展開するのと同様に計算する。
ただし，$\vec{b}\cdot\vec{b}=\vec{b}^2$ などとしないように注意。

← 垂直 $\Longrightarrow$ （内積）＝0

168 $\overrightarrow{AB}=\overrightarrow{MB}-\overrightarrow{MA}=\vec{b}-\vec{a}$

$\overrightarrow{AC}=\overrightarrow{MC}-\overrightarrow{MA}=-\vec{b}-\vec{a}$

であるから

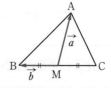

$$AB^2+AC^2=|\overrightarrow{AB}|^2+|\overrightarrow{AC}|^2$$
$$=|\vec{b}-\vec{a}|^2+|-\vec{b}-\vec{a}|^2$$
$$=|\vec{b}|^2-2\vec{a}\cdot\vec{b}+|\vec{a}|^2+|\vec{b}|^2+2\vec{a}\cdot\vec{b}+|\vec{a}|^2$$
$$=2(|\vec{a}|^2+|\vec{b}|^2)=2(|\overrightarrow{MA}|^2+|\overrightarrow{MB}|^2)$$

よって $AB^2+AC^2=2(AM^2+BM^2)$ 終

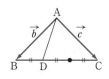

$\Leftarrow$ $|-\vec{b}-\vec{a}|^2=|-(\vec{b}+\vec{a})|^2$
$=-(\vec{b}+\vec{a})\cdot\{-(\vec{b}+\vec{a})\}$
$=(\vec{b}+\vec{a})\cdot(\vec{b}+\vec{a})$
$=|\vec{b}+\vec{a}|^2$

169 $\overrightarrow{AB}=\vec{b}$, $\overrightarrow{AC}=\vec{c}$ とする。

$$\overrightarrow{AD}=\frac{2\overrightarrow{AB}+1\overrightarrow{AC}}{1+2}=\frac{2\vec{b}+\vec{c}}{3}$$

$$\overrightarrow{BD}=\frac{1}{3}\overrightarrow{BC}=\frac{\overrightarrow{AC}-\overrightarrow{AB}}{3}=\frac{\vec{c}-\vec{b}}{3}$$

であるから

$3(AD^2+2BD^2)$

$$=3\left(\left|\frac{2\vec{b}+\vec{c}}{3}\right|^2+2\left|\frac{\vec{c}-\vec{b}}{3}\right|^2\right)$$

$$=3\left\{\frac{1}{9}(4|\vec{b}|^2+4\vec{b}\cdot\vec{c}+|\vec{c}|^2)+\frac{2}{9}(|\vec{c}|^2-2\vec{b}\cdot\vec{c}+|\vec{b}|^2)\right\}$$

$$=2|\vec{b}|^2+|\vec{c}|^2=2|\overrightarrow{AB}|^2+|\overrightarrow{AC}|^2$$

よって $2AB^2+AC^2=3(AD^2+2BD^2)$ 終

$\Leftarrow$ $\left|\frac{2\vec{b}+\vec{c}}{3}\right|^2=\frac{2\vec{b}+\vec{c}}{3}\cdot\frac{2\vec{b}+\vec{c}}{3}$
で $\vec{b}\cdot\vec{b}=|\vec{b}|^2$, $\vec{c}\cdot\vec{c}=|\vec{c}|^2$

長さの2乗は内積利用 ➡ $AB^2=|\overrightarrow{AB}|^2=\overrightarrow{AB}\cdot\overrightarrow{AB}$

---

170 原点を O，直線上の点を P(x, y) とする。

(1) $\overrightarrow{OP}=\overrightarrow{OA}+t\vec{d}$ より

$(x, y)=(2, 1)+t(3, -2)$
$=(2+3t, 1-2t)$

よって $\begin{cases} x=2+3t & \cdots① \\ y=1-2t & \cdots② \end{cases}$

①×2＋②×3 より

$2x+3y-7=0$

(2) $\overrightarrow{OP}=\overrightarrow{OA}+t\vec{d}$ より

$(x, y)=(-3, -5)+t(1, 2)$
$=(-3+t, -5+2t)$

よって $\begin{cases} x=-3+t & \cdots① \\ y=-5+2t & \cdots② \end{cases}$

①×2－② より

$2x-y+1=0$

直線のベクトル方程式①

点 A($\vec{a}$) を通り，$\vec{d}$ に平行な
直線 $\vec{p}=\vec{a}+t\vec{d}$

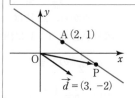

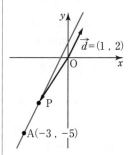

171 原点を O，直線上の点を P(x, y) とする。

(1) $\overrightarrow{\text{OP}}=(1-t)\overrightarrow{\text{OA}}+t\overrightarrow{\text{OB}}$ より

$(x, y)=(1-t)(-3, -1)+t(1, 2)$

$\qquad = (-3+4t, -1+3t)$

よって $\begin{cases} x=-3+4t & \cdots① \\ y=-1+3t & \cdots② \end{cases}$

①×3−②×4 より

$3x-4y+5=0$

(2) $\overrightarrow{\text{OP}}=(1-t)\overrightarrow{\text{OA}}+t\overrightarrow{\text{OB}}$ より

$(x, y)=(1-t)(4, 0)+t(0, 3)$

$\qquad = (4-4t, 3t)$

よって $\begin{cases} x=4-4t & \cdots① \\ y=3t & \cdots② \end{cases}$

①×3+②×4 より　$3x+4y-12=0$

172 $\vec{p}=(1-t)\vec{a}+t\vec{b}$ $\cdots①$

とおく。

(1) $t=0$ のとき

①は　$\vec{p}=\vec{a}$ となるから，

点 P は点 A と一致する。

(2) $t=\dfrac{1}{4}$ のとき

①は $\vec{p}=\dfrac{3}{4}\vec{a}+\dfrac{1}{4}\vec{b}=\dfrac{3\vec{a}+1\vec{b}}{1+3}$

となるから，点 P は

線分 AB を 1：3 に内分する点

(3) $t=\dfrac{1}{2}$ のとき

①は　$\vec{p}=\dfrac{1}{2}\vec{a}+\dfrac{1}{2}\vec{b}=\dfrac{\vec{a}+\vec{b}}{2}$

となるから，点 P は

線分 AB の中点

(4) $t=\dfrac{3}{4}$ のとき

①は $\vec{p}=\dfrac{1}{4}\vec{a}+\dfrac{3}{4}\vec{b}=\dfrac{1\vec{a}+3\vec{b}}{3+1}$

となるから，点 P は

線分 AB を 3：1 に内分する点

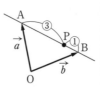

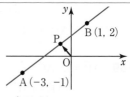
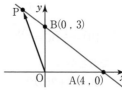
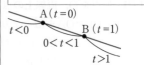

(5) $t=2$ のとき

①は $\vec{p}=-\vec{a}+2\vec{b}$

$\phantom{①は \vec{p}}=\dfrac{-1\vec{a}+2\vec{b}}{2-1}$

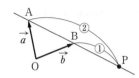

となるから，点 P は
線分 AB を $2:1$ に外分する点

(6) $t=-1$ のとき

①は $\vec{p}=2\vec{a}-\vec{b}$

$\phantom{①は \vec{p}}=\dfrac{-2\vec{a}+\vec{b}}{1-2}$

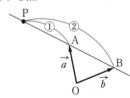

となるから，点 P は
線分 AB を $1:2$ に外分する点

173 (1) 直線上の点を $P(x, y)$ とすると
$\vec{n}\perp\overrightarrow{\mathrm{AP}}$ または $\overrightarrow{\mathrm{AP}}=\vec{0}$ より
$\vec{n}\cdot\overrightarrow{\mathrm{AP}}=0$
$\overrightarrow{\mathrm{AP}}=(x-4,\ y+2)$ であるから
$-(x-4)+3(y+2)=0$
よって $x-3y-10=0$

(2) 直線上の点を $P(x, y)$ とすると
$\vec{n}\perp\overrightarrow{\mathrm{AP}}$ または $\overrightarrow{\mathrm{AP}}=\vec{0}$ より
$\vec{n}\cdot\overrightarrow{\mathrm{AP}}=0$
$\overrightarrow{\mathrm{AP}}=(x+1,\ y-4)$ であるから
$3(x+1)+5(y-4)=0$
よって $3x+5y-17=0$

174 (1) 円周上の点を $P(x, y)$ とすると
$|\overrightarrow{\mathrm{OP}}|=\sqrt{5}$ より
$|\overrightarrow{\mathrm{OP}}|^2=5$
$\overrightarrow{\mathrm{OP}}=(x, y)$ であるから
$x^2+y^2=5$

(2) 円周上の点を $P(x, y)$ とすると
$|\overrightarrow{\mathrm{CP}}|=2$ より
$|\overrightarrow{\mathrm{CP}}|^2=4$
$\overrightarrow{\mathrm{CP}}=(x-3,\ y+1)$ であるから
$(x-3)^2+(y+1)^2=4$

直線のベクトル方程式③

点 $A(\vec{a})$ を通り，$\vec{n}$ に垂直な
直線は $\vec{n}\cdot\overrightarrow{\mathrm{AP}}=0$
すなわち $\vec{n}\cdot(\vec{p}-\vec{a})=0$

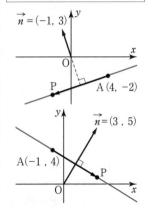

円のベクトル方程式①

中心 $C(\vec{c})$，半径 r の円は
$|\overrightarrow{\mathrm{CP}}|=r$ すなわち $|\vec{p}-\vec{c}|=r$

175 (1) 2直線 $2x-y+1=0$, $x-3y+6=0$ の
法線ベクトルをそれぞれ
$$\vec{n_1}=(2,\ -1),\ \vec{n_2}=(1,\ -3)$$
とし，そのなす角を α とすると
$$\cos\alpha=\frac{\vec{n_1}\cdot\vec{n_2}}{|\vec{n_1}||\vec{n_2}|}=\frac{2\times1+(-1)\times(-3)}{\sqrt{2^2+(-1)^2}\sqrt{1^2+(-3)^2}}$$
$$=\frac{5}{\sqrt{5}\sqrt{10}}=\frac{1}{\sqrt{2}}$$

$0°\leqq\alpha\leqq180°$ より　$\alpha=45°$

θ は鋭角であるから　$\theta=\alpha=45°$

(2) 2直線 $2x-3y-6=0$, $x+5y-5=0$ の
法線ベクトルをそれぞれ
$$\vec{n_1}=(2,\ -3),\ \vec{n_2}=(1,\ 5)$$
とし，そのなす角を α とすると
$$\cos\alpha=\frac{\vec{n_1}\cdot\vec{n_2}}{|\vec{n_1}||\vec{n_2}|}=\frac{2\times1+(-3)\times5}{\sqrt{2^2+(-3)^2}\sqrt{1^2+5^2}}$$
$$=\frac{-13}{\sqrt{13}\sqrt{26}}=-\frac{1}{\sqrt{2}}$$

$0°\leqq\alpha\leqq180°$ より　$\alpha=135°$

θ は鋭角であるから　$\theta=180°-\alpha=45°$

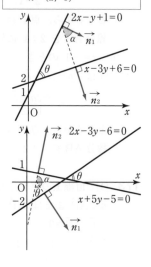

法線ベクトル

直線 $ax+by+c=0$ の
法線ベクトルの1つは
$$\vec{n}=(a,\ b)$$

2直線のなす角 ➡ 2つの法線ベクトルのなす角

---

176 (1) 円周上の点を $P(x,\ y)$ とすると，
線分 AB は直径であるから
$$\overrightarrow{\text{AP}}\perp\overrightarrow{\text{BP}}\ \text{または}\ \overrightarrow{\text{AP}}=\vec{0}\ \text{または}\ \overrightarrow{\text{BP}}=\vec{0}$$
よって　$\overrightarrow{\text{AP}}\cdot\overrightarrow{\text{BP}}=0$
ここで　$\overrightarrow{\text{AP}}=(x-2,\ y-3)$
$$\overrightarrow{\text{BP}}=(x+4,\ y+1)$$
であるから　$(x-2)(x+4)+(y-3)(y+1)=0$
$$x^2+2x+y^2-2y-11=0$$
ゆえに　$(x+1)^2+(y-1)^2=13$

(2) 円周上の点を $P(x,\ y)$ とすると，
線分 CA が半径であるから
$$|\overrightarrow{\text{CP}}|=|\overrightarrow{\text{CA}}|\ \text{より}\ |\overrightarrow{\text{CP}}|^2=|\overrightarrow{\text{CA}}|^2$$
ここで　$\overrightarrow{\text{CP}}=(x-4,\ y-3)$, $\overrightarrow{\text{CA}}=(-2,\ -2)$
であるから　$(x-4)^2+(y-3)^2=(-2)^2+(-2)^2$
よって　$(x-4)^2+(y-3)^2=8$

円のベクトル方程式②

2点 $A(\vec{a})$, $B(\vec{b})$ を直径の
両端とする円は $\overrightarrow{\text{AP}}\cdot\overrightarrow{\text{BP}}=0$
すなわち $(\vec{p}-\vec{a})\cdot(\vec{p}-\vec{b})=0$

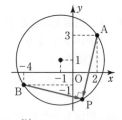

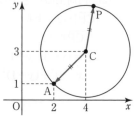

次に，この円の点 A における接線上の点を
Q(x, y) とすると

$\qquad \overrightarrow{AQ} \perp \overrightarrow{CA}$ または $\overrightarrow{AQ} = \vec{0}$ より $\overrightarrow{AQ} \cdot \overrightarrow{CA} = 0$

ここで $\overrightarrow{AQ} = (x-2, y-1)$

よって $(x-2) \times (-2) + (y-1) \times (-2) = 0$

ゆえに $x+y-3=0$

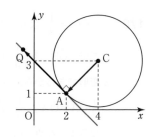

177 (1) $(\vec{p} - \vec{a}) \cdot \vec{b} = 0$ より $\overrightarrow{AP} \cdot \overrightarrow{OB} = 0$

$\qquad$ よって $\overrightarrow{AP} \perp \overrightarrow{OB}$ または $\overrightarrow{AP} = \vec{0}$

$\quad$ (i) $\overrightarrow{AP} \perp \overrightarrow{OB}$ のとき

$\qquad$ 点 P は点 A を通り，$\overrightarrow{OB}$ に垂直な直線上にある。

$\quad$ (ii) $\overrightarrow{AP} = \vec{0}$ のとき

$\qquad$ 点 P は点 A と一致する。

$\quad$ (i)，(ii)より，点 P は

$\qquad$ 点 A を通り，$\overrightarrow{OB}$ に垂直な直線上にある。

$\Leftarrow \vec{a} \cdot \vec{b} = 0$

$\Longleftrightarrow \vec{a} \perp \vec{b}$ または $\vec{a} = \vec{0}$
　　　　 または $\vec{b} = \vec{0}$

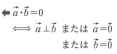

$\quad$ (2) $\vec{p} \cdot \vec{p} = 2\vec{p} \cdot \vec{a}$ より

$\qquad \vec{p} \cdot \vec{p} - 2\vec{p} \cdot \vec{a} = 0$

$\qquad \vec{p} \cdot (\vec{p} - 2\vec{a}) = 0$

$\qquad 2\overrightarrow{OA} = \overrightarrow{OA'}$ とおくと

$\qquad \overrightarrow{OP} \cdot (\overrightarrow{OP} - \overrightarrow{OA'}) = 0$

$\qquad \overrightarrow{OP} \cdot \overrightarrow{A'P} = 0$

$\quad$ よって，$\overrightarrow{OP} \perp \overrightarrow{A'P}$ または $\overrightarrow{OP} = \vec{0}$ または $\overrightarrow{A'P} = \vec{0}$

$\quad$ ゆえに，$\angle OPA' = 90°$ または

$\qquad\qquad$ P が O，A′ のいずれかと一致する。

$\quad$ したがって，点 P は

$\qquad$ 線分 OA′ を直径とする円周上にある。

$\Leftarrow$ 点 A′ は OA を A の側に長さ
を 2 倍にした点

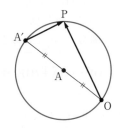

別解

$\qquad \vec{p} \cdot \vec{p} = 2\vec{p} \cdot \vec{a}$ より

$\qquad \vec{p} \cdot \vec{p} - 2\vec{p} \cdot \vec{a} + \vec{a} \cdot \vec{a} = \vec{a} \cdot \vec{a}$

$\qquad (\vec{p} - \vec{a}) \cdot (\vec{p} - \vec{a}) = \vec{a} \cdot \vec{a}$

$\qquad |\vec{p} - \vec{a}|^2 = |\vec{a}|^2$

$\quad |\vec{p} - \vec{a}| \geqq 0$，$|\vec{a}| > 0$ であるから

$\qquad |\vec{p} - \vec{a}| = |\vec{a}|$

$\quad$ よって $|\overrightarrow{AP}| = |\overrightarrow{OA}|$

$\quad$ ゆえに，点 P は

$\qquad$ 点 A を中心とする半径 AO の円周上にある。

$\Leftarrow \vec{a} \cdot \vec{a} = |\vec{a}|^2$

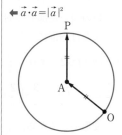

178 (1) $s+t=\dfrac{1}{3}$ より $3s+3t=1$

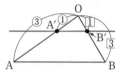

ここで $\overrightarrow{\mathrm{OP}}=3s\left(\dfrac{1}{3}\overrightarrow{\mathrm{OA}}\right)+3t\left(\dfrac{1}{3}\overrightarrow{\mathrm{OB}}\right)$

と変形できるから，$3s=s'$, $3t=t'$ とおき，

$\dfrac{1}{3}\overrightarrow{\mathrm{OA}}=\overrightarrow{\mathrm{OA'}}$, $\dfrac{1}{3}\overrightarrow{\mathrm{OB}}=\overrightarrow{\mathrm{OB'}}$

となるような点 A′, B′ をとると
$\overrightarrow{\mathrm{OP}}=s'\overrightarrow{\mathrm{OA'}}+t'\overrightarrow{\mathrm{OB'}}$
　　$(s'+t'=1)$
よって，点 P は
　　直線 A′B′ 上にある。

← 右辺を 1 にする。

← 点 A′, B′ は辺 OA, OB の 3 等分点のうち，それぞれ O に近いほうの点

(2) $s+2t=2$ より $\dfrac{1}{2}s+t=1$

← 右辺を 1 にする。

ここで $\overrightarrow{\mathrm{OP}}=\dfrac{1}{2}s(2\overrightarrow{\mathrm{OA}})+t\overrightarrow{\mathrm{OB}}$

と変形できるから，$\dfrac{1}{2}s=s'$ とおき，

$2\overrightarrow{\mathrm{OA}}=\overrightarrow{\mathrm{OA'}}$

← 点 A′ は OA を A の側に長さを 2 倍にした点

となるような点 A′ をとると
$\overrightarrow{\mathrm{OP}}=s'\overrightarrow{\mathrm{OA'}}+t\overrightarrow{\mathrm{OB}}$
$(s'+t=1,\ s'\geqq 0,\ t\geqq 0)$
よって，点 P は
　　線分 A′B 上にある。

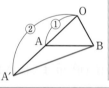

$\overrightarrow{\mathrm{OP}}=s\overrightarrow{\mathrm{OA}}+t\overrightarrow{\mathrm{OB}}$ ➡ $s+t=1$ のとき，点 P は直線 AB 上
　　　　　　　　　　　　　　　　$s+t=1$, $s\geqq 0$, $t\geqq 0$ のとき，点 P は線分 AB 上

---

179 (1) $0\leqq t\leqq 2$ より，
　　$2\overrightarrow{\mathrm{OB}}=\overrightarrow{\mathrm{OB'}}$
となるような点 B′ を
とると，点 P は右の図
の色のついた部分の周
上または内部にある。

別解 斜交座標の考え方

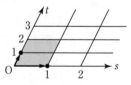

(2) $3s+t\leqq 2$ より $\dfrac{3}{2}s+\dfrac{1}{2}t\leqq 1$

ここで $\overrightarrow{\mathrm{OP}}=\dfrac{3}{2}s\left(\dfrac{2}{3}\overrightarrow{\mathrm{OA}}\right)+\dfrac{1}{2}t(2\overrightarrow{\mathrm{OB}})$

と変形できるから，$\dfrac{3}{2}s=s'$, $\dfrac{1}{2}t=t'$ とおき，

$$\frac{2}{3}\overrightarrow{\mathrm{OA}}=\overrightarrow{\mathrm{OA'}}, \quad 2\overrightarrow{\mathrm{OB}}=\overrightarrow{\mathrm{OB'}}$$

となるような点 A′，B′ をとると

$$\overrightarrow{\mathrm{OP}}=s'\overrightarrow{\mathrm{OA'}}+t'\overrightarrow{\mathrm{OB'}}$$
$$(s'+t'\leqq 1)$$

よって，点 P は右の図の
色のついた部分の周上
または内部にある。

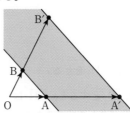

(3) $s+t=1$ のとき
　　点 P は直線 AB 上にある。
$s+t=3$ のとき
$$3\overrightarrow{\mathrm{OA}}=\overrightarrow{\mathrm{OA'}}, \quad 3\overrightarrow{\mathrm{OB}}=\overrightarrow{\mathrm{OB'}}$$
となるような点 A′，B′ をとると，
点 P は直線 A′B′ 上にある。
これらと
$$1\leqq s+t\leqq 3$$
より，点 P は右の図
の色のついた部分の
周上または内部に
ある。

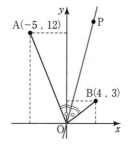

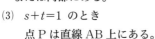

点 A′ は OA を 2：1 に内分する点，点 B′ は OB を B の側に長さを2倍にした点

別解 斜交座標の考え方

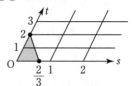

別解 斜交座標の考え方

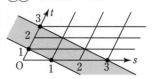

$$\overrightarrow{\mathrm{OP}}=s\overrightarrow{\mathrm{OA}}+t\overrightarrow{\mathrm{OB}} \; \Rightarrow \; s+t\leqq 1, \; s\geqq 0, \; t\geqq 0 \text{ のとき,}$$
$$\text{点 P は } \triangle \mathrm{OAB} \text{ の周および内部}$$

180　$\angle$AOBの二等分線上の点を $\mathrm{P}(x, y)$ とすると

$$\overrightarrow{\mathrm{OP}}=t\left(\frac{\overrightarrow{\mathrm{OA}}}{|\overrightarrow{\mathrm{OA}}|}+\frac{\overrightarrow{\mathrm{OB}}}{|\overrightarrow{\mathrm{OB}}|}\right) \; (t \text{ は実数})$$

ここで $\dfrac{\overrightarrow{\mathrm{OA}}}{|\overrightarrow{\mathrm{OA}}|}=\dfrac{1}{\sqrt{(-5)^2+12^2}}(-5, 12)=\left(-\dfrac{5}{13}, \dfrac{12}{13}\right)$

$\dfrac{\overrightarrow{\mathrm{OB}}}{|\overrightarrow{\mathrm{OB}}|}=\dfrac{1}{\sqrt{4^2+3^2}}(4, 3)=\left(\dfrac{4}{5}, \dfrac{3}{5}\right)$

よって

$$\overrightarrow{\mathrm{OP}}=t\left\{\left(-\frac{5}{13}, \frac{12}{13}\right)+\left(\frac{4}{5}, \frac{3}{5}\right)\right\}=t\left(\frac{27}{65}, \frac{99}{65}\right)$$

ゆえに　$x=\dfrac{27}{65}t, \quad y=\dfrac{99}{65}t$

t を消去して　$y=\dfrac{11}{3}x$

したがって　$11x-3y=0$

A$(-5, 12)$　P
B$(4, 3)$

$\Leftarrow x=\dfrac{27}{65}t$ より　$t=\dfrac{65}{27}x$ を

$y=\dfrac{99}{65}t$ に代入すると

$y=\dfrac{99}{65}\times\dfrac{65}{27}x=\dfrac{11}{3}x$

1 章

ベクトル

181 線分 AB の垂直二等分線上の点を P(x, y) とする。

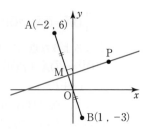

線分 AB の中点を M とすると

$\overrightarrow{MP} \perp \overrightarrow{AB}$ または $\overrightarrow{MP} = \vec{0}$　より　$\overrightarrow{MP} \cdot \overrightarrow{AB} = 0$

ここで　$M\left(\dfrac{-2+1}{2}, \dfrac{6-3}{2}\right)$

すなわち　$M\left(-\dfrac{1}{2}, \dfrac{3}{2}\right)$

であるから

$\overrightarrow{MP} = \left(x + \dfrac{1}{2}, y - \dfrac{3}{2}\right)$

$\overrightarrow{AB} = (3, -9)$

よって　$\left(x + \dfrac{1}{2}\right) \times 3 + \left(y - \dfrac{3}{2}\right) \times (-9) = 0$

$3x + \dfrac{3}{2} - 9y + \dfrac{27}{2} = 0$

$3x - 9y + 15 = 0$

ゆえに　$x - 3y + 5 = 0$

182 (1) $l : y = \dfrac{1}{3}x$ 上に点 A$(3, 1)$ をとる。

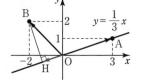

$\overrightarrow{OA} = (3, 1)$, $\overrightarrow{OB} = (-2, 2)$ とすると, $\overrightarrow{OH}$ は $\overrightarrow{OB}$ の $\overrightarrow{OA}$ 上への正射影ベクトルであるから

$\overrightarrow{OH} = \dfrac{\overrightarrow{OA} \cdot \overrightarrow{OB}}{|\overrightarrow{OA}|^2}\overrightarrow{OA} = \dfrac{3 \times (-2) + 1 \times 2}{3^2 + 1^2}(3, 1)$

$= \dfrac{-4}{10}(3, 1) = \left(-\dfrac{6}{5}, -\dfrac{2}{5}\right)$

よって　$H\left(-\dfrac{6}{5}, -\dfrac{2}{5}\right)$

(2) $l : y = -2x$ 上に点 A$(-1, 2)$ をとる。

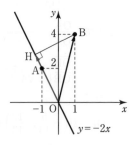

$\overrightarrow{OA} = (-1, 2)$, $\overrightarrow{OB} = (1, 4)$ とすると, $\overrightarrow{OH}$ は $\overrightarrow{OB}$ の $\overrightarrow{OA}$ 上への正射影ベクトルであるから

$\overrightarrow{OH} = \dfrac{\overrightarrow{OA} \cdot \overrightarrow{OB}}{|\overrightarrow{OA}|^2}\overrightarrow{OA} = \dfrac{-1 \times 1 + 2 \times 4}{(-1)^2 + 2^2}(-1, 2)$

$= \dfrac{7}{5}(-1, 2) = \left(-\dfrac{7}{5}, \dfrac{14}{5}\right)$

よって　$H\left(-\dfrac{7}{5}, \dfrac{14}{5}\right)$

正射影ベクトル　➡　$\overrightarrow{OH} = \dfrac{\overrightarrow{OA} \cdot \overrightarrow{OB}}{|\overrightarrow{OA}|^2}\overrightarrow{OA}$

---

183 l の法線ベクトルは $\vec{n}=(3,\ -2)$ であるから,
点 P を通り l に垂直な直線上の任意の点を
$Q(x,\ y)$ とすると
$$\overrightarrow{OQ}=\overrightarrow{OP}+\overrightarrow{PQ}=\overrightarrow{OP}+t\vec{n}$$
ベクトルの成分で考えると
$$(x,\ y)=(5,\ 2)+t(3,\ -2)$$
$$=(5+3t,\ 2-2t)$$
すなわち $\begin{cases} x=5+3t & \cdots① \\ y=2-2t & \cdots② \end{cases}$

点 Q が直線 l 上にあるとき,点 Q は点 H と一致するから,直線 l の式に①,②を代入して
$$3(5+3t)-2(2-2t)+2=0$$
整理して $13t=-13$ より $t=-1$
①,②より,点 H の座標は H$(2,\ 4)$

法線ベクトル

直線 $ax+by+c=0$ の
法線ベクトルの 1 つは
$\vec{n}=(a,\ b)$

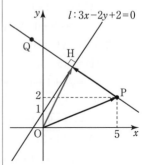

184 (1) $(1,\ 3,\ 2)$

(2) $(-1,\ 3,\ -2)$

(3) $(1,\ -3,\ -2)$

(4) $(1,\ -3,\ 2)$

(5) $(-1,\ 3,\ 2)$

(6) $(-1,\ -3,\ -2)$

(7) $(-1,\ -3,\ 2)$

対称な点の座標

点 $(a,\ b,\ c)$ と対称な点
xy 平面 $\Longrightarrow$ $(a,\ b,\ -c)$
yz 平面 $\Longrightarrow$ $(-a,\ b,\ c)$
zx 平面 $\Longrightarrow$ $(a,\ -b,\ c)$
x 軸 $\quad\Longrightarrow$ $(a,\ -b,\ -c)$
y 軸 $\quad\Longrightarrow$ $(-a,\ b,\ -c)$
z 軸 $\quad\Longrightarrow$ $(-a,\ -b,\ c)$
原点 $\quad\Longrightarrow$ $(-a,\ -b,\ -c)$

185 (1) $z=3$

(2) $x=4$

(3) $y=-5$

$\Longleftarrow$ z 座標が 3 で
$x,\ y$ 座標はどのような値でも
よい。

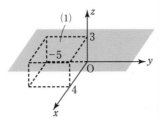

186 (1) OA$=\sqrt{(-1)^2+2^2+2^2}$
$$=\sqrt{9}=3$$

(2) AB$=\sqrt{(-1-1)^2+\{2-(-3)\}^2+(3-1)^2}$
$$=\sqrt{4+25+4}=\sqrt{33}$$

2 点間の距離

$A(a_1,\ a_2,\ a_3)$, $B(b_1,\ b_2,\ b_3)$
について
$AB=\sqrt{(b_1-a_1)^2+(b_2-a_2)^2+(b_3-a_3)^2}$
とくに,原点 O と A について
$OA=\sqrt{a_1{}^2+a_2{}^2+a_3{}^2}$

187 (1) $AB=\sqrt{(5-2)^2+(4-2)^2+(-2-4)^2}$
$=\sqrt{9+4+36}=\sqrt{49}=7$
$BC=\sqrt{(-1-5)^2+(2-4)^2+\{1-(-2)\}^2}$
$=\sqrt{36+4+9}=\sqrt{49}=7$
$CA=\sqrt{\{2-(-1)\}^2+(2-2)^2+(4-1)^2}$
$=\sqrt{9+0+9}=\sqrt{18}=3\sqrt{2}$
よって，**AB＝BC** の二等辺三角形

(2) $AB=\sqrt{(5-3)^2+(1-2)^2+(3-1)^2}$
$=\sqrt{4+1+4}=\sqrt{9}=3$
$BC=\sqrt{(3-5)^2+(4-1)^2+(2-3)^2}$
$=\sqrt{4+9+1}=\sqrt{14}$
$CA=\sqrt{(3-3)^2+(2-4)^2+(1-2)^2}$
$=\sqrt{0+4+1}=\sqrt{5}$
よって $BC^2=AB^2+CA^2$
ゆえに，$\angle A=90°$ の直角三角形

← 三平方の定理が成り立つ。

三角形の形状 ➡ 3辺の長さを計算して考える

---

188 (1) $\overrightarrow{AF}=\overrightarrow{AB}+\overrightarrow{BF}$
$=\vec{a}+\vec{c}$

(2) $\overrightarrow{DB}=\overrightarrow{AB}-\overrightarrow{AD}$
$=\vec{a}-\vec{b}$

別解 $\overrightarrow{DB}=\overrightarrow{DA}+\overrightarrow{AB}=-\vec{b}+\vec{a}$
$=\vec{a}-\vec{b}$

(3) $\overrightarrow{EC}=\overrightarrow{EF}+\overrightarrow{FG}+\overrightarrow{GC}$
$=\vec{a}+\vec{b}-\vec{c}$

(4) $\overrightarrow{BH}=\overrightarrow{BA}+\overrightarrow{AD}+\overrightarrow{DH}$
$=-\vec{a}+\vec{b}+\vec{c}$

(5) $\overrightarrow{GA}=\overrightarrow{GH}+\overrightarrow{HE}+\overrightarrow{EA}$
$=-\vec{a}-\vec{b}-\vec{c}$

(6) $\overrightarrow{FD}=\overrightarrow{FE}+\overrightarrow{EH}+\overrightarrow{HD}$
$=-\vec{a}+\vec{b}-\vec{c}$

(7) $\overrightarrow{MN}=\overrightarrow{ME}+\overrightarrow{EH}+\overrightarrow{HN}$
$=-\frac{1}{2}\vec{a}+\vec{b}-\frac{1}{2}\vec{c}$

(8) $\overrightarrow{CM}=\overrightarrow{CG}+\overrightarrow{GF}+\overrightarrow{FM}$
$=\vec{c}-\vec{b}-\frac{1}{2}\vec{a}=-\frac{1}{2}\vec{a}-\vec{b}+\vec{c}$

← 平面上のベクトルで学んだ計算
法則が，空間ベクトルでも成り
立つ。

ベクトルの和と差

$\overrightarrow{AB}=A■+■B$
$\overrightarrow{AB}=●B-●A$

逆ベクトル

$\overrightarrow{BA}=-\overrightarrow{AB}$

189 点 C は z 軸上にあるから，C$(0, 0, c)$ とおく。

AC＝BC より AC^2＝BC^2

ここで

$$AC^2=(0-2)^2+(0-0)^2+(c-1)^2$$
$$=c^2-2c+5$$
$$BC^2=(0-0)^2+(0-4)^2+(c-3)^2$$
$$=c^2-6c+25$$

よって $c^2-2c+5=c^2-6c+25$

ゆえに $c=5$

したがって C$(0, 0, 5)$

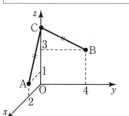

座標軸上の点 ➡ x 軸上 $(a, 0, 0)$, y 軸上 $(0, b, 0)$, z 軸上 $(0, 0, c)$

190 点 C は xy 平面上にあるから，C$(a, b, 0)$ とおく。

AB＝BC＝CA より AB^2＝BC^2＝CA^2

ここで

$$AB^2=(0-10)^2+(5-0)^2+(10-5)^2$$
$$=100+25+25=150 \quad \cdots①$$
$$BC^2=(a-0)^2+(b-5)^2+(0-10)^2$$
$$=a^2+(b^2-10b+25)+100$$
$$=a^2+b^2-10b+125 \quad \cdots②$$
$$CA^2=(10-a)^2+(0-b)^2+(5-0)^2$$
$$=(100-20a+a^2)+b^2+25$$
$$=a^2+b^2-20a+125 \quad \cdots③$$

①，②より $a^2+b^2-10b=25 \quad \cdots④$

②，③より $b=2a \quad \cdots⑤$

⑤を④に代入して

$$5a^2-20a-25=0$$
$$a^2-4a-5=0$$
$$(a+1)(a-5)=0$$

よって $a=-1, 5$

⑤より $a=-1$ のとき $b=-2$

$a=5$ のとき $b=10$

ゆえに C$(-1, -2, 0)$, $(5, 10, 0)$

← △ABC が正三角形

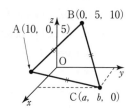

座標平面上の点
➡ xy 平面上 $(a, b, 0)$, yz 平面上 $(0, b, c)$, zx 平面上 $(a, 0, c)$

191 $\overrightarrow{AB}=\vec{a}$, $\overrightarrow{AD}=\vec{b}$, $\overrightarrow{AE}=\vec{c}$ とする。

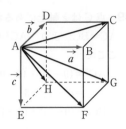

(1) （左辺）$=\overrightarrow{AC}+\overrightarrow{AF}+\overrightarrow{AH}$

$\qquad\qquad =(\overrightarrow{AB}+\overrightarrow{BC})+(\overrightarrow{AB}+\overrightarrow{BF})+(\overrightarrow{AD}+\overrightarrow{DH})$

$\qquad\qquad =(\vec{a}+\vec{b})+(\vec{a}+\vec{c})+(\vec{b}+\vec{c})$

$\qquad\qquad =2(\vec{a}+\vec{b}+\vec{c})$

$\quad$（右辺）$=2\overrightarrow{AG}$

$\qquad\qquad =2(\overrightarrow{AB}+\overrightarrow{BC}+\overrightarrow{CG})$

$\qquad\qquad =2(\vec{a}+\vec{b}+\vec{c})$

$\quad$よって，$\overrightarrow{AC}+\overrightarrow{AF}+\overrightarrow{AH}=2\overrightarrow{AG}$ が成り立つ。 🔴

(2) $\overrightarrow{BH}=x\overrightarrow{AC}+y\overrightarrow{AF}+z\overrightarrow{AH}$ について

$\quad$（左辺）$=\overrightarrow{BA}+\overrightarrow{AD}+\overrightarrow{DH}$

$\qquad\qquad =-\vec{a}+\vec{b}+\vec{c}$

$\quad$（右辺）

$=x(\overrightarrow{AB}+\overrightarrow{BC})+y(\overrightarrow{AB}+\overrightarrow{BF})+z(\overrightarrow{AD}+\overrightarrow{DH})$

$=x(\vec{a}+\vec{b})+y(\vec{a}+\vec{c})+z(\vec{b}+\vec{c})$

$=(x+y)\vec{a}+(x+z)\vec{b}+(y+z)\vec{c}$

$\vec{a}$, $\vec{b}$, $\vec{c}$ は１次独立であるから

$$\begin{cases} x+y=-1 &\cdots① \\ x+z=1 &\cdots② \\ y+z=1 &\cdots③ \end{cases}$$

①－②より $\quad y-z=-2 \quad\cdots④$

③＋④より

$\qquad 2y=-1$ すなわち $y=-\dfrac{1}{2}$

①，③より

$\qquad x=-\dfrac{1}{2}$, $z=\dfrac{3}{2}$

よって

$\qquad x=-\dfrac{1}{2}$, $y=-\dfrac{1}{2}$, $z=\dfrac{3}{2}$

空間ベクトルの分解

空間の $\vec{0}$ でない３つのベクトル $\vec{a}$, $\vec{b}$, $\vec{c}$ において

$\overrightarrow{OA}=\vec{a}$, $\overrightarrow{OB}=\vec{b}$, $\overrightarrow{OC}=\vec{c}$

となる４点 O, A, B, C が同一平面上にないとき，

$\vec{a}$, $\vec{b}$, $\vec{c}$ は１次独立であるという。

このとき，ベクトル $\vec{p}$ は

$\vec{p}=s\vec{a}+t\vec{b}+u\vec{c}$

の形でただ１通りに表せる。

$$\boxed{\vec{a},\ \vec{b}\ \text{が１次独立} \Rightarrow \begin{array}{l} s\vec{a}+t\vec{b}+u\vec{c}=s'\vec{a}+t'\vec{b}+u'\vec{c} \\ \Leftrightarrow s=s' \text{ かつ } t=t' \text{ かつ } u=u' \end{array}}$$

---

192 (1) $2\vec{a}=2(1,\ -2,\ 1)$

$\qquad\qquad =(2,\ -4,\ 2)$

$\qquad |2\vec{a}|=\sqrt{2^2+(-4)^2+2^2}$

$\qquad\qquad =\sqrt{24}=2\sqrt{6}$

← $|2\vec{a}|=2|\vec{a}|$

$=2\sqrt{1^2+(-2)^2+1^2}$

として求めてもよい。

(2) $4\vec{a}-\vec{b}=4(1,\ -2,\ 1)-(-2,\ 1,\ 6)$
$\qquad\qquad =(4,\ -8,\ 4)-(-2,\ 1,\ 6)$
$\qquad\qquad =(6,\ -9,\ -2)$
$\qquad |4\vec{a}-\vec{b}|=\sqrt{6^2+(-9)^2+(-2)^2}$
$\qquad\qquad\quad =\sqrt{121}=11$

(3) $3\vec{a}-2(2\vec{a}-\vec{b})=3\vec{a}-4\vec{a}+2\vec{b}$
$\qquad\qquad\qquad\quad =-\vec{a}+2\vec{b}$
$\qquad\qquad\qquad\quad =-(1,\ -2,\ 1)+2(-2,\ 1,\ 6)$
$\qquad\qquad\qquad\quad =(-1,\ 2,\ -1)+(-4,\ 2,\ 12)$
$\qquad\qquad\qquad\quad =(-5,\ 4,\ 11)$
$\qquad |3\vec{a}-2(2\vec{a}-\vec{b})|=\sqrt{(-5)^2+4^2+11^2}$
$\qquad\qquad\qquad\qquad =\sqrt{162}=9\sqrt{2}$

← 整理してから成分で表す。

$\vec{a}=(a_1,\ a_2,\ a_3)$ の大きさは ➡ $|\vec{a}|=\sqrt{a_1{}^2+a_2{}^2+a_3{}^2}$

---

193 (1) $\overrightarrow{AB}=(3-2,\ -1-(-3),\ -1-1)$
$\qquad\qquad =(1,\ 2,\ -2)$
$\qquad |\overrightarrow{AB}|=\sqrt{1^2+2^2+(-2)^2}$
$\qquad\qquad\quad =\sqrt{9}=3$

(2) $\overrightarrow{AC}=(0-2,\ -1-(-3),\ 2-1)$
$\qquad\qquad =(-2,\ 2,\ 1)$
であるから
$\qquad \overrightarrow{AB}+\overrightarrow{AC}=(1,\ 2,\ -2)+(-2,\ 2,\ 1)$
$\qquad\qquad\qquad\quad =(-1,\ 4,\ -1)$
$\qquad |\overrightarrow{AB}+\overrightarrow{AC}|=\sqrt{(-1)^2+4^2+(-1)^2}$
$\qquad\qquad\qquad\quad =\sqrt{18}=3\sqrt{2}$

(3) $\overrightarrow{BC}=(0-3,\ -1-(-1),\ 2-(-1))$
$\qquad\qquad =(-3,\ 0,\ 3)$
であるから
$\qquad 2\overrightarrow{BC}-\overrightarrow{AC}=2(-3,\ 0,\ 3)-(-2,\ 2,\ 1)$
$\qquad\qquad\qquad\quad =(-6,\ 0,\ 6)-(-2,\ 2,\ 1)$
$\qquad\qquad\qquad\quad =(-4,\ -2,\ 5)$
$\qquad |2\overrightarrow{BC}-\overrightarrow{AC}|=\sqrt{(-4)^2+(-2)^2+5^2}$
$\qquad\qquad\qquad\quad =\sqrt{45}=3\sqrt{5}$

$A(a_1,\ a_2,\ a_3),\ B(b_1,\ b_2,\ b_3)$ のとき
➡ $\overrightarrow{AB}=(b_1-a_1,\ b_2-a_2,\ b_3-a_3)$
$\qquad |\overrightarrow{AB}|=\sqrt{(b_1-a_1)^2+(b_2-a_2)^2+(b_3-a_3)^2}$

---

194 (1) $\overrightarrow{AC}\cdot\overrightarrow{AD}=|\overrightarrow{AC}||\overrightarrow{AD}|\cos 45°$

$$=\sqrt{2}\times 1\times\frac{1}{\sqrt{2}}=1$$

(2) $\overrightarrow{AF}\cdot\overrightarrow{AD}=|\overrightarrow{AF}||\overrightarrow{AD}|\cos 90°=0$

(3) $\overrightarrow{AB}\cdot\overrightarrow{HG}=|\overrightarrow{AB}||\overrightarrow{HG}|\cos 0°$

$$=1\times 1\times 1=1$$

← 離れているベクトルのなす角は始点をそろえて考える。

(4) $\overrightarrow{DB}\cdot\overrightarrow{FE}=|\overrightarrow{DB}||\overrightarrow{FE}|\cos 135°$

$$=\sqrt{2}\times 1\times\left(-\frac{1}{\sqrt{2}}\right)=-1$$

(5) △ACF は正三角形であるから

$\overrightarrow{AC}\cdot\overrightarrow{AF}=|\overrightarrow{AC}||\overrightarrow{AF}|\cos 60°$

$$=\sqrt{2}\times\sqrt{2}\times\frac{1}{2}=1$$

(6) 右の図において

$|\overrightarrow{AG}|=\sqrt{3}$

$|\overrightarrow{HF}|=|\overrightarrow{AJ}|=\sqrt{2}$

$|\overrightarrow{JG}|=\sqrt{5}$

より

$\angle GAJ=90°$

であるから

$\overrightarrow{AG}\cdot\overrightarrow{HF}=|\overrightarrow{AG}||\overrightarrow{HF}|\cos 90°=0$

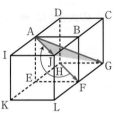

← △GAJ において,
三平方の定理が成り立つ。

> ベクトルの内積 ➡ 2 つのベクトルの始点をそろえてなす角を考える

---

195 (1) $\vec{a}\cdot\vec{b}=1\times 2+0\times(-1)+1\times 1=3$

$|\vec{a}|=\sqrt{1^2+0^2+1^2}=\sqrt{2}$

$|\vec{b}|=\sqrt{2^2+(-1)^2+1^2}=\sqrt{6}$

よって $\cos\theta=\dfrac{\vec{a}\cdot\vec{b}}{|\vec{a}||\vec{b}|}=\dfrac{3}{\sqrt{2}\sqrt{6}}=\dfrac{\sqrt{3}}{2}$

$0°\leqq\theta\leqq 180°$ より $\theta=30°$

(2) $\vec{a}\cdot\vec{b}=(-2)\times 4+2\times(-5)+1\times 3=-15$

$|\vec{a}|=\sqrt{(-2)^2+2^2+1^2}=3$

$|\vec{b}|=\sqrt{4^2+(-5)^2+3^2}=\sqrt{50}=5\sqrt{2}$

よって $\cos\theta=\dfrac{\vec{a}\cdot\vec{b}}{|\vec{a}||\vec{b}|}=\dfrac{-15}{3\times 5\sqrt{2}}=-\dfrac{1}{\sqrt{2}}$

$0°\leqq\theta\leqq 180°$ より $\theta=135°$

(3) $\vec{a}\cdot\vec{b}=2\times 3+(-1)\times 0+3\times(-2)=0$

よって $\vec{a}\perp\vec{b}$

ゆえに $\theta=90°$

ベクトルの内積となす角 θ

$\vec{a}=(a_1,\ a_2,\ a_3)$,

$\vec{b}=(b_1,\ b_2,\ b_3)$ のとき

内積 $\vec{a}\cdot\vec{b}=a_1 b_1+a_2 b_2+a_3 b_3$

大きさ $|\vec{a}|=\sqrt{a_1{}^2+a_2{}^2+a_3{}^2}$

$|\vec{b}|=\sqrt{b_1{}^2+b_2{}^2+b_3{}^2}$

なす角 $\theta(0°\leqq\theta\leqq 180°)$ について

$$\cos\theta=\frac{\vec{a}\cdot\vec{b}}{|\vec{a}||\vec{b}|}$$

← $\vec{a}\cdot\vec{b}=0\iff\vec{a}\perp\vec{b}$

196 四角形 ABCD が平行四辺形となるのは
$\overrightarrow{AB}=\overrightarrow{DC}$ のときである。
$\overrightarrow{AB}=(x-1,\ 4,\ -3)$, $\overrightarrow{DC}=(2,\ y+6,\ 4-z)$ より
$$\begin{cases} x-1=2 & \cdots ① \\ 4=y+6 & \cdots ② \\ -3=4-z & \cdots ③ \end{cases}$$
①, ②, ③より $x=3$, $y=-2$, $z=7$

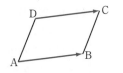

四角形 ABCD が平行四辺形
$\iff \overrightarrow{AB}=\overrightarrow{DC}$
（AB∥DC かつ AB=DC）

$\overrightarrow{AD}=\overrightarrow{BC}$ としてもよい。

197 $\vec{a} \parallel \vec{p}$ であるから,
$\vec{p}=k\vec{a}$ を満たす実数 k が存在する。
$\vec{p}=k(2,\ -2,\ 1)=(2k,\ -2k,\ k)$
$|\vec{p}|=2$ より $|\vec{p}|^2=4$ であるから
$(2k)^2+(-2k)^2+k^2=4$
$k^2=\dfrac{4}{9}$ よって $k=\pm\dfrac{2}{3}$

ゆえに $\vec{p}=\left(\dfrac{4}{3},\ -\dfrac{4}{3},\ \dfrac{2}{3}\right),\ \left(-\dfrac{4}{3},\ \dfrac{4}{3},\ -\dfrac{2}{3}\right)$

別解 $|\vec{a}|=3$ より,

$\vec{a}$ と平行な単位ベクトルは $\pm\dfrac{1}{3}\vec{a}$

よって, 求めるベクトルは $\pm\dfrac{2}{3}\vec{a}$

すなわち $\vec{p}=\left(\pm\dfrac{4}{3},\ \mp\dfrac{4}{3},\ \pm\dfrac{2}{3}\right)$

$\Leftarrow \vec{p}=\left(\pm\dfrac{4}{3},\ \mp\dfrac{4}{3},\ \pm\dfrac{2}{3}\right)$
（複号同順）とかいてもよい。

198 (1) $s\vec{a}+t\vec{b}+u\vec{c}$
$=s(1,\ 4,\ -1)+t(1,\ -2,\ 0)+u(2,\ -2,\ 1)$
$=(s+t+2u,\ 4s-2t-2u,\ -s+u)$
$\vec{p}=(7,\ 0,\ -1)$ と成分を比較して
$$\begin{cases} s+\ t+2u=\ \ 7 \cdots ① \\ 4s-2t-2u=\ \ 0 \cdots ② \\ -s\ \ \ \ \ +u=-1 \cdots ③ \end{cases}$$
①+②÷2 より
$\quad\quad s+t+2u=7 \quad \cdots ①$
$\underline{+)\ 2s-t-\ u=0 \quad \cdots ②÷2}$
$\quad\quad 3s\ \ \ +u=7 \quad \cdots ④$
③, ④を解いて $s=2$, $u=1$
これを①に代入して $t=3$
よって $\vec{p}=2\vec{a}+3\vec{b}+\vec{c}$

ベクトルの相等

$(a_1,\ a_2,\ a_3)=(b_1,\ b_2,\ b_3)$
$\iff a_1=b_1,\ a_2=b_2,\ a_3=b_3$

$\Leftarrow$ ③には未知数 t が含まれていないので, ①と②から t を消去する。

1章

ベクトル

(2) $s\vec{a}+t\vec{b}+u\vec{c}$
$=s(1,\ 4,\ -1)+t(1,\ -2,\ 0)+u(2,\ -2,\ 1)$
$=(s+t+2u,\ 4s-2t-2u,\ -s+u)$
$\vec{q}=(3,\ 6,\ 2)$ と成分を比較して

$$\begin{cases} s+\ t+2u=3 & \cdots① \\ 4s-2t-2u=6 & \cdots② \\ -s\ \ \ \ +u=2 & \cdots③ \end{cases}$$

①+②÷2 より

$s+t+2u=3 \quad\cdots①$

$\underline{+)\ 2s-t-\ u=3 \quad\cdots②÷2}$

$3s\ \ \ +u=6 \quad\cdots④$

③，④を解いて $s=1,\ u=3$

これを①に代入して $t=-4$

よって $\vec{q}=\vec{a}-4\vec{b}+3\vec{c}$

◀③には未知数 t が含まれていないので，①と②から t を消去する。

199 (1) $\vec{c}\perp\vec{a}$ より $\vec{c}\cdot\vec{a}=3x-6=0 \quad\cdots①$

$\ \vec{c}\perp\vec{b}$ より $\vec{c}\cdot\vec{b}=-4x+12+z=0 \quad\cdots②$

①より $x=2$

②に代入して $-8+12+z=0$

よって $z=-4$

◀$\vec{p}\perp\vec{q} \Longleftrightarrow \vec{p}\cdot\vec{q}=0$

(2) 求めるベクトルを $\vec{e}=(x,\ y,\ z)$ とおくと

$\vec{e}\perp\vec{a}$ より $\vec{e}\cdot\vec{a}=3x-y=0 \quad\cdots①$

$\vec{e}\perp\vec{b}$ より $\vec{e}\cdot\vec{b}=-4x+2y+z=0 \quad\cdots②$

$|\vec{e}|=1$ より $|\vec{e}|^2=x^2+y^2+z^2=1 \quad\cdots③$

①より $y=3x \quad\cdots④$

④を②に代入すると $-4x+2\times3x+z=0$

よって $z=-2x \quad\cdots⑤$

④，⑤を③に代入すると

$x^2+(3x)^2+(-2x)^2=1$ より $14x^2=1$

ゆえに $x=\pm\dfrac{1}{\sqrt{14}}$

これを④，⑤に代入すると

$y=\pm\dfrac{3}{\sqrt{14}},\ z=\mp\dfrac{2}{\sqrt{14}}$ （複号同順）

したがって

$\vec{e}=\left(\dfrac{1}{\sqrt{14}},\ \dfrac{3}{\sqrt{14}},\ -\dfrac{2}{\sqrt{14}}\right),\ \left(-\dfrac{1}{\sqrt{14}},\ -\dfrac{3}{\sqrt{14}},\ \dfrac{2}{\sqrt{14}}\right)$

◀$\vec{p}\perp\vec{q} \Longleftrightarrow \vec{p}\cdot\vec{q}=0$

◀単位ベクトルは大きさが1

◀y を x のみで表す。

◀z も x のみで表す。

◀$y,\ z$ を消去して，x のみの式ができる。

◀$\vec{e}=\left(\pm\dfrac{1}{\sqrt{14}},\ \pm\dfrac{3}{\sqrt{14}},\ \mp\dfrac{2}{\sqrt{14}}\right)$

（複号同順） とかいてもよい。

別解 (1)より, $\vec{c}=(2,\ 6,\ -4)$ は

$\vec{a}$, $\vec{b}$ の両方に垂直であるから,

$\vec{c}$ に平行な単位ベクトルが求める $\vec{e}$ である。

$|\vec{c}|=\sqrt{2^2+6^2+(-4)^2}=2\sqrt{14}$ であるから

$$\vec{e}=\pm\frac{\vec{c}}{|\vec{c}|}$$

$$=\pm\frac{1}{2\sqrt{14}}(2,\ 6,\ -4)$$

$$=\left(\pm\frac{1}{\sqrt{14}},\ \pm\frac{3}{\sqrt{14}},\ \mp\frac{2}{\sqrt{14}}\right)\ \text{（複号同順）}$$

ベクトルの垂直条件 ➡ 空間でも $\vec{a}\perp\vec{b}\iff\vec{a}\cdot\vec{b}=0$

200 $\vec{c}=(-1,\ 2,\ 3)+t(2,\ 3,\ 1)$

$\qquad=(2t-1,\ 3t+2,\ t+3)$

であるから

$\quad|\vec{c}|^2=(2t-1)^2+(3t+2)^2+(t+3)^2$

$\qquad=14t^2+14t+14$

$\qquad=14\left\{\left(t+\dfrac{1}{2}\right)^2-\dfrac{1}{4}\right\}+14=14\left(t+\dfrac{1}{2}\right)^2+\dfrac{21}{2}$

よって, $|\vec{c}|^2$ は $t=-\dfrac{1}{2}$ のとき最小値 $\dfrac{21}{2}$

ゆえに, $|\vec{c}|$ は $t=-\dfrac{1}{2}$ のとき最小値 $\dfrac{\sqrt{42}}{2}$

このとき $\vec{c}=\left(-2,\ \dfrac{1}{2},\ \dfrac{5}{2}\right)$

◀ 求めるのは, $|\vec{c}|^2$ ではなく $|\vec{c}|$ の最小値。

$|\vec{c}|$ の最大・最小 ➡ $|\vec{c}|^2$ の最大・最小を考える

201 (1) $\overrightarrow{AB}=\vec{b}-\vec{a}=-\vec{a}+\vec{b}$

$\qquad\quad\overrightarrow{BC}=\vec{c}-\vec{b}=-\vec{b}+\vec{c}$

(2) $\vec{p}=\dfrac{1\vec{a}+2\vec{b}}{2+1}=\dfrac{1}{3}\vec{a}+\dfrac{2}{3}\vec{b}$

(3) $\vec{q}=\dfrac{-2\vec{a}+5\vec{b}}{5-2}=-\dfrac{2}{3}\vec{a}+\dfrac{5}{3}\vec{b}$

(4) $\vec{g}=\dfrac{\vec{a}+\vec{b}+\vec{c}}{3}$

分点・重心の位置ベクトル

3点 $A(\vec{a})$, $B(\vec{b})$, $C(\vec{c})$ について

① 線分 AB を $m:n$ に分ける点 $P(\vec{p})$ は

内分点 $\vec{p}=\dfrac{n\vec{a}+m\vec{b}}{m+n}$

外分点 $\vec{p}=\dfrac{-n\vec{a}+m\vec{b}}{m-n}$

② $\triangle ABC$ の重心 $G(\vec{g})$ は

$\vec{g}=\dfrac{\vec{a}+\vec{b}+\vec{c}}{3}$

空間における内分点, 外分点, 重心の位置ベクトル ➡ 平面の場合と同じ

202 (1) 中点は

$$\left(\frac{1+6}{2},\ \frac{2+7}{2},\ \frac{3+(-2)}{2}\right)$$

より $\left(\dfrac{7}{2},\ \dfrac{9}{2},\ \dfrac{1}{2}\right)$

内分点は

$$\left(\frac{3\times1+2\times6}{2+3},\ \frac{3\times2+2\times7}{2+3},\ \frac{3\times3+2\times(-2)}{2+3}\right)$$

より $(3,\ 4,\ 1)$

外分点は

$$\left(\frac{-3\times1+2\times6}{2-3},\ \frac{-3\times2+2\times7}{2-3},\ \frac{-3\times3+2\times(-2)}{2-3}\right)$$

より $(-9,\ -8,\ 13)$

(2) 中点は

$$\left(\frac{2+(-3)}{2},\ \frac{5+0}{2},\ \frac{-1+4}{2}\right)$$

より $\left(-\dfrac{1}{2},\ \dfrac{5}{2},\ \dfrac{3}{2}\right)$

内分点は

$$\left(\frac{3\times2+2\times(-3)}{2+3},\ \frac{3\times5+2\times0}{2+3},\ \frac{3\times(-1)+2\times4}{2+3}\right)$$

より $(0,\ 3,\ 1)$

外分点は

$$\left(\frac{-3\times2+2\times(-3)}{2-3},\ \frac{-3\times5+2\times0}{2-3},\ \frac{-3\times(-1)+2\times4}{2-3}\right)$$

より $(12,\ 15,\ -11)$

203 (1) $\left(\dfrac{1+2+3}{3},\ \dfrac{4+(-5)+(-2)}{3},\ \dfrac{(-3)+1+2}{3}\right)$

より $G(2,\ -1,\ 0)$

(2) $D(a,\ b,\ c)$ とおくと,

△ABD の重心は

$$\left(\frac{1+2+a}{3},\ \frac{4+(-5)+b}{3},\ \frac{(-3)+1+c}{3}\right)$$

であり,これが $C(3,\ -2,\ 2)$ と一致するから

$$\frac{a+3}{3}=3,\ \frac{b-1}{3}=-2,\ \frac{c-2}{3}=2$$

よって $a=6,\ b=-5,\ c=8$

ゆえに $D(6,\ -5,\ 8)$

内分点・外分点

$A(x_1,\ y_1,\ z_1)$, $B(x_2,\ y_2,\ z_2)$
について,線分 AB を $m:n$
に分ける点
内分点

$\left(\dfrac{nx_1+mx_2}{m+n},\ \dfrac{ny_1+my_2}{m+n},\ \dfrac{nz_1+mz_2}{m+n}\right)$

外分点

$\left(\dfrac{-nx_1+mx_2}{m-n},\ \dfrac{-ny_1+my_2}{m-n},\ \dfrac{-nz_1+mz_2}{m-n}\right)$

三角形の重心

3点 $A(x_1,\ y_1,\ z_1)$,
$\quad$ $B(x_2,\ y_2,\ z_2)$,
$\quad$ $C(x_3,\ y_3,\ z_3)$
について,△ABC の重心は
$\left(\dfrac{x_1+x_2+x_3}{3},\ \dfrac{y_1+y_2+y_3}{3},\ \dfrac{z_1+z_2+z_3}{3}\right)$

204 点 C は xy 平面上にあるから，

C$(a, b, 0)$ とおく。

3点 A，B，C が一直線上にあるから，

$\overrightarrow{\text{AC}}=k\overrightarrow{\text{AB}}$ を満たす実数 k が存在する。

$\overrightarrow{\text{AC}}=(a-1, b-3, -2)$

$\overrightarrow{\text{AB}}=(-1-1, 4-3, 1-2)=(-2, 1, -1)$

であるから

$(a-1, b-3, -2)=k(-2, 1, -1)$

より

$\begin{cases} a-1=-2k & \cdots① \\ b-3=k & \cdots② \\ -2=-k & \cdots③ \end{cases}$

③から $k=2$

これを①，②に代入して $a=-3, b=5$

よって C$(-3, 5, 0)$

← $\overrightarrow{\text{AB}}=k\overrightarrow{\text{AC}}$ でもよいが

$(-2, 1, -1)$

$=k(a-1, b-3, -2)$

となり，計算が複雑になる。

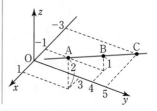

3点 A，B，C が一直線上にある ➡ $\overrightarrow{\text{AC}}=k\overrightarrow{\text{AB}}$（$k$ は実数）と表せる

---

205 $\overrightarrow{\text{AB}}=\vec{b}$, $\overrightarrow{\text{AC}}=\vec{c}$, $\overrightarrow{\text{AD}}=\vec{d}$ とする。

$\overrightarrow{\text{PQ}}=\overrightarrow{\text{AQ}}-\overrightarrow{\text{AP}}=\dfrac{2\vec{b}+\vec{c}}{1+2}-\dfrac{2}{3}\vec{b}=\dfrac{1}{3}\vec{c}$

$\overrightarrow{\text{SR}}=\overrightarrow{\text{AR}}-\overrightarrow{\text{AS}}=\dfrac{\vec{c}+2\vec{d}}{2+1}-\dfrac{2}{3}\vec{d}=\dfrac{1}{3}\vec{c}$

よって $\overrightarrow{\text{PQ}}=\overrightarrow{\text{SR}}$

ゆえに，四角形 PQRS は平行四辺形である。🔚

← 頂点 A を基準とする位置ベクトルを考える。

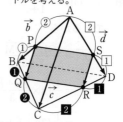

位置ベクトルの利用 ➡ 基準の点は原点以外でもよい
（頂点，分点，重心なども考えてみる）

---

206 C(a, b, c) とおく。

線分 BC の中点 $\left(\dfrac{1+a}{2}, \dfrac{2+b}{2}, \dfrac{3+c}{2}\right)$ が

点 A$(3, -2, 1)$ と一致するから

$\dfrac{1+a}{2}=3$, $\dfrac{2+b}{2}=-2$, $\dfrac{3+c}{2}=1$

よって $a=5, b=-6, c=-1$

ゆえに C$(5, -6, -1)$

別解

点 C は線分 AB を $1:2$ に外分する点であるから

$$\left(\frac{-2\times3+1\times1}{1-2},\ \frac{-2\times(-2)+1\times2}{1-2},\ \frac{-2\times1+1\times3}{1-2}\right)$$

よって C$(5,\ -6,\ -1)$

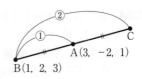

207 点 A は x 軸上にあるから A$(a,\ 0,\ 0)$,

点 B は yz 平面上にあるから B$(0,\ b,\ c)$ とおく。

線分 AB を $3:1$ に外分する点は

$$\left(\frac{-1\times a+3\times0}{3-1},\ \frac{-1\times0+3\times b}{3-1},\ \frac{-1\times0+3\times c}{3-1}\right)$$

すなわち $\left(-\dfrac{a}{2},\ \dfrac{3}{2}b,\ \dfrac{3}{2}c\right)$

であり，これが C$(-1,\ 6,\ -3)$ と一致するから

$$-\frac{a}{2}=-1,\quad \frac{3}{2}b=6,\quad \frac{3}{2}c=-3$$

よって $a=2,\ b=4,\ c=-2$

ゆえに A$(2,\ 0,\ 0)$, B$(0,\ 4,\ -2)$

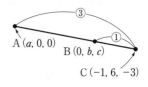

208 (1) $\overrightarrow{\mathrm{OL}}=\dfrac{2\vec{a}+1\vec{b}}{1+2}=\dfrac{2\vec{a}+\vec{b}}{3}$, $\overrightarrow{\mathrm{OM}}=\dfrac{1}{2}\vec{c}$

であるから

$$\overrightarrow{\mathrm{ON}}=\frac{3\overrightarrow{\mathrm{OL}}+2\overrightarrow{\mathrm{OM}}}{2+3}$$

$$=\frac{1}{5}\left(3\times\frac{2\vec{a}+\vec{b}}{3}+2\times\frac{1}{2}\vec{c}\right)$$

$$=\frac{1}{5}(2\vec{a}+\vec{b}+\vec{c})=\frac{2}{5}\vec{a}+\frac{1}{5}\vec{b}+\frac{1}{5}\vec{c}$$

また，G は △OBC の重心であるから

$$\overrightarrow{\mathrm{OG}}=\frac{\overrightarrow{\mathrm{OO}}+\overrightarrow{\mathrm{OB}}+\overrightarrow{\mathrm{OC}}}{3}$$

$$=\frac{1}{3}(\vec{b}+\vec{c})=\frac{1}{3}\vec{b}+\frac{1}{3}\vec{c}$$

(2) (1)より

$$\overrightarrow{\mathrm{AN}}=\overrightarrow{\mathrm{ON}}-\overrightarrow{\mathrm{OA}}$$

$$=\left(\frac{2}{5}\vec{a}+\frac{1}{5}\vec{b}+\frac{1}{5}\vec{c}\right)-\vec{a}$$

$$=\frac{1}{5}(\vec{b}+\vec{c}-3\vec{a}) \quad \cdots\text{①}$$

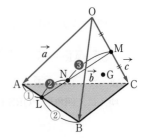

← △■●★ の重心を G とすると
$$\overrightarrow{\mathrm{OG}}=\frac{\overrightarrow{\mathrm{O■}}+\overrightarrow{\mathrm{O●}}+\overrightarrow{\mathrm{O★}}}{3}$$

$$\overrightarrow{AG}=\overrightarrow{OG}-\overrightarrow{OA}=\frac{1}{3}(\vec{b}+\vec{c})-\vec{a}$$

$$=\frac{1}{3}(\vec{b}+\vec{c}-3\vec{a}) \quad \cdots ②$$

①，②より $\overrightarrow{AN}=\frac{3}{5}\overrightarrow{AG}$

よって，3 点 A，N，G は一直線上にある。**終**

← ②より $\vec{b}+\vec{c}-3\vec{a}=3\overrightarrow{AG}$

①より $\overrightarrow{AN}=\frac{1}{5}\times3\overrightarrow{AG}$

「3 点 A，B，C が一直線上」の証明 ➡ 空間でも，$\overrightarrow{AB}=k\overrightarrow{AC}$ を示す

---

209 (1) 点 H は直線 l 上の点であるから，

$\overrightarrow{OH}=\overrightarrow{OA}+t\overrightarrow{AB}$（$t$ は実数） と表される。

$\overrightarrow{AB}=(6,\ 9,\ -3)$ より

$\overrightarrow{OH}=(1,\ 0,\ 3)+t(6,\ 9,\ -3)$

$=(1+6t,\ 9t,\ 3-3t)$

よって

$\overrightarrow{PH}=\overrightarrow{OH}-\overrightarrow{OP}$

$=(1+6t,\ 9t,\ 3-3t)-(0,\ 12,\ 9)$

$=(1+6t,\ -12+9t,\ -6-3t)$

ここで，$\overrightarrow{PH}\perp\overrightarrow{AB}$ より $\overrightarrow{PH}\cdot\overrightarrow{AB}=0$ であるから

$(1+6t)\times6+(-12+9t)\times9+(-6-3t)\times(-3)=0$

$(1+6t)\times2+(-12+9t)\times3+(-6-3t)\times(-1)=0$

整理して $42t-28=0$

ゆえに $t=\frac{2}{3}$

このとき，$\overrightarrow{OH}=(5,\ 6,\ 1)$ より

H$(5,\ 6,\ 1)$

← 点 A を通り，$\overrightarrow{AB}$ に平行な直線のベクトル方程式

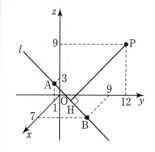

別解

$|\overrightarrow{PH}|$ が最小のとき，l と PH は垂直になる。

$\overrightarrow{PH}=(1+6t,\ -12+9t,\ -6-3t)$ より

$|\overrightarrow{PH}|^2=(1+6t)^2+(-12+9t)^2+(-6-3t)^2$

$=126t^2-168t+181$

$=126\left(t-\frac{2}{3}\right)^2+125$

よって，$|\overrightarrow{PH}|$ は $t=\frac{2}{3}$ のとき最小となる。

このとき，$\overrightarrow{OH}=(5,\ 6,\ 1)$ より

H$(5,\ 6,\ 1)$

← 距離が最小となるとき，垂直になるから，実際に PH の距離を求める。

点 H が直線 AB 上 ➡ $\overrightarrow{OH}=\overrightarrow{OA}+t\overrightarrow{AB}$

---

(2) $|\overrightarrow{\text{AB}}|=\sqrt{6^2+9^2+(-3)^2}$
$\qquad\ =\sqrt{126}=3\sqrt{14}$

(1)より
$\qquad \overrightarrow{\text{PH}}=(5,\ -6,\ -8)$
であるから
$\qquad |\overrightarrow{\text{PH}}|=\sqrt{5^2+(-6)^2+(-8)^2}$
$\qquad\qquad\ =\sqrt{125}=5\sqrt{5}$

よって $\quad S=\dfrac{1}{2}|\overrightarrow{\text{AB}}||\overrightarrow{\text{PH}}|$
$\qquad\qquad\ =\dfrac{1}{2}\times 3\sqrt{14}\times 5\sqrt{5}$
$\qquad\qquad\ =\dfrac{15\sqrt{70}}{2}$

(3) 中心が $\text{H}(5,\ 6,\ 1)$ で zx 平面に接するから，
球の半径は $\quad |6|=6$
よって，求める球面は
$\qquad (x-5)^2+(y-6)^2+(z-1)^2=36$

$\Leftarrow$ $\overrightarrow{\text{AB}}=3(2,\ 3,\ -1)$ より
$|\overrightarrow{\text{AB}}|=3\sqrt{2^2+3^2+(-1)^2}=3\sqrt{14}$
と計算してもよい。

$\Leftarrow$ 底辺を AB，高さを PH と考える。

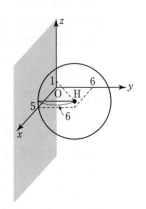

中心 $(a,\ b,\ c)$，半径 r の球面の方程式 $\Rightarrow$ $(x-a)^2+(y-b)^2+(z-c)^2=r^2$

---

210 (1) 直線 l 上の点を $\text{P}(x,\ y,\ z)$ とすると，
$\qquad \overrightarrow{\text{OP}}=\overrightarrow{\text{OM}}+t\overrightarrow{\text{MN}}$ （t は実数） と表される。
$\qquad \overrightarrow{\text{MN}}=(2,\ 4,\ -4)$ より
$\qquad \overrightarrow{\text{OP}}=(0,\ 0,\ 3)+t(2,\ 4,\ -4)$
$\qquad\qquad\ =(2t,\ 4t,\ 3-4t)$
よって $x=2t,\ y=4t,\ z=3-4t$
平面 ABCD の方程式は $z=2$ であるから
$\qquad 3-4t=2$ より $\quad t=\dfrac{1}{4}$

ゆえに，求める交点は $\left(\dfrac{1}{2},\ 1,\ 2\right)$

また，平面 DCGH の方程式は $y=2$ であるから
$\qquad 4t=2$ より $\quad t=\dfrac{1}{2}$

したがって，求める交点は $(1,\ 2,\ 1)$

$\Leftarrow$ 点 M を通り，$\overrightarrow{\text{MN}}$ に平行な直線のベクトル方程式

$\Leftarrow x=2\times\dfrac{1}{4}=\dfrac{1}{2}$
$\quad y=4\times\dfrac{1}{4}=1$

$\Leftarrow x=2\times\dfrac{1}{2}=1$
$\quad z=3-4\times\dfrac{1}{2}=1$

(2) $\quad OP^2 = |\overrightarrow{OP}|^2$

$\qquad\qquad = (2t)^2 + (4t)^2 + (3-4t)^2$

$\qquad\qquad = 36t^2 - 24t + 9$

$\qquad\qquad = 36\left(t - \dfrac{1}{3}\right)^2 + 5$

よって，OP^2 は $t = \dfrac{1}{3}$ のとき最小値 5

ゆえに，OP は $t = \dfrac{1}{3}$ のとき最小値 $\sqrt{5}$

← t の 2 次関数とみて
平方完成する。

← 求めるのは OP^2 ではなく
OP の最小値

別解　$OP \perp l$ のとき，OP は最小になるから

$\qquad \overrightarrow{OP} \perp \overrightarrow{MN}$ より $\overrightarrow{OP} \cdot \overrightarrow{MN} = 0$

$\qquad 2t \times 2 + 4t \times 4 + (3-4t) \times (-4) = 0$

$\qquad 36t - 12 = 0$

よって $\quad t = \dfrac{1}{3}$

このとき $\quad \overrightarrow{OP} = \left(\dfrac{2}{3},\ \dfrac{4}{3},\ \dfrac{5}{3}\right)$

ゆえに，求める最小値は

$\qquad |\overrightarrow{OP}| = \sqrt{\left(\dfrac{2}{3}\right)^2 + \left(\dfrac{4}{3}\right)^2 + \left(\dfrac{5}{3}\right)^2}$

$\qquad\qquad\quad = \sqrt{\dfrac{45}{9}} = \sqrt{5}$

211 点 P が平面 ABC 上にあるとき，

$\overrightarrow{AP} = m\overrightarrow{AB} + n\overrightarrow{AC}$ となる実数 m，n が存在する。

$\qquad \overrightarrow{AP} = (x-1,\ -3,\ 1)$

$\qquad \overrightarrow{AB} = (1,\ 0,\ -2)$

$\qquad \overrightarrow{AC} = (-2,\ 3,\ -5)$

であるから

$\quad (x-1,\ -3,\ 1) = m(1,\ 0,\ -2) + n(-2,\ 3,\ -5)$

$\qquad\qquad\qquad\quad = (m-2n,\ 3n,\ -2m-5n)$

よって

$\begin{cases} x-1 = m-2n & \cdots\text{①} \\ -3 = 3n & \cdots\text{②} \\ 1 = -2m-5n & \cdots\text{③} \end{cases}$

②，③より $\quad n = -1$，$m = 2$

ゆえに，①より $\quad x = 5$

同一平面上にある条件
一直線上にない 3 点 A, B, C で定まる平面を α とすると 　　点 P が α 上 $\iff \overrightarrow{AP} = m\overrightarrow{AB} + n\overrightarrow{AC}$ となる実数 m, n が存在

1 章

ベクトル

別解　点 P が平面 ABC 上にあるのは
$$\overrightarrow{\mathrm{OP}}=s\overrightarrow{\mathrm{OA}}+t\overrightarrow{\mathrm{OB}}+u\overrightarrow{\mathrm{OC}} \quad (s+t+u=1)$$
となる実数 s, t が存在するときであるから
$$(x,\ -4,\ 2)$$
$$=s(1,\ -1,\ 1)+t(2,\ -1,\ -1)+u(-1,\ 2,\ -4)$$
$$=(s+2t-u,\ -s-t+2u,\ s-t-4u)$$
よって
$$\begin{cases} x=s+2t-u \\ -4=-s-t+2u \\ 2=s-t-4u \end{cases}$$
これと $s+t+u=1$ を連立して解くと
$$s=0,\ t=2,\ u=-1,\ x=5$$

同一平面上にある条件

一直線上にない 3 点 A, B, C
で定まる平面を α とすると
$$\overrightarrow{\mathrm{OP}}=s\overrightarrow{\mathrm{OA}}+t\overrightarrow{\mathrm{OB}}+u\overrightarrow{\mathrm{OC}}$$
$$(s,\ t,\ u\ は実数)$$
について
点 P が α 上 $\iff s+t+u=1$

212 (1) G は $\triangle \mathrm{ABC}$ の重心であるから
$$\overrightarrow{\mathrm{OG}}=\frac{1}{3}(\overrightarrow{\mathrm{OA}}+\overrightarrow{\mathrm{OB}}+\overrightarrow{\mathrm{OC}})$$
$$=\frac{1}{3}\overrightarrow{\mathrm{OA}}+\frac{1}{3}\overrightarrow{\mathrm{OB}}+\frac{1}{3}\overrightarrow{\mathrm{OC}}$$

(2) 点 P は直線 OG 上にあるから，
$\overrightarrow{\mathrm{OP}}=k\overrightarrow{\mathrm{OG}}$ となる実数 k が存在する。
よって
$$\overrightarrow{\mathrm{OP}}=\frac{k}{3}\overrightarrow{\mathrm{OA}}+\frac{k}{3}\overrightarrow{\mathrm{OB}}+\frac{k}{3}\overrightarrow{\mathrm{OC}} \quad \cdots\text{①}$$
ここで，点 L, M はそれぞれ辺 OB, OC の中点
であるから
$$\overrightarrow{\mathrm{OL}}=\frac{1}{2}\overrightarrow{\mathrm{OB}},\ \overrightarrow{\mathrm{OM}}=\frac{1}{2}\overrightarrow{\mathrm{OC}}$$
すなわち
$$\overrightarrow{\mathrm{OB}}=2\overrightarrow{\mathrm{OL}},\ \overrightarrow{\mathrm{OC}}=2\overrightarrow{\mathrm{OM}}$$
ゆえに
$$\overrightarrow{\mathrm{OP}}=\frac{k}{3}\overrightarrow{\mathrm{OA}}+\frac{2}{3}k\overrightarrow{\mathrm{OL}}+\frac{2}{3}k\overrightarrow{\mathrm{OM}}$$
点 P は平面 ALM 上にあるから
$$\frac{k}{3}+\frac{2}{3}k+\frac{2}{3}k=1 \quad \text{より} \quad k=\frac{3}{5}$$
①に代入して
$$\overrightarrow{\mathrm{OP}}=\frac{1}{5}\overrightarrow{\mathrm{OA}}+\frac{1}{5}\overrightarrow{\mathrm{OB}}+\frac{1}{5}\overrightarrow{\mathrm{OC}}$$

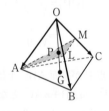

← 点 P は平面 ALM 上にあるから
$$\overrightarrow{\mathrm{OP}}=\bullet\overrightarrow{\mathrm{OA}}+\blacktriangle\overrightarrow{\mathrm{OL}}+\blacksquare\overrightarrow{\mathrm{OM}}$$
と表すと
$$\bullet+\blacktriangle+\blacksquare=1$$
が成り立つ。

別解 点 P は直線 OG 上にあるから，

$\overrightarrow{\text{OP}}=k\overrightarrow{\text{OG}}$ となる実数 k が存在する。

よって

$$\overrightarrow{\text{OP}}=\frac{k}{3}\overrightarrow{\text{OA}}+\frac{k}{3}\overrightarrow{\text{OB}}+\frac{k}{3}\overrightarrow{\text{OC}} \quad \cdots ①$$

また，点 P は平面 ALM 上にあるから，

$$\overrightarrow{\text{AP}}=m\overrightarrow{\text{AL}}+n\overrightarrow{\text{AM}}$$

となる実数 m, n が存在する。

ゆえに

$$\begin{aligned}
\overrightarrow{\text{OP}}&=\overrightarrow{\text{OA}}+\overrightarrow{\text{AP}}\\
&=\overrightarrow{\text{OA}}+m\overrightarrow{\text{AL}}+n\overrightarrow{\text{AM}}\\
&=\overrightarrow{\text{OA}}+m(\overrightarrow{\text{OL}}-\overrightarrow{\text{OA}})+n(\overrightarrow{\text{OM}}-\overrightarrow{\text{OA}})\\
&=(1-m-n)\overrightarrow{\text{OA}}+\frac{m}{2}\overrightarrow{\text{OB}}+\frac{n}{2}\overrightarrow{\text{OC}} \quad \cdots ②
\end{aligned}$$

← $\overrightarrow{\text{OL}}=\dfrac{1}{2}\overrightarrow{\text{OB}}$, $\overrightarrow{\text{OM}}=\dfrac{1}{2}\overrightarrow{\text{OC}}$

$\overrightarrow{\text{OA}}$, $\overrightarrow{\text{OB}}$, $\overrightarrow{\text{OC}}$ は 1 次独立であるから，

①，②より

$$\begin{cases} \dfrac{k}{3}=1-m-n & \cdots ③\\[2mm] \dfrac{k}{3}=\dfrac{m}{2} & \cdots ④\\[2mm] \dfrac{k}{3}=\dfrac{n}{2} & \cdots ⑤ \end{cases}$$

④，⑤より

$$m=\frac{2}{3}k, \ n=\frac{2}{3}k$$

これを③に代入して

$$\frac{k}{3}=1-\frac{2}{3}k-\frac{2}{3}k \quad \text{より} \quad k=\frac{3}{5}$$

①に代入して

$$\overrightarrow{\text{OP}}=\frac{1}{5}\overrightarrow{\text{OA}}+\frac{1}{5}\overrightarrow{\text{OB}}+\frac{1}{5}\overrightarrow{\text{OC}}$$

点 P が平面 ABC 上にある条件

➡ $\overrightarrow{\text{OP}}=s\overrightarrow{\text{OA}}+t\overrightarrow{\text{OB}}+u\overrightarrow{\text{OC}}$ （$s+t+u=1$）となる実数 s, t, u が存在する

$\overrightarrow{\text{AP}}=m\overrightarrow{\text{AB}}+n\overrightarrow{\text{AC}}$ となる実数 m, n が存在する

213

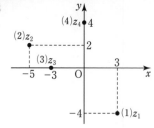

← (1) $z_1 = 3 - 4i$

(2) $z_2 = -5 + 2i$

(3) $z_3 = -3$

(4) $z_4 = 4i$

214 (1) 実軸に関して対称な点 $4 - 3i$

虚軸に関して対称な点 $-4 + 3i$

原点に関して対称な点 $-4 - 3i$

(2) 実軸に関して対称な点 $-2 - 3i$

虚軸に関して対称な点 $2 + 3i$

原点に関して対称な点 $2 - 3i$

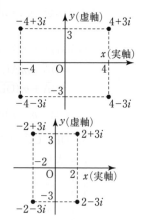

215 (1) $z = 1 + 2i$

(2) $\overline{z} = 1 - 2i$ 　　　　(実軸対称)

(3) $-z = -1 - 2i$ 　　　(原点対称)

(4) $-\overline{z} = -1 + 2i$ 　　(虚軸対称)

(5) $iz = i(1 + 2i) = -2 + i$

(6) $2z = 2(1 + 2i) = 2 + 4i$

(7) $\dfrac{z + \overline{z}}{2} = \dfrac{1 + 2i + 1 - 2i}{2} = 1$ 　　　(z の実部)

(8) $\dfrac{z - \overline{z}}{2} = \dfrac{1 + 2i - (1 - 2i)}{2} = 2i$ 　$\left(\begin{array}{l} \dfrac{z - \overline{z}}{2i}\ \text{は} \\ z\ \text{の虚部} \end{array}\right)$

となるから，これらを図示すると次のようになる。

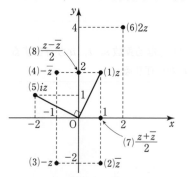

← $z = a + bi$ に対して

$$\dfrac{z + \overline{z}}{2} = \dfrac{(a + bi) + (a - bi)}{2}$$

$$= a$$

よって，$\dfrac{z + \overline{z}}{2}$ は z の実部。

$$\dfrac{z - \overline{z}}{2} = \dfrac{(a + bi) - (a - bi)}{2}$$

$$= bi$$

よって $\dfrac{z - \overline{z}}{2i} = b$

ゆえに，$\dfrac{z - \overline{z}}{2i}$ は z の虚部。

216 (1) $\alpha+\beta=(2+i)+(-1+2i)=1+3i$

(2) $\alpha-\beta=(2+i)-(-1+2i)=3-i$

(3) $\alpha+2\beta=(2+i)+2(-1+2i)=5i$

(4) $-2\alpha-2\beta=-2(2+i)-2(-1+2i)=-2-6i$

となるから，これらを図示すると次のようになる。

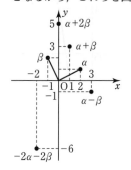

217 3点 O，α，β が一直線上にあることより，$\beta=k\alpha$ となる実数 k が存在する。

$-6+xi=k(3-2i)$

$-6+xi=3k-2ki$

よって $3k=-6$，$-2k=x$

これを解いて $k=-2$，$x=4$

右側: ◀ 3点 O，α，β が一直線上にある $\Longleftrightarrow$ $\beta=k\alpha$ となる実数 k が存在する

218 (1) $|3-4i|=\sqrt{3^2+(-4)^2}=\sqrt{25}=5$

(2) $|-\sqrt{2}|=\sqrt{(-\sqrt{2})^2+0^2}=\sqrt{2}$

(3) $|\sqrt{3}\,i|=\sqrt{0^2+(\sqrt{3})^2}=\sqrt{3}$

(4) $\left|\dfrac{-1+\sqrt{3}\,i}{2}\right|=\sqrt{\left(-\dfrac{1}{2}\right)^2+\left(\dfrac{\sqrt{3}}{2}\right)^2}$

$\qquad\qquad\qquad =\sqrt{\dfrac{1}{4}+\dfrac{3}{4}}=1$

右側:

絶対値

$z=a+bi$ のとき
$|z|=\sqrt{a^2+b^2}$

◀ $\dfrac{-1+3i}{2}=-\dfrac{1}{2}+\dfrac{\sqrt{3}}{2}i$

219 (1) $\mathrm{OA}=|1+2i|$

$\qquad =\sqrt{1^2+2^2}$

$\qquad =\sqrt{5}$

(2) $\mathrm{AB}=|(2+5i)-(-1+i)|$

$\qquad =|3+4i|$

$\qquad =\sqrt{3^2+4^2}$

$\qquad =\sqrt{25}=5$

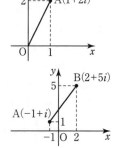

(3) $AB=|(3+i)-(-2i)|$
$\quad\ =|3+3i|$
$\quad\ =\sqrt{3^2+3^2}$
$\quad\ =3\sqrt{2}$

(4) $AB=|(2-3i)-(3+4i)|$
$\quad\ =|-1-7i|$
$\quad\ =\sqrt{(-1)^2+(-7)^2}=\sqrt{50}=5\sqrt{2}$

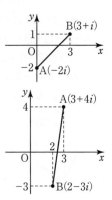

220 $z=a+bi$ ……①
$\bar{z}=a-bi$ ……② とする。

(1) ①+②より $2a=z+\bar{z}$

よって $a=\dfrac{z+\bar{z}}{2}$

(2) ①−②より $2bi=z-\bar{z}$

よって $b=\dfrac{z-\bar{z}}{2i}$

(3) $a-b=\dfrac{z+\bar{z}}{2}-\dfrac{z-\bar{z}}{2i}$

$\quad\ =\dfrac{z+\bar{z}}{2}-\dfrac{(z-\bar{z})\cdot i}{2i\cdot i}$

$\quad\ =\dfrac{z+\bar{z}}{2}+\dfrac{iz-i\bar{z}}{2}=\dfrac{1+i}{2}z+\dfrac{1-i}{2}\bar{z}$

← (1), (2)より

$a=\dfrac{z+\bar{z}}{2}$, $b=\dfrac{z-\bar{z}}{2i}$

を代入。

(4) $a^2-b^2=\left(\dfrac{z+\bar{z}}{2}\right)^2-\left(\dfrac{z-\bar{z}}{2i}\right)^2$

$\quad\ =\dfrac{z^2+2z\bar{z}+\bar{z}^2}{4}-\dfrac{z^2-2z\bar{z}+\bar{z}^2}{4i^2}$

$\quad\ =\dfrac{2z^2+2\bar{z}^2}{4}=\dfrac{z^2+\bar{z}^2}{2}$

221 (1) $\alpha+3\bar{\alpha}=2-3i$ ……① より
$\overline{\alpha+3\bar{\alpha}}=\overline{2-3i}$
$\bar{\alpha}+3\bar{\bar{\alpha}}=2+3i$
よって $\bar{\alpha}+3\alpha=2+3i$ ……②

(2) ①−②×3 より
$\quad\quad \alpha+3\bar{\alpha}=\ \ 2-3i$
$-)\ \ 9\alpha+3\bar{\alpha}=\ \ 6+9i$
$\overline{\quad -8\alpha\quad\quad\quad =-4-12i}$
$\quad\quad\quad \alpha=\dfrac{1}{2}+\dfrac{3}{2}i$

共役な複素数の性質
$\overline{(\bar{\alpha})}=\alpha$
$\overline{\alpha+\beta}=\bar{\alpha}+\bar{\beta}$
$\overline{\alpha-\beta}=\bar{\alpha}-\bar{\beta}$
$\overline{\alpha\beta}=\bar{\alpha}\,\bar{\beta}$
$\overline{\left(\dfrac{\alpha}{\beta}\right)}=\dfrac{\bar{\alpha}}{\bar{\beta}}$

← 右辺は共役な複素数の定義に
　従って変形する。
　$z=a+bi$ に対して
　$\bar{z}=a-bi$

222 絶対値を r，偏角を θ とする。

(1) $r=|\sqrt{3}+i|=\sqrt{(\sqrt{3})^2+1^2}=2$

$\cos\theta=\dfrac{\sqrt{3}}{2}$，$\sin\theta=\dfrac{1}{2}$ より　$\theta=\dfrac{\pi}{6}$

よって　$\sqrt{3}+i=2\left(\cos\dfrac{\pi}{6}+i\sin\dfrac{\pi}{6}\right)$

(2) $r=|1-i|=\sqrt{1^2+(-1)^2}=\sqrt{2}$

$\cos\theta=\dfrac{1}{\sqrt{2}}$，$\sin\theta=-\dfrac{1}{\sqrt{2}}$ より　$\theta=\dfrac{7}{4}\pi$

よって　$1-i=\sqrt{2}\left(\cos\dfrac{7}{4}\pi+i\sin\dfrac{7}{4}\pi\right)$

(3) $r=|3i|=\sqrt{0^2+3^2}=3$

$\cos\theta=0$，$\sin\theta=1$ より　$\theta=\dfrac{\pi}{2}$

よって　$3i=3\left(\cos\dfrac{\pi}{2}+i\sin\dfrac{\pi}{2}\right)$

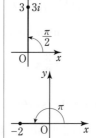

(4) $r=|-2|=\sqrt{(-2)^2+0^2}=2$

$\cos\theta=-1$，$\sin\theta=0$より　$\theta=\pi$

よって　$-2=2(\cos\pi+i\sin\pi)$

223 (1) $\overline{z}=\overline{r(\cos\theta+i\sin\theta)}$

$\qquad=r(\cos\theta-i\sin\theta)$

$\qquad=r\{\cos(-\theta)+i\sin(-\theta)\}$

(2) $\dfrac{1}{z}=\dfrac{\overline{z}}{z\overline{z}}=\dfrac{\overline{z}}{|z|^2}=\dfrac{r\{\cos(-\theta)+i\sin(-\theta)\}}{r^2}$

$\qquad=\dfrac{1}{r}\{\cos(-\theta)+i\sin(-\theta)\}$

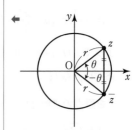

z と $\overline{z}$ は実軸対称であるから
$|\overline{z}|=|z|$，$\arg\overline{z}=-\theta$

← z_1z_2
$=r_1r_2\{\cos(\theta_1+\theta_2)+i\sin(\theta_1+\theta_2)\}$

224 (1) $z_1z_2=6\times3\left\{\cos\left(\dfrac{7}{12}\pi+\dfrac{\pi}{4}\right)+i\sin\left(\dfrac{7}{12}\pi+\dfrac{\pi}{4}\right)\right\}$

$\qquad=18\left(\cos\dfrac{5}{6}\pi+i\sin\dfrac{5}{6}\pi\right)$

$\qquad=18\left(-\dfrac{\sqrt{3}}{2}+\dfrac{1}{2}i\right)=-9\sqrt{3}+9i$

(2) $\dfrac{z_1}{z_2}=\dfrac{6}{3}\left\{\cos\left(\dfrac{7}{12}\pi-\dfrac{\pi}{4}\right)+i\sin\left(\dfrac{7}{12}\pi-\dfrac{\pi}{4}\right)\right\}$

$\qquad=2\left(\cos\dfrac{\pi}{3}+i\sin\dfrac{\pi}{3}\right)$

$\qquad=2\left(\dfrac{1}{2}+\dfrac{\sqrt{3}}{2}i\right)=1+\sqrt{3}\,i$

← $\dfrac{z_1}{z_2}$
$=\dfrac{r_1}{r_2}\{\cos(\theta_1-\theta_2)+i\sin(\theta_1-\theta_2)\}$

225 (1) $r=|\alpha|=\sqrt{(\sqrt{3})^2+(-1)^2}=2$

$\cos\theta=\dfrac{\sqrt{3}}{2}$, $\sin\theta=-\dfrac{1}{2}$ より $\theta=\dfrac{11}{6}\pi$

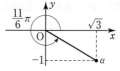

(2) $r=|\beta|=\sqrt{1^2+(\sqrt{3})^2}=2$

$\cos\theta=\dfrac{1}{2}$, $\sin\theta=\dfrac{\sqrt{3}}{2}$ より $\theta=\dfrac{\pi}{3}$

(3) $r=|\alpha\beta|=|\alpha||\beta|=2\cdot2=4$

$\arg(\alpha\beta)=\arg\alpha+\arg\beta=\dfrac{11}{6}\pi+\dfrac{\pi}{3}=\dfrac{13}{6}\pi$

ここで, $\dfrac{13}{6}\pi=2\pi+\dfrac{\pi}{6}$ より $\theta=\dfrac{\pi}{6}$

← 偏角 θ は $0\leqq\theta<2\pi$

(4) $r=\left|\dfrac{\alpha}{\beta}\right|=\dfrac{|\alpha|}{|\beta|}=\dfrac{2}{2}=1$

$\arg\dfrac{\alpha}{\beta}=\arg\alpha-\arg\beta=\dfrac{11}{6}\pi-\dfrac{\pi}{3}=\dfrac{3}{2}\pi$

よって $\theta=\dfrac{3}{2}\pi$

226 $z=r(\cos\theta+i\sin\theta)$ とおく。

(1) $i=\cos\dfrac{\pi}{2}+i\sin\dfrac{\pi}{2}$ より

$iz=r\left\{\cos\left(\theta+\dfrac{\pi}{2}\right)+i\sin\left(\theta+\dfrac{\pi}{2}\right)\right\}$

よって $|iz|=r$, $\arg(iz)=\theta+\dfrac{\pi}{2}$

ゆえに, iz は

z を原点のまわりに $\dfrac{\pi}{2}$ だけ回転移動した点。

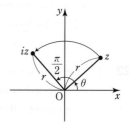

(2) $\dfrac{1+\sqrt{3}i}{2}=\cos\dfrac{\pi}{3}+i\sin\dfrac{\pi}{3}$ より

$\left(\dfrac{1+\sqrt{3}i}{2}\right)z=r\left\{\cos\left(\theta+\dfrac{\pi}{3}\right)+i\sin\left(\theta+\dfrac{\pi}{3}\right)\right\}$

← $\dfrac{1+\sqrt{3}i}{2}=\dfrac{1}{2}+\dfrac{\sqrt{3}}{2}i$

よって

$\left|\left(\dfrac{1+\sqrt{3}i}{2}\right)z\right|=r$, $\arg\left\{\left(\dfrac{1+\sqrt{3}i}{2}\right)z\right\}=\theta+\dfrac{\pi}{3}$

ゆえに, $\left(\dfrac{1+\sqrt{3}i}{2}\right)z$ は

z を原点のまわりに $\dfrac{\pi}{3}$ だけ回転移動した点。

(3) $1-i=\sqrt{2}\left\{\cos\left(-\dfrac{\pi}{4}\right)+i\sin\left(-\dfrac{\pi}{4}\right)\right\}$ より

← $1-i=\sqrt{2}\left(\dfrac{1}{\sqrt{2}}-\dfrac{1}{\sqrt{2}}i\right)$

$(1-i)z=\sqrt{2}r\left\{\cos\left(\theta-\dfrac{\pi}{4}\right)+i\sin\left(\theta-\dfrac{\pi}{4}\right)\right\}$

よって $|(1-i)z|=\sqrt{2}\,r$, $\arg\{(1-i)z\}=\theta-\dfrac{\pi}{4}$

ゆえに，$(1-i)z$ は

z を原点のまわりに $-\dfrac{\pi}{4}$ だけ回転し，

原点からの距離を $\sqrt{2}$ 倍にした点。

227 $\cos\dfrac{\pi}{3}+i\sin\dfrac{\pi}{3}=\dfrac{1}{2}+\dfrac{\sqrt{3}}{2}i$ より

$$\left(\dfrac{1}{2}+\dfrac{\sqrt{3}}{2}i\right)\times(2+\sqrt{3}\,i)=1+\dfrac{\sqrt{3}}{2}i+\sqrt{3}\,i+\dfrac{3}{2}i^2$$

$$=-\dfrac{1}{2}+\dfrac{3\sqrt{3}}{2}i$$

228 $z^2+2z+2=0$ を解くと $z=-1\pm i$

$z=-1+i$ のとき

$|z|=\sqrt{(-1)^2+1^2}=\sqrt{2}$, $\arg(-1+i)=\dfrac{3}{4}\pi$ ← $\cos\theta=-\dfrac{1}{\sqrt{2}}$, $\sin\theta=\dfrac{1}{\sqrt{2}}$

$z=-1-i$ のとき

$|z|=\sqrt{(-1)^2+(-1)^2}=\sqrt{2}$, $\arg(-1-i)=\dfrac{5}{4}\pi$ ← $\cos\theta=-\dfrac{1}{\sqrt{2}}$, $\sin\theta=-\dfrac{1}{\sqrt{2}}$

よって

$$z=\sqrt{2}\left(\cos\dfrac{3}{4}\pi+i\sin\dfrac{3}{4}\pi\right),$$

$$\sqrt{2}\left(\cos\dfrac{5}{4}\pi+i\sin\dfrac{5}{4}\pi\right)$$

229 (1) $z_1=1+\sqrt{3}\,i=2\left(\cos\dfrac{\pi}{3}+i\sin\dfrac{\pi}{3}\right)$

$z_2=1+i=\sqrt{2}\left(\cos\dfrac{\pi}{4}+i\sin\dfrac{\pi}{4}\right)$

であるから

$\left|\dfrac{z_1}{z_2}\right|=\dfrac{2}{\sqrt{2}}=\sqrt{2}$, $\arg\dfrac{z_1}{z_2}=\dfrac{\pi}{3}-\dfrac{\pi}{4}=\dfrac{\pi}{12}$ ← $\left|\dfrac{z_1}{z_2}\right|=\dfrac{|z_1|}{|z_2|}$

よって $\dfrac{z_1}{z_2}=\sqrt{2}\left(\cos\dfrac{\pi}{12}+i\sin\dfrac{\pi}{12}\right)$ $\arg\dfrac{z_1}{z_2}=\arg z_1-\arg z_2$

(2) $\dfrac{z_1}{z_2}=\dfrac{1+\sqrt{3}\,i}{1+i}=\dfrac{(1+\sqrt{3}\,i)(1-i)}{(1+i)(1-i)}$

$=\dfrac{1+\sqrt{3}+(\sqrt{3}-1)i}{2}$

$=\dfrac{\sqrt{3}+1}{2}+\dfrac{\sqrt{3}-1}{2}i$

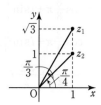

(3) (1), (2)を比較すると

$$\sqrt{2}\cos\frac{\pi}{12}=\frac{\sqrt{3}+1}{2}$$

$$\sqrt{2}\sin\frac{\pi}{12}=\frac{\sqrt{3}-1}{2}$$

よって

$$\cos\frac{\pi}{12}=\frac{\sqrt{6}+\sqrt{2}}{4},\ \ \sin\frac{\pi}{12}=\frac{\sqrt{6}-\sqrt{2}}{4}$$

← (1), (2)で求めた $\frac{z_1}{z_2}$ は同じ値 であるから，実部と虚部がそれ ぞれ一致する。

複素数の相等

a, b, c, d が実数のとき
$a+bi=c+di \Longleftrightarrow a=c,\ b=d$

230 △OAB が正三角形であるから，点 B は点 A を原点のまわりに $\frac{\pi}{3}$ または $-\frac{\pi}{3}$ だけ回転した点である。

よって

$$\beta=\left\{\cos\left(\pm\frac{\pi}{3}\right)+i\sin\left(\pm\frac{\pi}{3}\right)\right\}(3+i)$$

$$=\left(\frac{1}{2}\pm\frac{\sqrt{3}}{2}i\right)(3+i)$$

$$=\frac{3}{2}+\frac{1}{2}i\pm\frac{3\sqrt{3}}{2}i\mp\frac{\sqrt{3}}{2}$$

$$=\frac{3}{2}\mp\frac{\sqrt{3}}{2}+\left(\frac{1}{2}\pm\frac{3\sqrt{3}}{2}\right)i \quad \text{（複号同順）}$$

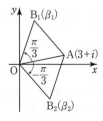

231 $z_1z_2=\{r_1(\cos\theta_1+i\sin\theta_1)\}\{r_2(\cos\theta_2+i\sin\theta_2)\}$

$\qquad=r_1r_2\{\cos\theta_1\cos\theta_2-\sin\theta_1\sin\theta_2$

$\qquad\qquad\qquad+i(\sin\theta_1\cos\theta_2+\cos\theta_1\sin\theta_2)\}$

ここで

$\cos\theta_1\cos\theta_2-\sin\theta_1\sin\theta_2=\cos(\theta_1+\theta_2)$

$\sin\theta_1\cos\theta_2+\cos\theta_1\sin\theta_2=\sin(\theta_1+\theta_2)$

であるから

$z_1z_2=r_1r_2\{\cos(\theta_1+\theta_2)+i\sin(\theta_1+\theta_2)\}$ 終

232 (1) $\left(\cos\frac{\pi}{8}+i\sin\frac{\pi}{8}\right)^6$

$\qquad=\cos\frac{6}{8}\pi+i\sin\frac{6}{8}\pi$

$\qquad=\cos\frac{3}{4}\pi+i\sin\frac{3}{4}\pi$

$\qquad=-\frac{\sqrt{2}}{2}+\frac{\sqrt{2}}{2}i$

ド・モアブルの定理

$(\cos\theta+i\sin\theta)^n$
$=\cos n\theta+i\sin n\theta$

(2) $\left(\cos\dfrac{2}{3}\pi+i\sin\dfrac{2}{3}\pi\right)^7$

$=\cos\dfrac{14}{3}\pi+i\sin\dfrac{14}{3}\pi$

$=\cos\dfrac{2}{3}\pi+i\sin\dfrac{2}{3}\pi$

$=-\dfrac{1}{2}+\dfrac{\sqrt{3}}{2}i$

$\blacktriangleleft\ \dfrac{14}{3}\pi=4\pi+\dfrac{2}{3}\pi$

(3) $\dfrac{1}{\left(\cos\dfrac{\pi}{6}+i\sin\dfrac{\pi}{6}\right)^5}$

$=\left(\cos\dfrac{\pi}{6}+i\sin\dfrac{\pi}{6}\right)^{-5}$

$=\cos\left(-\dfrac{5}{6}\pi\right)+i\sin\left(-\dfrac{5}{6}\pi\right)$

$=-\dfrac{\sqrt{3}}{2}-\dfrac{1}{2}i$

(4) $\dfrac{1}{\left\{\cos\left(-\dfrac{\pi}{9}\right)+i\sin\left(-\dfrac{\pi}{9}\right)\right\}^9}$

$=\left\{\cos\left(-\dfrac{\pi}{9}\right)+i\sin\left(-\dfrac{\pi}{9}\right)\right\}^{-9}$

$=\cos\pi+i\sin\pi=-1$

◀ 偏角を $\dfrac{17}{9}\pi$ とするより, $-\dfrac{\pi}{9}$ とした方が -9 乗の計算が楽。

233 (1) $-1+i=\sqrt{2}\left(\cos\dfrac{3}{4}\pi+i\sin\dfrac{3}{4}\pi\right)$ であるから

$(-1+i)^{12}=\left\{\sqrt{2}\left(\cos\dfrac{3}{4}\pi+i\sin\dfrac{3}{4}\pi\right)\right\}^{12}$

$=(\sqrt{2})^{12}\left(\cos\dfrac{36}{4}\pi+i\sin\dfrac{36}{4}\pi\right)$

$=(\sqrt{2})^{12}(\cos 9\pi+i\sin 9\pi)$

$=64(\cos\pi+i\sin\pi)$

$=-64$

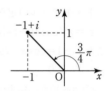

◀ $9\pi=8\pi+\pi$

(2) $\dfrac{\sqrt{3}-i}{2}=\cos\left(-\dfrac{\pi}{6}\right)+i\sin\left(-\dfrac{\pi}{6}\right)$

であるから

$\left(\dfrac{\sqrt{3}-i}{2}\right)^5=\left\{\cos\left(-\dfrac{\pi}{6}\right)+i\sin\left(-\dfrac{\pi}{6}\right)\right\}^5$

$=\cos\left(-\dfrac{5}{6}\pi\right)+i\sin\left(-\dfrac{5}{6}\pi\right)$

$=-\dfrac{\sqrt{3}}{2}-\dfrac{1}{2}i$

◀ 偏角を $\dfrac{11}{6}\pi$ とするより, $-\dfrac{\pi}{6}$ とした方が 5 乗の計算が楽。

(3) $3+\sqrt{3}\,i=2\sqrt{3}\left(\cos\dfrac{\pi}{6}+i\sin\dfrac{\pi}{6}\right)$

$\sqrt{3}+3i=2\sqrt{3}\left(\cos\dfrac{\pi}{3}+i\sin\dfrac{\pi}{3}\right)$

であるから

$$\dfrac{3+\sqrt{3}\,i}{\sqrt{3}+3i}=\dfrac{2\sqrt{3}\left(\cos\dfrac{\pi}{6}+i\sin\dfrac{\pi}{6}\right)}{2\sqrt{3}\left(\cos\dfrac{\pi}{3}+i\sin\dfrac{\pi}{3}\right)}$$

$$=\cos\left(\dfrac{\pi}{6}-\dfrac{\pi}{3}\right)+i\sin\left(\dfrac{\pi}{6}-\dfrac{\pi}{3}\right)$$

$$=\cos\left(-\dfrac{\pi}{6}\right)+i\sin\left(-\dfrac{\pi}{6}\right)$$

よって

$$\left(\dfrac{3+\sqrt{3}\,i}{\sqrt{3}+3i}\right)^{9}=\left\{\cos\left(-\dfrac{\pi}{6}\right)+i\sin\left(-\dfrac{\pi}{6}\right)\right\}^{9}$$

$$=\cos\left(-\dfrac{9}{6}\pi\right)+i\sin\left(-\dfrac{9}{6}\pi\right)$$

$$=\cos\left(-\dfrac{3}{2}\pi\right)+i\sin\left(-\dfrac{3}{2}\pi\right)=i$$

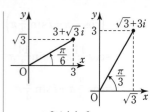

$\leftarrow \dfrac{\cos\theta_1+i\sin\theta_1}{\cos\theta_2+i\sin\theta_2}$
$=\cos(\theta_1-\theta_2)+i\sin(\theta_1-\theta_2)$

$(a+bi)^{n}$ の計算 ➡ $\{r(\cos\theta+i\sin\theta)\}^{n}=r^{n}(\cos n\theta+i\sin n\theta)$ の利用

---

234 $z=r(\cos\theta+i\sin\theta)$ とおく。

(1) ド・モアブルの定理より

$\quad z^{4}=r^{4}(\cos4\theta+i\sin4\theta)$ ……①

また $-1=\cos\pi+i\sin\pi$ ……②

①＝② より

$\quad r^{4}(\cos4\theta+i\sin4\theta)=\cos\pi+i\sin\pi$

両辺の絶対値と偏角を比較すると

$\quad r^{4}=1$ と $r>0$ より $r=1$

$\quad 4\theta=\pi+2k\pi$ （k は整数） より $\theta=\dfrac{\pi}{4}+\dfrac{k}{2}\pi$

よって

$$z_k=\cos\left(\dfrac{\pi}{4}+\dfrac{k}{2}\pi\right)+i\sin\left(\dfrac{\pi}{4}+\dfrac{k}{2}\pi\right)$$

$k=0$, 1, 2, 3 を代入して

$$z_0=\cos\dfrac{\pi}{4}+i\sin\dfrac{\pi}{4}=\dfrac{\sqrt{2}}{2}+\dfrac{\sqrt{2}}{2}i$$

$$z_1=\cos\dfrac{3}{4}\pi+i\sin\dfrac{3}{4}\pi=-\dfrac{\sqrt{2}}{2}+\dfrac{\sqrt{2}}{2}i$$

$\leftarrow 0\leqq\theta<2\pi$ の範囲では
$k=0$, 1, 2, 3 である。

$$z_2 = \cos\frac{5}{4}\pi + i\sin\frac{5}{4}\pi = -\frac{\sqrt{2}}{2} - \frac{\sqrt{2}}{2}i$$

$$z_3 = \cos\frac{7}{4}\pi + i\sin\frac{7}{4}\pi = \frac{\sqrt{2}}{2} - \frac{\sqrt{2}}{2}i$$

ゆえに $z = \dfrac{\sqrt{2}}{2} \pm \dfrac{\sqrt{2}}{2}i, \quad -\dfrac{\sqrt{2}}{2} \pm \dfrac{\sqrt{2}}{2}i$

解を図示すると，
右の図のようになる。

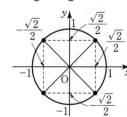

(2)　ド・モアブルの定理より

$$z^2 = r^2(\cos 2\theta + i\sin 2\theta) \qquad \cdots\cdots ①$$

また　$-i = \cos\dfrac{3}{2}\pi + i\sin\dfrac{3}{2}\pi \quad \cdots\cdots ②$

①＝②より

$$r^2(\cos 2\theta + i\sin 2\theta) = \cos\frac{3}{2}\pi + i\sin\frac{3}{2}\pi$$

両辺の絶対値と偏角を比較すると

$r^2 = 1$ と $r > 0$ より　$r = 1$

$2\theta = \dfrac{3}{2}\pi + 2k\pi$ （k は整数）より　$\theta = \dfrac{3}{4}\pi + k\pi$

← $0 \le \theta < 2\pi$ の範囲では $k = 0,\ 1$ である。

よって

$$z_k = \cos\left(\frac{3}{4}\pi + k\pi\right) + i\sin\left(\frac{3}{4}\pi + k\pi\right)$$

$k = 0,\ 1$ を代入して

$$z_0 = \cos\frac{3}{4}\pi + i\sin\frac{3}{4}\pi = -\frac{\sqrt{2}}{2} + \frac{\sqrt{2}}{2}i$$

$$z_1 = \cos\frac{7}{4}\pi + i\sin\frac{7}{4}\pi = \frac{\sqrt{2}}{2} - \frac{\sqrt{2}}{2}i$$

ゆえに　$z = -\dfrac{\sqrt{2}}{2} + \dfrac{\sqrt{2}}{2}i, \quad \dfrac{\sqrt{2}}{2} - \dfrac{\sqrt{2}}{2}i$

解を図示すると，
右の図のようになる。

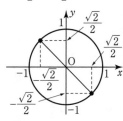

(3) ド・モアブルの定理より

$$z^6 = r^6(\cos 6\theta + i\sin 6\theta) \quad \cdots\cdots ①$$

また $1 = \cos 0 + i\sin 0 \quad \cdots\cdots ②$

①＝②より

$$r^6(\cos 6\theta + i\sin 6\theta) = \cos 0 + i\sin 0$$

両辺の絶対値と偏角を比較すると

$$r^6 = 1 \quad と \quad r > 0 \quad より \quad r = 1$$

$$6\theta = 0 + 2k\pi \quad (k \text{ は整数}) \quad より \quad \theta = \frac{k}{3}\pi$$

← $0 \leqq \theta < 2\pi$ の範囲では
$k = 0, 1, 2, 3, 4, 5$ である。

よって

$$z_k = \cos\frac{k}{3}\pi + i\sin\frac{k}{3}\pi$$

$k = 0, 1, 2, 3, 4, 5$ を代入して

$$z_0 = \cos 0 + i\sin 0 = 1$$

$$z_1 = \cos\frac{\pi}{3} + i\sin\frac{\pi}{3} = \frac{1}{2} + \frac{\sqrt{3}}{2}i$$

$$z_2 = \cos\frac{2}{3}\pi + i\sin\frac{2}{3}\pi = -\frac{1}{2} + \frac{\sqrt{3}}{2}i$$

$$z_3 = \cos\pi + i\sin\pi = -1$$

$$z_4 = \cos\frac{4}{3}\pi + i\sin\frac{4}{3}\pi = -\frac{1}{2} - \frac{\sqrt{3}}{2}i$$

$$z_5 = \cos\frac{5}{3}\pi + i\sin\frac{5}{3}\pi = \frac{1}{2} - \frac{\sqrt{3}}{2}i$$

よって $z = \pm 1, \ \frac{1}{2} \pm \frac{\sqrt{3}}{2}i, \ -\frac{1}{2} \pm \frac{\sqrt{3}}{2}i$

解を図示すると、
右の図のようになる。

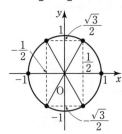

← z_0 と z_3 で ± 1
z_1 と z_5 で $\frac{1}{2} \pm \frac{\sqrt{3}}{2}i$
z_2 と z_4 で $-\frac{1}{2} \pm \frac{\sqrt{3}}{2}i$

(4) ド・モアブルの定理より

$$z^3 = r^3(\cos 3\theta + i\sin 3\theta) \quad \cdots\cdots ①$$

また $i = \cos\frac{\pi}{2} + i\sin\frac{\pi}{2} \quad \cdots\cdots ②$

①＝②より

$$r^3(\cos 3\theta + i\sin 3\theta) = \cos\frac{\pi}{2} + i\sin\frac{\pi}{2}$$

両辺の絶対値と偏角を比較すると

$r^3=1$ と $r>0$ より $r=1$

$3\theta=\dfrac{\pi}{2}+2k\pi$ (k は整数) より $\theta=\dfrac{\pi}{6}+\dfrac{2k}{3}\pi$

← $0\leqq\theta<2\pi$ の範囲では $k=0,\ 1,\ 2$ である。

よって

$$z_k=\cos\left(\dfrac{\pi}{6}+\dfrac{2k}{3}\pi\right)+i\sin\left(\dfrac{\pi}{6}+\dfrac{2k}{3}\pi\right)$$

$k=0,\ 1,\ 2$ を代入して

$$z_0=\cos\dfrac{\pi}{6}+i\sin\dfrac{\pi}{6}=\dfrac{\sqrt{3}}{2}+\dfrac{1}{2}i$$

$$z_1=\cos\dfrac{5}{6}\pi+i\sin\dfrac{5}{6}\pi=-\dfrac{\sqrt{3}}{2}+\dfrac{1}{2}i$$

$$z_2=\cos\dfrac{3}{2}\pi+i\sin\dfrac{3}{2}\pi=-i$$

よって $z=-i,\ \pm\dfrac{\sqrt{3}}{2}+\dfrac{1}{2}i$

解を図示すると，
右の図のようになる。

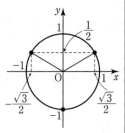

235 $z=r(\cos\theta+i\sin\theta)$ とおく。

(1) ド・モアブルの定理より

$$z^2=r^2(\cos2\theta+i\sin2\theta) \quad\cdots\cdots①$$

また $1+\sqrt{3}\,i=2\left(\cos\dfrac{\pi}{3}+i\sin\dfrac{\pi}{3}\right) \quad\cdots\cdots②$

①＝②より

$$r^2(\cos2\theta+i\sin2\theta)=2\left(\cos\dfrac{\pi}{3}+i\sin\dfrac{\pi}{3}\right)$$

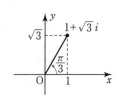

両辺の絶対値と偏角を比較すると

$r^2=2$ と $r>0$ より $r=\sqrt{2}$

$2\theta=\dfrac{\pi}{3}+2k\pi$ (k は整数) より $\theta=\dfrac{\pi}{6}+k\pi$

← $0\leqq\theta<2\pi$ の範囲では $k=0,\ 1$ である。

よって

$$z_k=\sqrt{2}\left\{\cos\left(\dfrac{\pi}{6}+k\pi\right)+i\sin\left(\dfrac{\pi}{6}+k\pi\right)\right\}$$

$k=0$, 1 を代入して

$$z_0 = \sqrt{2}\left(\cos\frac{\pi}{6} + i\sin\frac{\pi}{6}\right) = \frac{\sqrt{6}}{2} + \frac{\sqrt{2}}{2}i$$

$$z_1 = \sqrt{2}\left(\cos\frac{7}{6}\pi + i\sin\frac{7}{6}\pi\right) = -\frac{\sqrt{6}}{2} - \frac{\sqrt{2}}{2}i$$

ゆえに $z = \dfrac{\sqrt{6}}{2} + \dfrac{\sqrt{2}}{2}i,\ -\dfrac{\sqrt{6}}{2} - \dfrac{\sqrt{2}}{2}i$

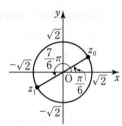

(2) ド・モアブルの定理より

$$z^3 = r^3(\cos3\theta + i\sin3\theta) \qquad \cdots\cdots\text{①}$$

また $2+2i = 2\sqrt{2}\left(\cos\dfrac{\pi}{4} + i\sin\dfrac{\pi}{4}\right)$ $\cdots\cdots$②

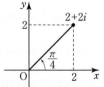

①=②より

$$r^3(\cos3\theta + i\sin3\theta) = 2\sqrt{2}\left(\cos\frac{\pi}{4} + i\sin\frac{\pi}{4}\right)$$

両辺の絶対値と偏角を比較すると

$r^3 = 2\sqrt{2}$ と $r>0$ より $r = \sqrt{2}$

$3\theta = \dfrac{\pi}{4} + 2k\pi$ (k は整数) より $\theta = \dfrac{\pi}{12} + \dfrac{2k}{3}\pi$

←$0 \leqq \theta < 2\pi$ の範囲では $k=0$, 1, 2 である。

よって

$$z_k = \sqrt{2}\left\{\cos\left(\frac{\pi}{12} + \frac{2k}{3}\pi\right) + i\sin\left(\frac{\pi}{12} + \frac{2k}{3}\pi\right)\right\}$$

$k=0$, 1, 2 を代入して

$$z_0 = \sqrt{2}\left(\cos\frac{\pi}{12} + i\sin\frac{\pi}{12}\right)$$

←$k=0$ のとき

ここで

$$\cos\frac{\pi}{12} = \cos\left(\frac{\pi}{4} - \frac{\pi}{6}\right)$$

←$\dfrac{\pi}{12} = \dfrac{3}{12}\pi - \dfrac{2}{12}\pi$ $= \dfrac{\pi}{4} - \dfrac{\pi}{6}$

$$= \cos\frac{\pi}{4}\cos\frac{\pi}{6} + \sin\frac{\pi}{4}\sin\frac{\pi}{6}$$

$$= \frac{\sqrt{2}}{2}\cdot\frac{\sqrt{3}}{2} + \frac{\sqrt{2}}{2}\cdot\frac{1}{2}$$

$$= \frac{\sqrt{6}+\sqrt{2}}{4}$$

$$\sin\frac{\pi}{12} = \sin\left(\frac{\pi}{4} - \frac{\pi}{6}\right)$$

$$= \sin\frac{\pi}{4}\cos\frac{\pi}{6} - \cos\frac{\pi}{4}\sin\frac{\pi}{6}$$

$$= \frac{\sqrt{2}}{2}\cdot\frac{\sqrt{3}}{2} - \frac{\sqrt{2}}{2}\cdot\frac{1}{2}$$

$$= \frac{\sqrt{6}-\sqrt{2}}{4}$$

ゆえに
$$z_0 = \sqrt{2}\left(\frac{\sqrt{6}+\sqrt{2}}{4} + \frac{\sqrt{6}-\sqrt{2}}{4}i\right)$$
$$= \frac{\sqrt{3}+1}{2} + \frac{\sqrt{3}-1}{2}i$$
$$z_1 = \sqrt{2}\left(\cos\frac{3}{4}\pi + i\sin\frac{3}{4}\pi\right)$$

← $k=1$ のとき

$$= \sqrt{2}\left(-\frac{\sqrt{2}}{2} + \frac{\sqrt{2}}{2}i\right)$$
$$= -1+i$$
$$z_2 = \sqrt{2}\left(\cos\frac{17}{12}\pi + i\sin\frac{17}{12}\pi\right)$$

← $k=2$ のとき

ここで
$$\cos\frac{17}{12}\pi = \cos\left(\frac{3}{4}\pi + \frac{2}{3}\pi\right)$$

← $\dfrac{17}{12}\pi = \dfrac{9}{12}\pi + \dfrac{8}{12}\pi$
$\qquad = \dfrac{3}{4}\pi + \dfrac{2}{3}\pi$

$$= \cos\frac{3}{4}\pi\cos\frac{2}{3}\pi - \sin\frac{3}{4}\pi\sin\frac{2}{3}\pi$$
$$= -\frac{\sqrt{2}}{2}\cdot\left(-\frac{1}{2}\right) - \frac{\sqrt{2}}{2}\cdot\frac{\sqrt{3}}{2}$$
$$= \frac{\sqrt{2}-\sqrt{6}}{4}$$
$$\sin\frac{17}{12}\pi = \sin\left(\frac{3}{4}\pi + \frac{2}{3}\pi\right)$$
$$= \sin\frac{3}{4}\pi\cos\frac{2}{3}\pi + \cos\frac{3}{4}\pi\sin\frac{2}{3}\pi$$
$$= \frac{\sqrt{2}}{2}\cdot\left(-\frac{1}{2}\right) - \frac{\sqrt{2}}{2}\cdot\frac{\sqrt{3}}{2}$$
$$= -\frac{\sqrt{2}+\sqrt{6}}{4}$$

ゆえに
$$z_2 = \sqrt{2}\left(\frac{\sqrt{2}-\sqrt{6}}{4} - \frac{\sqrt{2}+\sqrt{6}}{4}i\right)$$
$$= \frac{1-\sqrt{3}}{2} - \frac{1+\sqrt{3}}{2}i$$

以上より
$$z = -1+i,$$
$$\frac{1+\sqrt{3}}{2} - \frac{1-\sqrt{3}}{2}i, \quad \frac{1-\sqrt{3}}{2} - \frac{1+\sqrt{3}}{2}i$$

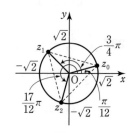

← $\dfrac{1\pm\sqrt{3}}{2} + \dfrac{-1\pm\sqrt{3}}{2}i$

（複号同順）
とすることもできる。

236 (1) $\dfrac{-1+\sqrt{3}\,i}{2}=\cos\dfrac{2}{3}\pi+i\sin\dfrac{2}{3}\pi$

$\dfrac{-1-\sqrt{3}\,i}{2}=\cos\left(-\dfrac{2}{3}\pi\right)+i\sin\left(-\dfrac{2}{3}\pi\right)$

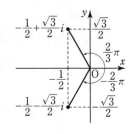

であるから

$\left(\dfrac{-1+\sqrt{3}\,i}{2}\right)^{30}+\left(\dfrac{-1-\sqrt{3}\,i}{2}\right)^{30}$

$=\left(\cos\dfrac{2}{3}\pi+i\sin\dfrac{2}{3}\pi\right)^{30}+\left\{\cos\left(-\dfrac{2}{3}\pi\right)+i\sin\left(-\dfrac{2}{3}\pi\right)\right\}^{30}$

$=\cos 20\pi+i\sin 20\pi+\cos(-20\pi)+i\sin(-20\pi)$

$=2\cos 20\pi$

$=2\times 1=2$

← $\sin(-\theta)=-\sin\theta$
$\cos(-\theta)=\cos\theta$

(2) $1+i=\sqrt{2}\left(\cos\dfrac{\pi}{4}+i\sin\dfrac{\pi}{4}\right)$

$1-i=\sqrt{2}\left\{\cos\left(-\dfrac{\pi}{4}\right)+i\sin\left(-\dfrac{\pi}{4}\right)\right\}$

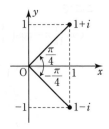

であるから

$(1+i)^{10}+(1-i)^{10}$

$=\left\{\sqrt{2}\left(\cos\dfrac{\pi}{4}+i\sin\dfrac{\pi}{4}\right)\right\}^{10}$

$\qquad+\left[\sqrt{2}\left\{\cos\left(-\dfrac{\pi}{4}\right)+i\sin\left(-\dfrac{\pi}{4}\right)\right\}\right]^{10}$

$=32\left(\cos\dfrac{5}{2}\pi+i\sin\dfrac{5}{2}\pi\right)$

$\qquad+32\left\{\cos\left(-\dfrac{5}{2}\pi\right)+i\sin\left(-\dfrac{5}{2}\pi\right)\right\}$

$=32\times 2\cos\dfrac{5}{2}\pi$

$=64\times 0=0$

237 $\left(\dfrac{\sqrt{3}+1}{2}+\dfrac{\sqrt{3}-1}{2}i\right)^{2}$

$=\dfrac{1}{4}\{(\sqrt{3}+1)^2+2(\sqrt{3}+1)(\sqrt{3}-1)i+(\sqrt{3}-1)^2i^2\}$

$=\dfrac{1}{4}\{(4+2\sqrt{3})+4i+(4-2\sqrt{3})(-1)\}$

$=\dfrac{1}{4}(4\sqrt{3}+4i)$

$=\sqrt{3}+i$

$=2\left(\cos\dfrac{\pi}{6}+i\sin\dfrac{\pi}{6}\right)$

← そのままの形では極形式で表せ
ないから，極形式で表せる形に
変形できないか考える。
ここでは，2乗すると極形式で
表せるようになる。

よって
$$\left(\frac{\sqrt{3}+1}{2}+\frac{\sqrt{3}-1}{2}i\right)^{12}=\left\{2\left(\cos\frac{\pi}{6}+i\sin\frac{\pi}{6}\right)\right\}^6$$
$$=64(\cos\pi+i\sin\pi)$$
$$=-64$$

238 $z=\dfrac{2}{1+\sqrt{3}\,i}=\dfrac{2(1-\sqrt{3}\,i)}{(1+\sqrt{3}\,i)(1-\sqrt{3}\,i)}$
$$=\frac{1-\sqrt{3}\,i}{2}$$

よって，$z=\cos\left(-\dfrac{\pi}{3}\right)+i\sin\left(-\dfrac{\pi}{3}\right)$ と表せる。

ゆえに $z^5+z=\left\{\cos\left(-\dfrac{\pi}{3}\right)+i\sin\left(-\dfrac{\pi}{3}\right)\right\}^5$
$$+\cos\left(-\frac{\pi}{3}\right)+i\sin\left(-\frac{\pi}{3}\right)$$
$$=\cos\left(-\frac{5}{3}\pi\right)+i\sin\left(-\frac{5}{3}\pi\right)$$
$$+\cos\left(-\frac{\pi}{3}\right)+i\sin\left(-\frac{\pi}{3}\right)$$
$$=\frac{1}{2}+\frac{\sqrt{3}}{2}i+\frac{1}{2}-\frac{\sqrt{3}}{2}i=1$$

239 $z+\dfrac{1}{z}=1$ より $z^2-z+1=0$ を解いて
$$z=\frac{1\pm\sqrt{3}\,i}{2}=\cos\left(\pm\frac{\pi}{3}\right)+i\sin\left(\pm\frac{\pi}{3}\right)$$
(複号同順，以下同じ)

$z^5-\dfrac{1}{z^5}=z^5-z^{-5}$
$$=\left\{\cos\left(\pm\frac{\pi}{3}\right)+i\sin\left(\pm\frac{\pi}{3}\right)\right\}^5$$
$$-\left\{\cos\left(\pm\frac{\pi}{3}\right)+i\sin\left(\pm\frac{\pi}{3}\right)\right\}^{-5}$$
$$=\cos\left(\pm\frac{5}{3}\pi\right)+i\sin\left(\pm\frac{5}{3}\pi\right)$$
$$-\left\{\cos\left(\mp\frac{5}{3}\pi\right)+i\sin\left(\mp\frac{5}{3}\pi\right)\right\}$$
$$=2i\sin\left(\pm\frac{5}{3}\pi\right)=\mp\sqrt{3}\,i$$

よって $\left|z^5-\dfrac{1}{z^5}\right|=|\mp\sqrt{3}\,i|=\sqrt{3}$

◀ そのままの形では極形式で表せ
ないから，分母・分子に分母の
共役複素数を掛けてみる。
$$z=\frac{2}{1+\sqrt{3}\,i}=\frac{1}{\dfrac{1+\sqrt{3}\,i}{2}}$$
$$=\frac{1}{\cos\dfrac{\pi}{3}+i\sin\dfrac{\pi}{3}}$$
$$=\cos\left(-\frac{\pi}{3}\right)+i\sin\left(-\frac{\pi}{3}\right)$$
と考えてもよい。

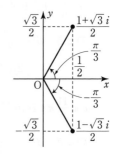

◀ $\cos\left(\mp\dfrac{5}{3}\pi\right)=\cos\left(\pm\dfrac{5}{3}\pi\right)$
$-\sin\left(\mp\dfrac{5}{3}\pi\right)=\sin\left(\pm\dfrac{5}{3}\pi\right)$

◀ $\sin\left(\pm\dfrac{5}{3}\pi\right)=\mp\sin\dfrac{\pi}{3}$

240 $\alpha\beta=-1$ より $\beta=-\dfrac{1}{\alpha}$

これを $\alpha^2=i\beta$ に代入すると $\alpha^2=i\left(-\dfrac{1}{\alpha}\right)$

整理して $\alpha^3=-i$

◀ β を消去して α だけの方程式にする。

$\alpha=r(\cos\theta+i\sin\theta)$ とおくと

$\alpha^3=r^3(\cos3\theta+i\sin3\theta)$ ……①

◀ ド・モアブルの定理

また $-i=\cos\dfrac{3}{2}\pi+i\sin\dfrac{3}{2}\pi$ ……②

①=②より

$r^3(\cos3\theta+i\sin3\theta)=\cos\dfrac{3}{2}\pi+i\sin\dfrac{3}{2}\pi$

両辺の絶対値と偏角を比較すると

$r^3=1$ と $r>0$ より $r=1$

$3\theta=\dfrac{3}{2}\pi+2k\pi$ (k は整数) より $\theta=\dfrac{\pi}{2}+\dfrac{2k}{3}\pi$

◀ $0\leqq\theta<2\pi$ の範囲では $k=0,\ 1,\ 2$ である。

よって

$\alpha_k=\cos\left(\dfrac{\pi}{2}+\dfrac{2k}{3}\pi\right)+i\sin\left(\dfrac{\pi}{2}+\dfrac{2k}{3}\pi\right)$

$k=0,\ 1,\ 2$ を代入して

$\alpha_0=\cos\dfrac{\pi}{2}+i\sin\dfrac{\pi}{2}=i$

このとき $\beta=i$

◀ $\beta=-\dfrac{1}{\alpha}$ に代入する。

$\alpha_1=\cos\dfrac{7}{6}\pi+i\sin\dfrac{7}{6}\pi=-\dfrac{\sqrt{3}}{2}-\dfrac{1}{2}i$

このとき $\beta=\dfrac{2}{\sqrt{3}+i}=\dfrac{2(\sqrt{3}-i)}{(\sqrt{3}+i)(\sqrt{3}-i)}$

$=\dfrac{2(\sqrt{3}-i)}{4}=\dfrac{\sqrt{3}-i}{2}$

$\alpha_2=\cos\dfrac{11}{6}\pi+i\sin\dfrac{11}{6}\pi=\dfrac{\sqrt{3}}{2}-\dfrac{1}{2}i$

このとき $\beta=-\dfrac{2}{\sqrt{3}-i}=-\dfrac{2(\sqrt{3}+i)}{(\sqrt{3}-i)(\sqrt{3}+i)}$

$=-\dfrac{2(\sqrt{3}+i)}{4}=-\dfrac{\sqrt{3}+i}{2}$

ゆえに

$(\alpha,\ \beta)=(i,\ i),$

$\left(-\dfrac{\sqrt{3}+i}{2},\ \dfrac{\sqrt{3}-i}{2}\right),$

$\left(\dfrac{\sqrt{3}-i}{2},\ -\dfrac{\sqrt{3}+i}{2}\right)$

241 (1) $\dfrac{(-1+i)+(3+5i)}{2}=1+3i$

よって　$\mathrm{M}(1+3i)$

(2) $\dfrac{1(-1+i)+3(3+5i)}{3+1}=2+4i$

よって　$\mathrm{C}(2+4i)$

(3) $\dfrac{-1(-1+i)+3(3+5i)}{3-1}=5+7i$

よって　$\mathrm{D}(5+7i)$

(4) 点 B′ を表す複素数を β とすると，

線分 BB′ の中点が A と一致するから

$\dfrac{(3+5i)+\beta}{2}=-1+i$　より　$\beta=-5-3i$

よって　$\mathrm{B}'(-5-3i)$

これらを図示すると

右の図のようになる。

← 線分 AB を $1:2$ に外分する点
と考えて

$\dfrac{-2(-1+i)+1(3+5i)}{1-2}$

$=-5-3i$

と求めてもよい。

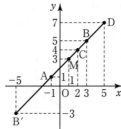

242 (1) 重心を表す複素数を z とすると

$z=\dfrac{(2+i)+(-4+3i)+(5+5i)}{3}$

$=\dfrac{3+9i}{3}=1+3i$

(2) 対角線 AC の中点と対角線 BD の中点

は一致するから，$\mathrm{D}(z)$ とおくと

$\dfrac{(2+i)+(5+5i)}{2}=\dfrac{(-4+3i)+z}{2}$

$7+6i=-4+3i+z$

よって　$z=11+3i$

（別解） $\mathrm{A}(\alpha)$, $\mathrm{B}(\beta)$, $\mathrm{C}(\gamma)$, $\mathrm{D}(z)$ とすると

$z-\gamma=\alpha-\beta$

であるから

$z=\alpha-\beta+\gamma$

$=(2+i)-(-4+3i)+(5+5i)$

$=11+3i$

← 重心

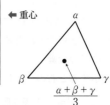

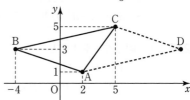

243 条件より $w=z+\alpha$ と表せるから

$$-1+3i=(a+5i)+(-2+bi)$$
$$=(a-2)+(5+b)i$$

a, b は実数であるから

$$-1=a-2, \quad 3=5+b$$

よって $a=1$, $b=-2$

← w は z を α だけ平行移動した点。

← 複素数の相等

244 (1) 点 i を中心とする半径 1 の円
図示すると右のようになる。

(2) 両辺を 2 で割って

$$\left|z-\frac{i}{2}\right|=1$$

よって

点 $\dfrac{i}{2}$ を中心とする半径 1 の円

図示すると右のようになる。

(3) P(z), A(1), B($2i$) とすると
AP=BP であるから
点 1 と点 $2i$ を結ぶ線分の
垂直二等分線
図示すると右のようになる。

(4) P(z), A(-1), B($2-i$)
とすると AP=BP であるから
点 -1 と点 $2-i$ を結ぶ線分の
垂直二等分線
図示すると右のようになる。

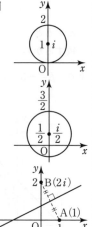

$|z-\alpha|=r$ の表す図形 ➡ 点 α を中心とする半径 r の円

$|z-\alpha|=|z-\beta|$ の表す図形 ➡ 2点 α, β を結ぶ線分の垂直二等分線

---

245 (1) 両辺を 2 乗すると

$$|z-4|^2=4|z-1|^2$$
$$(z-4)\overline{(z-4)}=4(z-1)\overline{(z-1)}$$
$$(z-4)(\overline{z}-4)=4(z-1)(\overline{z}-1)$$

展開して $z\overline{z}=4$

よって $|z|^2=4$

すなわち $|z|=2$

ゆえに，原点を中心とする半径 2 の円

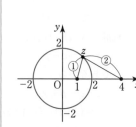

別解 $z=x+yi$ (x, y は実数) とおく。

$|z-4|=2|z-1|$ より

$|x+yi-4|=2|x+yi-1|$

$\sqrt{(x-4)^2+y^2}=2\sqrt{(x-1)^2+y^2}$

両辺を 2 乗すると

$x^2-8x+16+y^2=4(x^2-2x+1)+4y^2$

$3x^2+3y^2=12$

よって $x^2+y^2=4$

ゆえに，原点を中心とする半径 2 の円

(2) 両辺を 2 乗すると

$|z+2-i|^2=\{\sqrt{2}\,|z|\}^2$

$(z+2-i)(\overline{z+2-i})=2z\bar{z}$

$(z+2-i)(\bar{z}+2+i)=2z\bar{z}$

$z\bar{z}+(2+i)z+(2-i)\bar{z}+5=2z\bar{z}$

$z\bar{z}-(2+i)z-(2-i)\bar{z}-5=0$

$z\{\bar{z}-(2+i)\}-[(2-i)\{\bar{z}-(2+i)\}+(2-i)(2+i)]-5=0$

$\{z-(2-i)\}\{\bar{z}-(2+i)\}=10$

$\{z-(2-i)\}\{\overline{z-(2-i)}\}=10$

$|z-(2-i)|^2=10$

$|z-(2-i)|=\sqrt{10}$

よって，点 $2-i$ を中心とする半径 $\sqrt{10}$ の円

← $\{\bar{z}-(2+i)\}$ をそろえて，
$(2-i)(2+i)$ で帳尻合わせ。

← $\bar{z}-(2+i)$
$=\bar{z}-\overline{(2-i)}$
$=\overline{z-(2-i)}$

別解 $z=x+yi$ (x, y は実数) とすると

$|z+2-i|=\sqrt{2}\,|z|$ より

$|x+yi+2-i|=\sqrt{2}\,|x+yi|$

$\sqrt{(x+2)^2+(y-1)^2}=\sqrt{2}\sqrt{x^2+y^2}$

両辺を 2 乗すると

$x^2+4x+4+y^2-2y+1=2(x^2+y^2)$

$x^2+y^2-4x+2y=5$

$(x-2)^2+(y+1)^2=10$

よって，点 $2-i$ を中心とする半径 $\sqrt{10}$ の円

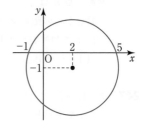

246 (1) $w=z+2$ より $z=w-2$

$|z|=1$ に代入して $|w-2|=1$

よって，点 2 を中心とする半径 1 の円

別解 点 w は点 z を 2 だけ平行移動したもの
であるから，点 2 を中心とする半径 1 の円

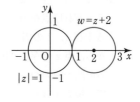

(2) $w = \dfrac{z+1}{2}$ より $z = 2w-1$

$|z| = 1$ に代入して $|2w-1| = 1$

よって $\left| w - \dfrac{1}{2} \right| = \dfrac{1}{2}$

ゆえに，点 $\dfrac{1}{2}$ を中心とする半径 $\dfrac{1}{2}$ の円

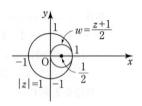

別解 $w = \dfrac{z+1}{2} = \dfrac{1}{2}z + \dfrac{1}{2}$

より，点 w は

原点からの距離を点 z の $\dfrac{1}{2}$ 倍に縮小し，

$\dfrac{1}{2}$ だけ平行移動したもの

であるから，点 $\dfrac{1}{2}$ を中心とする半径 $\dfrac{1}{2}$ の円。

(3) $w = 2z+1-i$ より $z = \dfrac{w-1+i}{2}$

$|z| = 1$ に代入して $\left| \dfrac{w-1+i}{2} \right| = 1$

よって $|w-(1-i)| = 2$

ゆえに，点 $1-i$ を中心とする半径 2 の円

別解 点 w は

原点からの距離を点 z の 2 倍に拡大し，

$1-i$ だけ平行移動したものであるから，

点 $1-i$ を中心とする半径 2 の円

247 (1) $|z-i| = 1$ は

点 i を中心とする

半径 2 の円であるから，

点 z の存在範囲は右の

図の色のついた部分で，

境界を含む。

⟵ $|z-i| \leqq 1$ は
$|z-i| = 1$ の内側。

(2) $|z| = 1$，$|z| = 2$ は

それぞれ原点を中心とす

る半径 1，2 の円である

から，点 z の存在範囲は

右の図の色のついた部分

で，境界を含む。

⟵ $1 \leqq |z| \leqq 2$ は
$|z| = 1$ と $|z| = 2$ の間。

248 中心が原点にあるから，原点のまわりに

点 A を $\dfrac{\pi}{2}$ だけ回転させると点 B が，

点 B を $\dfrac{\pi}{2}$ だけ回転させると点 C が，

点 C を $\dfrac{\pi}{2}$ だけ回転させると点 D が得られるから

$$\beta = \left(\cos\frac{\pi}{2} + i\sin\frac{\pi}{2}\right)(2+i)$$
$$= i(2+i) = -1+2i$$
$$\gamma = i\beta = i(-1+2i) = -2-i$$
$$\delta = i\gamma = i(-2-i) = 1-2i$$

249 (1) $\quad\dfrac{\beta}{\alpha} = \dfrac{1}{2} + \dfrac{\sqrt{3}}{2}i = \cos\dfrac{\pi}{3} + i\sin\dfrac{\pi}{3}$

であるから

$$\beta = \left(\cos\frac{\pi}{3} + i\sin\frac{\pi}{3}\right)\alpha$$

よって，点 B(β) は点 A(α) を

原点のまわりに $\dfrac{\pi}{3}$ だけ回転した点である。

ゆえに，△OAB は正三角形

(2) $\quad\dfrac{\beta}{\alpha} = 1 + \sqrt{3}\,i = 2\left(\cos\dfrac{\pi}{3} + i\sin\dfrac{\pi}{3}\right)$

であるから

$$\beta = 2\left(\cos\frac{\pi}{3} + i\sin\frac{\pi}{3}\right)\alpha$$

よって，点 B(β) は点 A(α) を

原点のまわりに $\dfrac{\pi}{3}$ だけ回転し，

原点からの距離を 2 倍にした点である。

よって，△OAB は

OA：OB：AB $= 1:2:\sqrt{3}$ の直角三角形

250 (1) $\quad\gamma = \left(\cos\dfrac{\pi}{2} + i\sin\dfrac{\pi}{2}\right)(\beta-\alpha) + \alpha$

$$= i\{(1+2i)-(-3+4i)\} + (-3+4i)$$
$$= i(4-2i) - 3 + 4i$$
$$= -1 + 8i$$

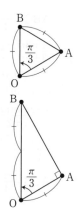

点 α のまわりの回転移動

点 β を点 α のまわりに角 θ だけ回転した点を γ とすると
$\gamma = (\cos\theta + i\sin\theta)(\beta-\alpha) + \alpha$

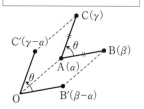

(2) $\delta = \left(\cos\dfrac{5}{6}\pi + i\sin\dfrac{5}{6}\pi\right)(\alpha-\beta)+\beta$

$\quad = \left(-\dfrac{\sqrt{3}}{2}+\dfrac{1}{2}i\right)\{(-3+4i)-(1+2i)\}+1+2i$

$\quad = \left(-\dfrac{\sqrt{3}}{2}+\dfrac{1}{2}i\right)(-4+2i)+1+2i$

$\quad = 2\sqrt{3}-\sqrt{3}\,i$

251 $\alpha=3+6i$　$\beta=1+3i$,　$\gamma=4+i$ とおく。

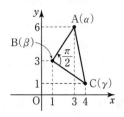

(1) $\dfrac{\alpha-\beta}{\gamma-\beta} = \dfrac{(3+6i)-(1+3i)}{(4+i)-(1+3i)} = \dfrac{2+3i}{3-2i}$

$\qquad\qquad = \dfrac{(2+3i)(3+2i)}{(3-2i)(3+2i)}$

$\qquad\qquad = \dfrac{6+9i+4i-6}{9+4}$

$\qquad\qquad = 0+i = \cos\dfrac{\pi}{2}+i\sin\dfrac{\pi}{2}$

よって　$\angle\mathrm{ABC}=\dfrac{\pi}{2}$

← $\angle\mathrm{ABC}=\arg\dfrac{\alpha-\beta}{\gamma-\beta}$

(2) $\dfrac{\beta-\gamma}{\alpha-\gamma} = \dfrac{(1+3i)-(4+i)}{(3+6i)-(4+i)} = \dfrac{-3+2i}{-1+5i}$

$\qquad\qquad = \dfrac{(-3+2i)(-1-5i)}{(-1+5i)(-1-5i)}$

$\qquad\qquad = \dfrac{3-2i+15i+10}{1+25}$

$\qquad\qquad = \dfrac{1+i}{2} = \dfrac{\sqrt{2}}{2}\left(\cos\dfrac{\pi}{4}+i\sin\dfrac{\pi}{4}\right)$

よって　$\angle\mathrm{ACB}=\dfrac{\pi}{4}$

← $\angle\mathrm{ACB}=\arg\dfrac{\alpha-\gamma}{\beta-\gamma}$

252 点 A のまわりに点 B を $\pm\dfrac{\pi}{3}$ だけ回転した点が

C であれば，$\triangle\mathrm{ABC}$ は正三角形となる。

$\alpha=-1+i$, $\beta=3+3i$ とおくと

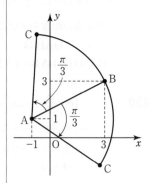

$\quad \gamma = \left(\cos\dfrac{\pi}{3}+i\sin\dfrac{\pi}{3}\right)(\beta-\alpha)+\alpha$

$\qquad = \left(\dfrac{1}{2}+\dfrac{\sqrt{3}}{2}i\right)(4+2i)+(-1+i)$

$\qquad = 2+2\sqrt{3}\,i+i+\sqrt{3}\,i^2-1+i$

$\qquad = 1-\sqrt{3}+(2+2\sqrt{3})i$

または

$$\gamma = \left\{ \cos\left(-\frac{\pi}{3}\right) + i\sin\left(-\frac{\pi}{3}\right) \right\}(\beta - \alpha) + \alpha$$

$$= \left(\frac{1}{2} - \frac{\sqrt{3}}{2}i\right)(4 + 2i) + (-1 + i)$$

$$= 2 - 2\sqrt{3}\,i + i + \sqrt{3} - 1 + i$$

$$= 1 + \sqrt{3} + (2 - 2\sqrt{3})i$$

253 $\alpha = 1 - i$, $\beta = -4 + 2i$, $\gamma = 3 + ki$ とおくと

$$\frac{\gamma - \alpha}{\beta - \alpha} = \frac{3 + ki - (1 - i)}{(-4 + 2i) - (1 - i)}$$

$$= \frac{2 + (k + 1)i}{-5 + 3i}$$

$$= \frac{\{2 + (k + 1)i\}(-5 - 3i)}{(-5 + 3i)(-5 - 3i)}$$

$$= \frac{-10 - 5(k + 1)i - 6i + 3(k + 1)}{25 + 9}$$

$$= \frac{3k - 7 + (-5k - 11)i}{34} \quad \cdots\cdots ①$$

← 実部は $\dfrac{3k - 7}{34}$

　虚部は $\dfrac{-5k - 11}{34}$

(1) AB⊥AC のとき，①が純虚数になるから

$$3k - 7 = 0 \text{ より } k = \frac{7}{3}$$

← 2直線 AB，AC が垂直

　⟺ $\dfrac{\gamma - \alpha}{\beta - \alpha}$ が純虚数

(2) 3点が一直線上にあるとき，①が実数になるから

$$-5k - 11 = 0 \text{ より } k = -\frac{11}{5}$$

← 3点 A，B，C が一直線上

　⟺ $\dfrac{\gamma - \alpha}{\beta - \alpha}$ が実数

254 $|1 + 2\alpha z| = |z + 2\overline{\alpha}|$ の両辺を2乗して

$$|1 + 2\alpha z|^2 = |z + 2\overline{\alpha}|^2$$

$$(1 + 2\alpha z)\overline{(1 + 2\alpha z)} = (z + 2\overline{\alpha})\overline{(z + 2\overline{\alpha})}$$

$$(1 + 2\alpha z)(1 + 2\overline{\alpha}\,\overline{z}) = (z + 2\overline{\alpha})(\overline{z} + 2\alpha)$$

$$1 + 2\overline{\alpha}\,\overline{z} + 2\alpha z + 4|\alpha|^2|z|^2 = |z|^2 + 2\alpha z + 2\overline{\alpha}\,\overline{z} + 4|\alpha|^2$$

$$4|\alpha|^2|z|^2 - |z|^2 - 4|\alpha|^2 + 1 = 0$$

$$4|\alpha|^2(|z|^2 - 1) - (|z|^2 - 1) = 0$$

$$(|z|^2 - 1)(4|\alpha|^2 - 1) = 0$$

よって $|z|^2 = 1$ または $4|\alpha|^2 = 1$

$|z| > 0$，$|\alpha| > 0$ であるから

$$|z| = 1 \text{ または } |\alpha| = \frac{1}{2}$$

← $|1 + 2\alpha z|^2 = (1 + 2\alpha z)\overline{(1 + 2\alpha z)}$

← $\overline{1 + 2\alpha z} = 1 + 2\overline{\alpha}\,\overline{z}$

　$\overline{z + 2\overline{\alpha}} = \overline{z} + 2\overline{\overline{\alpha}} = \overline{z} + 2\alpha$

255 (1) $|z+2|=|z+2i|$ の両辺を 2 乗して

$\quad |z+2|^2=|z+2i|^2$

$\quad (z+2)\overline{(z+2)}=(z+2i)\overline{(z+2i)}$

$\quad (z+2)(\overline{z}+2)=(z+2i)(\overline{z}-2i)$

$\quad |z|^2+2z+2\overline{z}+4=|z|^2-2iz+2i\overline{z}+4$

$\quad 2z+2iz=-2\overline{z}+2i\overline{z}$

$\quad (1+i)z=-(1-i)\overline{z}$

よって

$$z=-\frac{1-i}{1+i}\overline{z}=-\frac{(1-i)^2}{(1+i)(1-i)}\overline{z}$$

$$=-\frac{-2i}{2}\overline{z}=i\overline{z} \quad \text{終}$$

$\leftarrow |z+2|^2=(z+2)\overline{(z+2)}$

(2) 両辺の 2 乗の差をとって

$\quad |1-\overline{\alpha}\beta|^2-|\alpha-\beta|^2$

$\quad =(1-\overline{\alpha}\beta)\overline{(1-\overline{\alpha}\beta)}-(\alpha-\beta)\overline{(\alpha-\beta)}$

$\quad =(1-\overline{\alpha}\beta)(1-\alpha\overline{\beta})-(\alpha-\beta)(\overline{\alpha}-\overline{\beta})$

$\quad =1-\alpha\overline{\beta}-\overline{\alpha}\beta+|\alpha|^2|\beta|^2-|\alpha|^2+\alpha\overline{\beta}+\overline{\alpha}\beta-|\beta|^2$

$\quad =|\alpha|^2|\beta|^2-|\alpha|^2-|\beta|^2+1$

$\quad =(|\alpha|^2-1)(|\beta|^2-1)$

$\quad |\alpha|<1,\ |\beta|<1$　であるから

$\quad\quad (|\alpha|^2-1)(|\beta|^2-1)>0$

よって

$\quad |1-\overline{\alpha}\beta|^2-|\alpha-\beta|^2=(|\alpha|^2-1)(|\beta|^2-1)>0$

ゆえに　$|\alpha-\beta|^2<|1-\overline{\alpha}\beta|^2$

すなわち　$|\alpha-\beta|<|1-\overline{\alpha}\beta|$ 　終

$\leftarrow$ (右辺)－(左辺)>0 を示す。

$\leftarrow \overline{1-\overline{\alpha}\beta}=1-\overline{\overline{\alpha}}\overline{\beta}$

$\quad\quad =1-\alpha\overline{\beta}$

$\leftarrow |\alpha|^2-1<0,\ |\beta|^2-1<0$

$\leftarrow a\geqq 0,\ b\geqq 0$ のとき

$\quad a^2<b^2 \Longleftrightarrow a<b$

256 (1) $\dfrac{\gamma-\alpha}{\beta-\alpha}=\dfrac{(-\sqrt{3}+4i)-(-i)}{(\sqrt{3}+i)-(-i)}=\dfrac{-\sqrt{3}+5i}{\sqrt{3}+2i}$

$\quad\quad =\dfrac{(-\sqrt{3}+5i)(\sqrt{3}-2i)}{(\sqrt{3}+2i)(\sqrt{3}-2i)}$

$\quad\quad =\dfrac{-3+2\sqrt{3}\,i+5\sqrt{3}\,i+10}{3+4}$

$\quad\quad =1+\sqrt{3}\,i$

(2) (1)より　$\dfrac{\gamma-\alpha}{\beta-\alpha}=2\left(\cos\dfrac{\pi}{3}+i\sin\dfrac{\pi}{3}\right)$

であるから　$\angle \mathrm{BAC}=\dfrac{\pi}{3},\quad \dfrac{\mathrm{AC}}{\mathrm{AB}}=2$

よって，$\triangle \mathrm{ABC}$ は

$\mathbf{AB:AC:BC=1:2:\sqrt{3}}$ の直角三角形

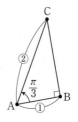

257 $\gamma=(1+i)\alpha-i\beta$ より

$\gamma-\alpha=-(\beta-\alpha)i$

$\alpha\neq\beta$ より $\dfrac{\gamma-\alpha}{\beta-\alpha}=-i$

よって $\dfrac{\gamma-\alpha}{\beta-\alpha}=\cos\dfrac{3}{2}\pi+i\sin\dfrac{3}{2}\pi$

ゆえに $\angle\mathrm{BAC}=\dfrac{\pi}{2}$, $\dfrac{\mathrm{AC}}{\mathrm{AB}}=1$

したがって，△ABC は

  ∠A が直角の直角二等辺三角形

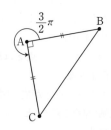

258 (1) $2\alpha^2-2\alpha\beta+\beta^2=0$ の両辺を α^2 で割ると

$$2-2\left(\dfrac{\beta}{\alpha}\right)+\left(\dfrac{\beta}{\alpha}\right)^2=0$$

$\dfrac{\beta}{\alpha}=t$ とおくと $t^2-2t+2=0$

よって $t=1\pm i$

ゆえに $\dfrac{\beta}{\alpha}=1\pm i$

(2) (1)より

$$\dfrac{\beta}{\alpha}=\sqrt{2}\left\{\cos\left(\pm\dfrac{\pi}{4}\right)+i\sin\left(\pm\dfrac{\pi}{4}\right)\right\}$$

よって $\angle\mathrm{AOB}=\dfrac{\pi}{4}$, $\dfrac{\mathrm{OB}}{\mathrm{OA}}=\sqrt{2}$

ゆえに，△OAB は

  ∠A が直角の直角二等辺三角形

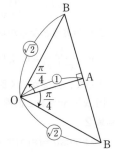

259 $z+\dfrac{4}{z}$ が実数のとき

$\overline{z+\dfrac{4}{z}}=z+\dfrac{4}{z}$

が成り立つから

$\bar{z}+\dfrac{4}{\bar{z}}=z+\dfrac{4}{z}$

この両辺に $|z|^2=z\bar{z}$ を掛けて

$|z|^2\bar{z}+4z=|z|^2z+4\bar{z}$

$|z|^2(z-\bar{z})-4(z-\bar{z})=0$

$(z-\bar{z})(|z|^2-4)=0$

よって $z=\bar{z}$ または $|z|^2=4$

← $z+\dfrac{4}{z}$ の分母に z があるから

← $z\neq0$

← $\overline{\alpha+\beta}=\bar{\alpha}+\bar{\beta}$

$\overline{\left(\dfrac{\alpha}{\beta}\right)}=\dfrac{\bar{\alpha}}{\bar{\beta}}$

← $|\alpha|^2=\alpha\bar{\alpha}$

$z = \bar{z}$ のとき

　z は実数であるから，点 z は実軸上を動く。

　ただし，$z \neq 0$ より，原点を除く。

$|z|^2 = 4$ のとき

　$|\bar{z}| = 2$ より，点 z は原点を中心とする半径 2 の

　円上を動く。

以上より，点 z が描く図形は

実軸（原点を除く）と，原点を中心とする半径 2 の円

← $\alpha = \bar{\alpha} \iff \alpha$ は実数

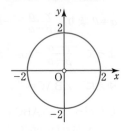

別解 1

　$z = x + yi$ とおくと，$z \neq 0$ より $x \neq 0$ または $y \neq 0$

$$z + \frac{4}{z} = x + yi + \frac{4}{x + yi}$$

$$= x + yi + \frac{4(x - yi)}{(x + yi)(x - yi)}$$

$$= x + yi + \frac{4x - 4yi}{x^2 + y^2}$$

$$= \left(x + \frac{4x}{x^2 + y^2}\right) + \left(y - \frac{4y}{x^2 + y^2}\right)i$$

これが実数となるから

$$y - \frac{4y}{x^2 + y^2} = 0 \quad より \quad y(x^2 + y^2 - 4) = 0$$

よって，点 z が描く図形は

円 $x^2 + y^2 = 4$ と直線 $y = 0$（原点を除く）

← $a + bi$ が実数 $\iff b = 0$

別解 2

　$z = r(\cos\theta + i\sin\theta)$ とおくと

$$z + \frac{4}{z} = r(\cos\theta + i\sin\theta) + \frac{4}{r(\cos\theta + i\sin\theta)}$$

$$= r(\cos\theta + i\sin\theta) + \frac{4}{r}(\cos\theta - i\sin\theta)$$

$$= \left(r + \frac{4}{r}\right)\cos\theta + i\left(r - \frac{4}{r}\right)\sin\theta$$

これが実数となるから

$$r - \frac{4}{r} = 0 \quad または \quad \sin\theta = 0$$

$r - \dfrac{4}{r} = 0$ のとき $r^2 = 4$ で，$r > 0$ より　$r = 2$

$\sin\theta = 0$ のとき　$\theta = n\pi$（n は整数）

よって，点 z が描く図形は

原点を中心とする半径 2 の円と実軸（原点を除く）

$\leftarrow \dfrac{4}{r(\cos\theta + i\sin\theta)}$

$= \dfrac{4}{r}(\cos\theta + i\sin\theta)^{-1}$

$= \dfrac{4}{r}\{\cos(-\theta) + i\sin(-\theta)\}$

$= \dfrac{4}{r}(\cos\theta - i\sin\theta)$

← θ に関係なく $r = 2$ であるから，原点 O を中心とする半径 2 の円。

← r に関係なく $\theta = n\pi$ であるから，実軸上の点。

260 焦点が $(p, 0)$ で，準線が $x=-p$ である放物線
　　の方程式は　$y^2=4px$

(1) $p=2$ より　$y^2=4\times2\times x$
　　　すなわち　$y^2=8x$

(2) $p=-1$ より　$y^2=4\times(-1)\times x$
　　　すなわち　$y^2=-4x$

> **放物線の標準形(1)**
>
> 焦点が x 軸上にあるもの
> $y^2=4px$ $(p\neq0)$
> ⇒ 頂点 $(0, 0)$，焦点 $(p, 0)$
> 　準線 $x=-p$

261 焦点が $(0, p)$ で，準線が $y=-p$ である放物線
　　の方程式は　$x^2=4py$

(1) $p=-1$ より　$x^2=4\times(-1)\times y$
　　　すなわち　$x^2=-4y$

(2) $p=\dfrac{1}{2}$ より　$x^2=4\times\dfrac{1}{2}\times y$

　　　すなわち　$x^2=2y$

> **放物線の標準形(2)**
>
> 焦点が y 軸上にあるもの
> $x^2=4py$ $(p\neq0)$
> ⇒ 頂点 $(0, 0)$，焦点 $(0, p)$
> 　準線 $y=-p$

焦点 $(p, 0)$，準線 $x=-p$ ➡ $y^2=4px$
焦点 $(0, p)$，準線 $y=-p$ ➡ $x^2=4py$

---

262 (1) $y^2=4\times1\times x$
　　　と変形できるから
　　　焦点 $(1, 0)$
　　　準線 $x=-1$

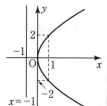

← $p=1$

(2) $y^2=4\times(-2)\times x$
　　　と変形できるから
　　　焦点 $(-2, 0)$
　　　準線 $x=2$

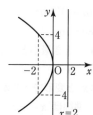

← $p=-2$

263 (1) $x^2=4\times\dfrac{1}{4}\times y$
　　　と変形できるから
　　　焦点 $\left(0, \dfrac{1}{4}\right)$

　　　準線 $y=-\dfrac{1}{4}$

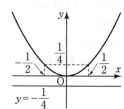

← $p=\dfrac{1}{4}$

(2) $x^2 = 4 \times \left(-\dfrac{3}{4} \right) \times y$

と変形できるから

焦点 $\left(0,\ -\dfrac{3}{4} \right)$

準線 $y = \dfrac{3}{4}$

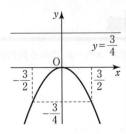

← $p = -\dfrac{3}{4}$

264 (1) 頂点が原点にあり，x 軸が軸であるから，

求める方程式は $y^2 = 4px$ とおける。

点 $(4,\ -2)$ を通るから $(-2)^2 = 4 \times p \times 4$

よって $p = \dfrac{1}{4}$

ゆえに $y^2 = x$

(2) 頂点が原点にあり，y 軸が軸であるから，

求める方程式は $x^2 = 4py$ とおける。

点 $(-2,\ -1)$ を通るから $(-2)^2 = 4 \times p \times (-1)$

よって $p = -1$

ゆえに $x^2 = -4y$

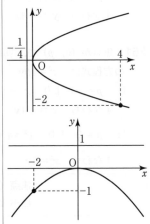

265 (1) $P(s,\ t)$ とおくと $t^2 = 8s$ …①

点 P は点 A から最も近い放物線上の点であるか

ら，距離 AP の最小値を考える。

$\begin{aligned}
AP^2 &= (s-a)^2 + t^2 \\
&= (s^2 - 2as + a^2) + 8s \\
&= s^2 - 2(a-4)s + a^2 \\
&= \{s - (a-4)\}^2 - (a-4)^2 + a^2 \\
&= \{s - (a-4)\}^2 + 8a - 16
\end{aligned}$

よって，AP は $s = a-4$ のとき最小となる。

ゆえに，点 P の x 座標は $a-4$

← ①より $t^2 = 8s$

(2) $y^2 = 8x$ は $y^2 = 4 \times 2 \times x$ と変形できるから

放物線の焦点は $(2,\ 0)$，準線は $x = -2$

点 P から準線に引いた垂線を PH とすると

$PH = (a-4) - (-2) = a-2$

放物線の定義より $PF = PH = a-2$

また，$A(a,\ 0)$ と $F(2,\ 0)$ の距離 AF は

$AF = a-2$

よって $AF = PF$ 終

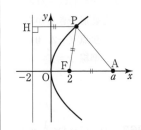

放物線の定義

焦点と準線から等距離にある
点の軌跡

148

266 放物線 $y^2=4px$ …①について,

その焦点 F$(p,\ 0)$ を通り x 軸に垂直な直線は

$x=p$ …②

①,②の交点の y 座標は

$y^2=4p^2$ すなわち $y=\pm 2p$

$p>0$ より AF$=2p$

よって AB$=2$AF$=4p=4$OF 終

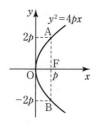

$y^2=4px$

別解 準線は $x=-p$ であるから,

点 A から準線までの距離は $2p$

よって,点 A と点 F の距離も $2p$

ゆえに AB$=2$AF$=4p=4$OF 終

⬅ 放物線の定義より,
焦点と準線から等距離。

267 求める方程式は $\dfrac{x^2}{a^2}+\dfrac{y^2}{b^2}=1\ (a>b>0)$ と表せる。

⬅ 焦点が x 軸上にあるから,
長軸も x 軸上。

2 焦点からの距離の和が $2\sqrt{5}$ であるから

$2a=2\sqrt{5}$

⬅ (距離の和)=(長軸の長さ)

すなわち $a=\sqrt{5}$

また,右の図より

$b^2=(\sqrt{5})^2-2^2=1$

よって $\dfrac{x^2}{5}+y^2=1$

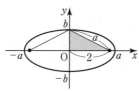

268 (1) $\dfrac{x^2}{4^2}+\dfrac{y^2}{3^2}=1$ より

$\sqrt{4^2-3^2}=\sqrt{7}$

よって

焦点は $(\pm\sqrt{7},\ 0)$

長軸の長さは $2\times4=8$

短軸の長さは $2\times3=6$

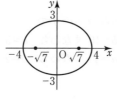

(2) 両辺を 20 で割って

$\dfrac{x^2}{(\sqrt{5})^2}+\dfrac{y^2}{2^2}=1$ より

$\sqrt{(\sqrt{5})^2-2^2}=1$

よって

焦点は $(\pm1,\ 0)$

長軸の長さは $2\times\sqrt{5}=2\sqrt{5}$

短軸の長さは $2\times2=4$

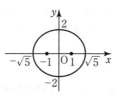

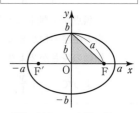

長軸の長さ $2a$,短軸の長さ $2b$

269 (1) $\dfrac{x^2}{1^2}+\dfrac{y^2}{2^2}=1$ より

$$\sqrt{2^2-1^2}=\sqrt{3}$$

よって　焦点は $(0,\ \pm\sqrt{3})$

長軸の長さは $2\times2=4$

短軸の長さは $2\times1=2$

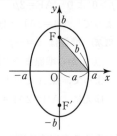

楕円の標準形(2)

焦点が y 軸上にある楕円

$$\dfrac{x^2}{a^2}+\dfrac{y^2}{b^2}=1\ \ (b>a>0)$$

焦点 $(0,\ \pm\sqrt{b^2-a^2})$

頂点 $(\pm a,\ 0),\ (0,\ \pm b)$

(2) 両辺を 12 で割って

$$\dfrac{x^2}{2^2}+\dfrac{y}{(\sqrt{6})^2}=1\ \ より$$

$$\sqrt{(\sqrt{6})^2-2^2}=\sqrt{2}$$

よって

焦点は $(0,\ \pm\sqrt{2})$

長軸の長さは $2\times\sqrt{6}=2\sqrt{6}$

短軸の長さは $2\times2=4$

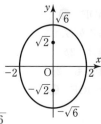

長軸の長さ $2b$，短軸の長さ $2a$

270　求める方程式を

$$\dfrac{x^2}{a^2}+\dfrac{y^2}{b^2}=1\ \ (a>0,\ b>0)\ \ とおく。$$

(1)　焦点が $(\pm3,\ 0)$ であるから　$\sqrt{a^2-b^2}=3$　…①

　　　長軸の長さが 10 より $2a=10$ すなわち　$a=5$

　　　これを①に代入して　$b^2=16$

　　　よって　$\dfrac{x^2}{25}+\dfrac{y^2}{16}=1$

← 焦点が x 軸上にあるから
　焦点 $(\pm\sqrt{a^2-b^2},\ 0)$
　長軸の長さ $2a$

(2)　短軸が x 軸上にあるから $b>a>0$ で

　　　長軸の長さが 10 より $2b=10$ すなわち　$b=5$

　　　短軸の長さが 4 より　$2a=4$　すなわち　$a=2$

　　　よって　$\dfrac{x^2}{4}+\dfrac{y^2}{25}=1$

← 短軸の長さ $2a$
　長軸の長さ $2b$

(3)　焦点が y 軸上にあるから $b>a>0$ で，焦点か
　　　らの距離の和が 8 より　$2b=8$　すなわち　$b=4$

　　　短軸の長さが 2 より　$2a=2$　すなわち　$a=1$

　　　よって　$x^2+\dfrac{y^2}{16}=1$

← 2つの焦点から楕円上までの距離の和は，長軸の長さに等しい。

中心が原点の楕円 ➡ $\dfrac{x^2}{a^2}+\dfrac{y^2}{b^2}=1$　$\begin{cases}焦点が\ x\ 軸上なら\ a>b>0\ （横長）\\焦点が\ y\ 軸上なら\ b>a>0\ （縦長）\end{cases}$

271　求める方程式を

$$\dfrac{x^2}{a^2}+\dfrac{y^2}{b^2}=1\ \ (a>0,\ b>0)\ \ とおく。$$

(1) 短軸が y 軸上にあるから $a>b>0$ で

　　焦点間の距離が $2\sqrt{3}$ より $2\sqrt{a^2-b^2}=2\sqrt{3}$

　　すなわち $a^2-b^2=3$ …①

← 焦点 $(\pm\sqrt{a^2-b^2}, 0)$

　　短軸の長さが4より $2b=4$ すなわち $b=2$

← 短軸の長さ $2b$

　　これを①に代入して $a^2=7$

← $a^2-4=3$ より $a^2=7$

　　よって $\dfrac{x^2}{7}+\dfrac{y^2}{4}=1$

(2) 短軸の両端が $(0, 4)$, $(0, -4)$ より $b=4$

← 短軸の両端, すなわち短軸上の頂点は
$(0, \pm b)$

　　$\dfrac{x^2}{a^2}+\dfrac{y^2}{16}=1$ が点 $(3\sqrt{3}, -2)$ を通るから

　　$\dfrac{27}{a^2}+\dfrac{4}{16}=1$

← $\dfrac{27}{a^2}=\dfrac{3}{4}$ より $a^2=36$

　　これを解いて $a^2=36$

　　よって $\dfrac{x^2}{36}+\dfrac{y^2}{16}=1$

272 (1) 焦点が x 軸上にあるから

　　$\dfrac{x^2}{a^2}+\dfrac{y^2}{b^2}=1 \ (a>b>0)$ とおくと

　　　$\sqrt{a^2-b^2}=\sqrt{3}$ すなわち $a^2-b^2=3$ …①

← 焦点 $(\pm\sqrt{a^2-b^2}, 0)$

　　点 $(\sqrt{3}, 2)$ を通るから $\dfrac{3}{a^2}+\dfrac{4}{b^2}=1$ …②

　　①, ②より, b^2 を消去すると

　　　$a^4-10a^2+9=0$

　　これを解いて $a^2=1, 9$

　　①と $b^2>0$ より $a^2=9, b^2=6$

　　よって $\dfrac{x^2}{9}+\dfrac{y^2}{6}=1$

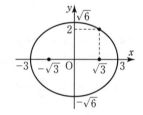

(2) 焦点が y 軸上にあるから

　　$\dfrac{x^2}{a^2}+\dfrac{y^2}{b^2}=1 \ (b>a>0)$ とおくと

　　　$\sqrt{b^2-a^2}=2$ すなわち $b^2-a^2=4$ …①

← 焦点 $(0, \pm\sqrt{b^2-a^2})$

　　点 $(\sqrt{2}, 2)$ を通るから $\dfrac{2}{a^2}+\dfrac{4}{b^2}=1$ …②

　　①, ②より, b^2 を消去すると

　　　$a^4-2a^2-8=0$

　　これを解いて $a^2=-2, 4$

　　①と $a^2>0$ より $a^2=4, b^2=8$

　　よって $\dfrac{x^2}{4}+\dfrac{y^2}{8}=1$

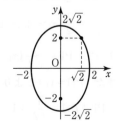

3章 平面上の曲線

273 (1) $\sqrt{9-4}=\sqrt{5}$ より，

共有する焦点は $(\pm\sqrt{5}, 0)$

求める方程式を $\dfrac{x^2}{a^2}+\dfrac{y^2}{b^2}=1$ $(a>b>0)$ とおくと

$\sqrt{a^2-b^2}=\sqrt{5}$ すなわち $a^2-b^2=5$ …①

短軸の長さが6であるから

$2b=6$ すなわち $b=3$ …②

①，②より $b^2=9$, $a^2=14$

よって $\dfrac{x^2}{14}+\dfrac{y^2}{9}=1$

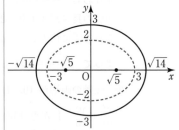

← $\dfrac{x^2}{9}+\dfrac{y^2}{4}=1$ の焦点。

(2) $\sqrt{25-16}=3$ より，

共有する焦点は $(0, \pm3)$

求める方程式を $\dfrac{x^2}{a^2}+\dfrac{y^2}{b^2}=1$ $(b>a>0)$ とおくと

$\sqrt{b^2-a^2}=3$ すなわち $b^2-a^2=9$ …①

長軸の長さが8であるから

$2b=8$ すなわち $b=4$ …②

①，②より $b^2=16$, $a^2=7$

よって $\dfrac{x^2}{7}+\dfrac{y^2}{16}=1$

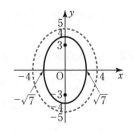

← $\dfrac{x^2}{16}+\dfrac{y^2}{25}=1$ の焦点。

274 $\mathrm{PF}=\sqrt{(x_1+1)^2+y_1{}^2}$

$\mathrm{PF}^2=x_1{}^2+2x_1+1+y_1{}^2$ …①

$\mathrm{P}(x_1, y_1)$ は $\dfrac{x^2}{2}+y^2=1$ 上にあるから

$\dfrac{x_1{}^2}{2}+y_1{}^2=1$ より $y_1{}^2=1-\dfrac{1}{2}x_1{}^2$ …②

②を①に代入して

$\mathrm{PF}^2=x_1{}^2+2x_1+1+\left(1-\dfrac{1}{2}x_1{}^2\right)$

$\quad=\dfrac{1}{2}x_1{}^2+2x_1+2$

$\quad=\dfrac{1}{2}(x_1{}^2+4x_1+4)=\dfrac{1}{2}(x_1+2)^2$

よって $\mathrm{PF}=\dfrac{1}{\sqrt{2}}(x_1+2)$

また $\mathrm{PH}=x_1+2$ より

$\mathrm{PF}:\mathrm{PH}=\dfrac{1}{\sqrt{2}}:1$ （一定） 🔚

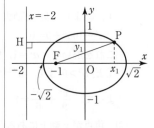

← $x_1>-2$ より $x_1+2>0$

← $\mathrm{P}(x_1, y_1)$ と $\mathrm{H}(-2, y_1)$ との距離。

275 求める方程式は $\dfrac{x^2}{a^2}-\dfrac{y^2}{b^2}=1$ $(a>0,\ b>0)$

と表せる。距離の差が 6 であるから

$2a=6$ より $a=3$

また、焦点が $(\pm 4,\ 0)$ より

$b^2=4^2-3^2=7$

よって $\dfrac{x^2}{9}-\dfrac{y^2}{7}=1$

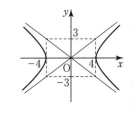

276 (1) $\dfrac{x^2}{4^2}-\dfrac{y^2}{3^2}=1$ より

$\sqrt{4^2+3^2}=5$

よって

焦点 $(\pm 5,\ 0)$

漸近線 $y=\pm\dfrac{3}{4}x$

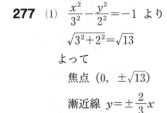

(2) $\dfrac{x^2}{\left(\frac{1}{2}\right)^2}-\dfrac{y^2}{\left(\frac{1}{\sqrt{2}}\right)^2}=1$ より

$\sqrt{\left(\dfrac{1}{2}\right)^2+\left(\dfrac{1}{\sqrt{2}}\right)^2}=\dfrac{\sqrt{3}}{2}$

よって

焦点 $\left(\pm\dfrac{\sqrt{3}}{2},\ 0\right)$

漸近線 $y=\pm\sqrt{2}\,x$

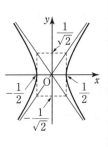

双曲線の標準形(1)

焦点が x 軸上にあるもの

$\dfrac{x^2}{a^2}-\dfrac{y^2}{b^2}=1$

$(a>0,\ b>0)$

焦点 $(\pm\sqrt{a^2+b^2},\ 0)$

漸近線 $y=\pm\dfrac{b}{a}x$

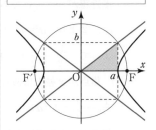

277 (1) $\dfrac{x^2}{3^2}-\dfrac{y^2}{2^2}=-1$ より

$\sqrt{3^2+2^2}=\sqrt{13}$

よって

焦点 $(0,\ \pm\sqrt{13})$

漸近線 $y=\pm\dfrac{2}{3}x$

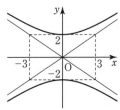

(2) 両辺を 4 で割って

$\dfrac{x^2}{1^2}-\dfrac{y^2}{2^2}=-1$ より

$\sqrt{1^2+2^2}=\sqrt{5}$

よって　焦点 $(0,\ \pm\sqrt{5})$

漸近線 $y=\pm 2x$

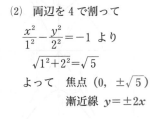

双曲線の標準形(2)

焦点が y 軸上にあるもの

$\dfrac{x^2}{a^2}-\dfrac{y^2}{b^2}=-1$

$(a>0,\ b>0)$

焦点 $(0,\ \pm\sqrt{a^2+b^2})$

漸近線 $y=\pm\dfrac{b}{a}x$

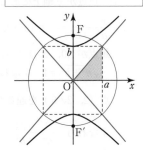

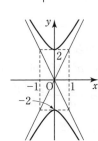

278 (1) 焦点が x 軸上にあるから

$\dfrac{x^2}{a^2} - \dfrac{y^2}{b^2} = 1\ (a>0,\ b>0)$ とおく。

焦点が $(\pm 5,\ 0)$ であるから

$\sqrt{a^2+b^2}=5$ すなわち $a^2+b^2=5^2$ $\cdots$①

漸近線が $y=\pm\dfrac{4}{3}x$ であるから $\dfrac{b}{a}=\dfrac{4}{3}$ $\cdots$②

①，②より $a^2=9,\ b^2=16$

よって $\dfrac{x^2}{9} - \dfrac{y^2}{16} = 1$

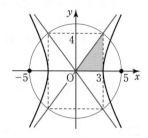

(2) 焦点が y 軸上にあるから

$\dfrac{x^2}{a^2} - \dfrac{y^2}{b^2} = -1\ (a>0,\ b>0)$ とおく。

焦点が $(0,\ \pm 2)$ であるから

$\sqrt{a^2+b^2}=2$ すなわち $a^2+b^2=2^2$ $\cdots$①

漸近線が $y=\pm x$ であるから $\dfrac{b}{a}=1$ $\cdots$②

①，②より $a^2=b^2=2$

よって $\dfrac{x^2}{2} - \dfrac{y^2}{2} = -1$

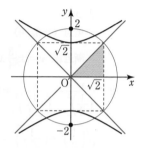

(3) 焦点が x 軸上にあるから

$\dfrac{x^2}{a^2} - \dfrac{y^2}{b^2} = 1\ (a>0,\ b>0)$ とおく。

焦点が $(\pm 3,\ 0)$ であるから

$\sqrt{a^2+b^2}=3$ すなわち $a^2+b^2=9$ $\cdots$①

点 $(1,\ 0)$ を通るから

$\dfrac{1^2}{a^2} - \dfrac{0^2}{b^2} = 1$ より $a^2=1$ $\cdots$②

①，②より $b^2=8$

よって $x^2 - \dfrac{y^2}{8} = 1$

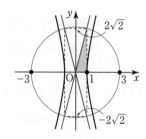

← 漸近線は $y=\pm 2\sqrt{2}\,x$

(4) 焦点が y 軸上にあるから

$\dfrac{x^2}{a^2} - \dfrac{y^2}{b^2} = -1\ (a>0,\ b>0)$ とおく。

焦点が $(0,\ \pm 4)$ であるから

$\sqrt{a^2+b^2}=4$ すなわち $a^2+b^2=16$ $\cdots$①

点 $(2,\ 2\sqrt{6})$ を通るから $\dfrac{2^2}{a^2} - \dfrac{(2\sqrt{6})^2}{b^2} = -1$

すなわち $\dfrac{4}{a^2} - \dfrac{24}{b^2} = -1$ $\cdots$②

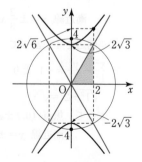

①, ②より, b^2 を消去すると

$$a^4 + 12a^2 - 64 = 0$$

これを解いて $a^2 = -16, 4$

①と $a^2 > 0$ より $a^2 = 4, b^2 = 12$

よって $\dfrac{x^2}{4} - \dfrac{y^2}{12} = -1$

← 漸近線は $y = \pm\sqrt{3}x$

279 (1) $\dfrac{x^2}{9} - \dfrac{y^2}{4} = 1$ の焦点は

$\sqrt{9+4} = \sqrt{13}$ より $(\pm\sqrt{13},\ 0)$

求める双曲線の方程式を

$\dfrac{x^2}{a^2} - \dfrac{y^2}{b^2} = 1\ (a>0,\ b>0)$ とおく。

焦点が $(\pm\sqrt{13},\ 0)$ であるから

$\sqrt{a^2+b^2} = \sqrt{13}$ すなわち $a^2+b^2 = 13$ …①

頂点が $(\pm 2,\ 0)$ であるから $a = 2$ …②

②を①に代入して $b^2 = 9$

よって $\dfrac{x^2}{4} - \dfrac{y^2}{9} = 1$

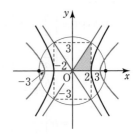

(2) 求める双曲線の方程式を

$\dfrac{x^2}{a^2} - \dfrac{y^2}{b^2} = \pm 1\ (a>0,\ b>0)$ とおく。

漸近線が $y = \pm x$ であるから

$\dfrac{b}{a} = 1$ より $a = b$

よって $\dfrac{x^2}{a^2} - \dfrac{y^2}{a^2} = \pm 1$ と表せる。

これが点 $(2,\ 1)$ を通るから

$\dfrac{4}{a^2} - \dfrac{1}{a^2} = \pm 1$ より $\dfrac{3}{a^2} = \pm 1$

$a^2 > 0$ であるから $a^2 = 3$

ゆえに $b^2 = 3$

したがって $\dfrac{x^2}{3} - \dfrac{y^2}{3} = 1$

別解 漸近線が $y = \pm x$ であるから,

求める方程式は $x^2 - y^2 = \pm a^2$ とおける。

点 $(2,\ 1)$ を通るから $2^2 - 1^2 = \pm a^2$

$a^2 > 0$ より $a^2 = 3$

よって $x^2 - y^2 = 3$

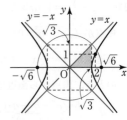

← $\dfrac{3}{a^2} > 0$ であるから

$\dfrac{3}{a^2} = -1$ とはならない。

← $\dfrac{x^2}{a^2} - \dfrac{y^2}{b^2} = \pm 1$ の漸近線は

$y = \pm\dfrac{b}{a}x$ であるから

$\dfrac{b}{a} = 1$ すなわち $a = b$

よって $\dfrac{x^2}{a^2} - \dfrac{y^2}{a^2} = \pm 1$

3章 平面上の曲線

155

280 P(s, t) とおくと

$$\frac{s^2}{a^2} - \frac{t^2}{b^2} = 1 \quad \cdots ①$$

漸近線の方程式は

$$y = \pm \frac{b}{a}x$$

点 P を通る y 軸に平行な直線の方程式は

$$x = s$$

よって，交点 A，B の座標は

$$A\left(s, \ \frac{b}{a}s\right), \ B\left(s, \ -\frac{b}{a}s\right)$$

ゆえに

$$PA \cdot PB = \left|\frac{b}{a}s - t\right|\left|-\frac{b}{a}s - t\right|$$

$$= \left|\frac{b}{a}s - t\right|\left|\frac{b}{a}s + t\right|$$

$$= \left|\frac{b^2}{a^2}s^2 - t^2\right|$$

$$= b^2\left|\frac{s^2}{a^2} - \frac{t^2}{b^2}\right|$$

$$= b^2$$

で一定である。🈡

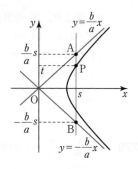

← ①より

$$\left|\frac{s^2}{a^2} - \frac{t^2}{b^2}\right| = 1$$

281 $\dfrac{x^2}{a^2} - \dfrac{y^2}{b^2} = 1 \ (a > 0, \ b > 0)$ の

焦点が $(\sqrt{a^2 + b^2}, \ 0)$,

漸近線が $y = \dfrac{b}{a}x$ すなわち $bx - ay = 0$

のとき，焦点から漸近線までの距離 d は

$$d = \frac{|b \cdot \sqrt{a^2 + b^2} - a \cdot 0|}{\sqrt{b^2 + (-a)^2}} = b$$

← グラフの対称性より

　焦点 $(\pm\sqrt{a^2 + b^2}, \ 0)$

　漸近線 $y = \pm\dfrac{b}{a}x$

どの組合せでも距離 d は同じ。

← 点 $(x_1, \ y_1)$ と

　直線 $ax + by + c = 0$ との

　距離は $\dfrac{|ax_1 + by_1 + c|}{\sqrt{a^2 + b^2}}$

282 (1) 放物線 $x^2 = y$ を

x 軸方向に -1,

y 軸方向に 2 だけ

平行移動させたもの

であるから

焦点 $\left(-1, \ \dfrac{9}{4}\right)$

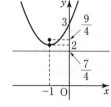

← $x^2 = y$ は

　焦点 $\left(0, \ \dfrac{1}{4}\right)$

　準線 $y = -\dfrac{1}{4}$

の放物線。

← $\left(-1, \ \dfrac{1}{4} + 2\right)$

(2) 楕円 $\dfrac{x^2}{2}+y^2=1$ を

x 軸方向に 2，

y 軸方向に -1

だけ平行移動させた

ものであるから

焦点 $(3,\ -1)$，$(1,\ -1)$

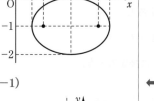

← $\dfrac{x^2}{2}+y^2=1$ は

焦点 $(\pm1,\ 0)$

の楕円。

← $(1+2,\ -1)$，$(-1+2,\ -1)$

(3) 双曲線

$\dfrac{x^2}{9}-\dfrac{y^2}{4}=-1$ を

x 軸方向に -1，

y 軸方向に 2

だけ平行移動させた

ものであるから

焦点

$(-1,\ 2\pm\sqrt{13})$

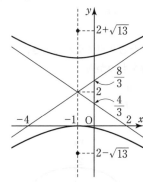

← $\dfrac{x^2}{9}-\dfrac{y^2}{4}=-1$ は

焦点 $(0,\ \pm\sqrt{13})$

漸近線 $y=\pm\dfrac{2}{3}x$

の双曲線。

← 漸近線は

$y=\dfrac{2}{3}x+\dfrac{8}{3}$

$y=-\dfrac{2}{3}x+\dfrac{4}{3}$

283 (1) 連立方程式 $\begin{cases} y=2x-4 \\ y^2=4x \end{cases}$

を解いて $(x,\ y)=(4,\ 4),\ (1,\ -2)$

よって，共有点の座標は

$(4,\ 4),\ (1,\ -2)$

(2) 連立方程式 $\begin{cases} y=2x-4 \\ \dfrac{x^2}{3}+\dfrac{y^2}{4}=1 \end{cases}$

を解いて $(x,\ y)=\left(\dfrac{3}{2},\ -1\right)$

よって，共有点の座標は $\left(\dfrac{3}{2},\ -1\right)$

(3) 連立方程式 $\begin{cases} y=2x-4 \\ \dfrac{x^2}{16}-\dfrac{y^2}{8}=-1 \end{cases}$

を解いて $(x,\ y)=(4,\ 4),\ \left(\dfrac{4}{7},\ -\dfrac{20}{7}\right)$

よって，共有点の座標は $(4,\ 4),\ \left(\dfrac{4}{7},\ -\dfrac{20}{7}\right)$

(1)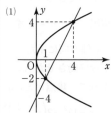

(2)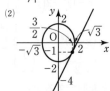

(3)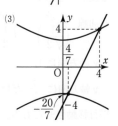

2つの図形の共有点の座標
➡ 図形の方程式を連立したときの実数解

284 ①を②に代入して $x^2-(2x+k)^2=1$

すなわち $3x^2+4kx+k^2+1=0$ …③

③の判別式を D とすると

$$\frac{D}{4}=4k^2-3(k^2+1)=k^2-3$$

(1) 直線①が双曲線②に接するとき，

③が重解をもつから

$D=0$ すなわち $k^2-3=0$

よって $k=\pm\sqrt{3}$

(2) 直線①が双曲線②と異なる 2 点で交わるとき，

③が異なる 2 つの実数解をもつから

$D>0$ すなわち $k^2-3>0$

よって $k<-\sqrt{3}$，$\sqrt{3}<k$

2 次曲線と直線の共有点

2 次曲線 $f(x,\ y)=0$ と直線
$y=mx+n$ の共有点の個数は

連立方程式 $\begin{cases} f(x,\ y)=0 \\ y=mx+n \end{cases}$

の実数解の個数と一致する。

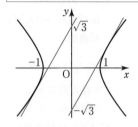

285 (1) $x^2+4(y-1)^2=4$

$$\frac{x^2}{4}+(y-1)^2=1$$

と変形できるから，

楕円 $\dfrac{x^2}{4}+y^2=1$ を

y 軸方向に 1 だけ

平行移動させたもの。

よって 焦点 $(\pm\sqrt{3},\ 1)$

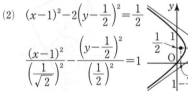

$\blacktriangleleft$ $\dfrac{x^2}{4}+y^2=1$ は

焦点 $(\pm\sqrt{3},\ 0)$

の楕円。

(2) $(x-1)^2-2\left(y-\dfrac{1}{2}\right)^2=\dfrac{1}{2}$

$$\frac{(x-1)^2}{\left(\dfrac{1}{\sqrt{2}}\right)^2}-\frac{\left(y-\dfrac{1}{2}\right)^2}{\left(\dfrac{1}{2}\right)^2}=1$$

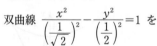

と変形できるから，

双曲線 $\dfrac{x^2}{\left(\dfrac{1}{\sqrt{2}}\right)^2}-\dfrac{y^2}{\left(\dfrac{1}{2}\right)^2}=1$ を

x 軸方向に 1，

y 軸方向に $\dfrac{1}{2}$ だけ

平行移動させたもの。

よって 焦点 $\left(1\pm\dfrac{\sqrt{3}}{2},\ \dfrac{1}{2}\right)$

$\blacktriangleleft$ $\dfrac{x^2}{\left(\dfrac{1}{\sqrt{2}}\right)^2}-\dfrac{y^2}{\left(\dfrac{1}{2}\right)^2}=1$ は

焦点 $\left(\pm\dfrac{\sqrt{3}}{2},\ 0\right)$

漸近線 $y=\pm\dfrac{\sqrt{2}}{2}x$

の双曲線。

$\blacktriangleleft$ 漸近線は $y=\pm\dfrac{\sqrt{2}}{2}x+\dfrac{1\mp\sqrt{2}}{2}$

（複号同順）

158

(3) $9(x-2)^2+4(y+1)^2=36$

$$\frac{(x-2)^2}{4}+\frac{(y+1)^2}{9}=1$$

$$\frac{(x-2)^2}{2^2}+\frac{(y+1)^2}{3^2}=1$$

と変形できるから,

楕円 $\dfrac{x^2}{2^2}+\dfrac{y^2}{3^2}=1$ を

x 軸方向に 2,

y 軸方向に -1 だけ

平行移動させたもの。

よって 焦点 $(2,\ -1\pm\sqrt{5})$

← $\dfrac{x^2}{2^2}+\dfrac{y^2}{3^2}=1$ は
焦点 $(0,\ \pm\sqrt{5})$
の楕円。

286 (1) 点 $(2,\ 0)$ を通る直線であるから
$$y=m(x-2)$$
とおける。これを放物線の式に代入すると
$$m^2(x-2)^2=-8x$$
すなわち $m^2x^2-(4m^2-8)x+4m^2=0$ …①
放物線に接するとき,①が重解をもつから,
①の判別式を D とすると
$$\frac{D}{4}=(2m^2-4)^2-m^2\cdot 4m^2=0$$
これを解いて $m=\pm1$
よって $y=x-2,\ y=-x+2$

(2) 点 $(0,\ 3)$ を通る楕円 $4x^2+9y^2=36$ の接線
は y 軸に平行でないから
$$y=mx+3$$
とおける。これを楕円の方程式に代入すると
$$4x^2+9(mx+3)^2=36$$
すなわち $(4+9m^2)x^2+54mx+45=0$ …①
楕円に接するとき,①が重解をもつから,
①の判別式を D とすると
$$\frac{D}{4}=(27m)^2-45(4+9m^2)=0$$
これを解いて $m=\pm\dfrac{\sqrt{5}}{3}$
よって $y=\pm\dfrac{\sqrt{5}}{3}x+3$

← 放物線 $y^2=-8x$ は
$x=2$ を通らないから,
直線 $x=2$ が接線でないこと
は明らか。

← $(4m^4-16m^2+16)-4m^4=0$
$-16m^2+16=0$
$m^2=1$

← $27^2m^2-45(4+9m^2)=0$
$9^2m^2-5(4+9m^2)=0$
$36m^2-20=0$
$m^2=\dfrac{5}{9}$

(3) 傾き 1 の直線であるから

$$y=x+n$$

とおける。これを双曲線の方程式に代入すると

$$4x^2-(x+n)^2=-4$$

すなわち $3x^2-2nx+4-n^2=0$ ①

双曲線に接するとき，①が重解をもつから，

①の判別式を D とすると

$$\frac{D}{4}=(-n)^2-3(4-n^2)=0$$

← $n^2-12+3n^2=0$
$4n^2=12$
$n^2=3$

これを解いて $n=\pm\sqrt{3}$

よって $y=x\pm\sqrt{3}$

287 (1) 与えられた焦点と頂点
より，軸は直線 $y=-1$
これと頂点の座標から

$$(y+1)^2=4px$$

とおける。

焦点の座標より $p=2$

よって $(y+1)^2=8x$

(2) 中心は $(2,\ 2)$ であり，

←2つの焦点の中点が中心。

焦点は直線 $x=2$ 上にあるから

$$\frac{(x-2)^2}{a^2}+\frac{(y-2)^2}{b^2}=1 \quad (b>a>0)$$

とおける。

与えられた焦点の座標と
短軸の長さから

$$b^2-a^2=9, \quad 2a=2$$

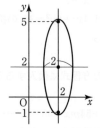

← $\dfrac{(x-p)^2}{a^2}+\dfrac{(y-q)^2}{b^2}=1$
$(b>a>0)$
の焦点は $(p,\ q\pm\sqrt{b^2-a^2})$

よって $a^2=1,\ b^2=10$

ゆえに $(x-2)^2+\dfrac{(y-2)^2}{10}=1$

(3) 漸近線の交点 $(1,\ 2)$ が中心であり，
焦点の1つが $(3,\ 2)$ であるから，
2つの焦点は $y=2$ 上にある。
よって

$$\frac{(x-1)^2}{a^2}-\frac{(y-2)^2}{b^2}=1 \quad (a>0,\ b>0)$$

← $\dfrac{(x-p)^2}{a^2}-\dfrac{(y-q)^2}{b^2}=1$
$(a>0,\ b>0)$
の焦点は $(p\pm\sqrt{a^2+b^2},\ q)$

とおける。

与えられた漸近線の
方程式と焦点から

$$\frac{b}{a}=1, \quad a^2+b^2=4$$

よって

$$a^2=b^2=2$$

ゆえに

$$\frac{(x-1)^2}{2}-\frac{(y-2)^2}{2}=1$$

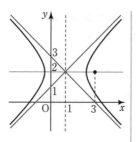

288 (1) 原点を中心とする半径 5 の円であるから
$$x=5\cos\theta, \quad y=5\sin\theta$$

(2) $(2, -3)$ を中心とする半径 2 の円であるから
$$x-2=2\cos\theta, \quad y+3=2\sin\theta$$
よって，$x=2\cos\theta+2, \quad y=2\sin\theta-3$

(3) 円 $x^2+y^2=1$ を，y 軸を基準として，
x 軸方向に 4 倍した楕円であるから
$$x=4\cos\theta, \quad y=\sin\theta$$

(4) $\dfrac{x^2}{16}+\dfrac{y^2}{9}=1$ より，

円 $x^2+y^2=16$ を，x 軸を基準として，

y 軸方向に $\dfrac{3}{4}$ 倍した楕円であるから

$$x=4\cos\theta, \quad y=3\sin\theta$$

289 (1) $x=t+1$ より $t=x-1$
これを $y=2t-3$ に代入すると
$$y=2(x-1)-3 \quad \text{すなわち} \quad y=2x-5$$
よって，直線 $y=2x-5$

(2) $x=2t$ より $t=\dfrac{x}{2}$

これを $y=1-t^2$ に代入すると

$$y=1-\left(\frac{x}{2}\right)^2 \quad \text{すなわち} \quad y=1-\frac{x^2}{4}$$

よって，放物線 $y=-\dfrac{x^2}{4}+1$

媒介変数表示

円 $x^2+y^2=a^2$
$$\begin{cases} x=a\cos\theta \\ y=a\sin\theta \end{cases}$$
楕円 $\dfrac{x^2}{a^2}+\dfrac{y^2}{b^2}=1$
$$\begin{cases} x=a\cos\theta \\ y=b\sin\theta \end{cases}$$

t を媒介変数とする媒介変数表示 ➡ t を消去して，x, y の式にする

(3)　$x=\sqrt{t-2}$　より　$x^2=t-2$　かつ　$x\geqq0$

　　すなわち　$t=x^2+2$　かつ　$x\geqq0$

　　$t=x^2+2$　を　$y^2=t+2$　に代入すると

　　　$y^2=(x^2+2)+2$　すなわち　$y^2=x^2+4$

　　よって，双曲線　$\dfrac{x^2}{4}-\dfrac{y^2}{4}=-1\ (x\geqq0)$

(4)　$x=2\cos\theta+1$　より　$\cos\theta=\dfrac{x-1}{2}$

　　$y=2\sin\theta-3$　より　$\sin\theta=\dfrac{y+3}{2}$

　　これらを　$\sin^2\theta+\cos^2\theta=1$　に代入すると

　　$\left(\dfrac{x-1}{2}\right)^2+\left(\dfrac{y+3}{2}\right)^2=1$

　　すなわち　$\dfrac{(x-1)^2}{4}+\dfrac{(y+3)^2}{4}=1$

　　よって，円　$(x-1)^2+(y+3)^2=4$

(5)　$x=3\cos\theta+3$　より　$\cos\theta=\dfrac{x-3}{3}$

　　$y=5\sin\theta-1$　より　$\sin\theta=\dfrac{y+1}{5}$

　　これらを　$\sin^2\theta+\cos^2\theta=1$　に代入すると

　　$\left(\dfrac{x-3}{3}\right)^2+\left(\dfrac{y+1}{5}\right)^2=1$

　　すなわち　$\dfrac{(x-3)^2}{9}+\dfrac{(y+1)^2}{25}=1$

　　よって，楕円　$\dfrac{(x-3)^2}{9}+\dfrac{(y+1)^2}{25}=1$

(6)　$x=\dfrac{5}{\cos\theta}$　より　$\dfrac{1}{\cos\theta}=\dfrac{x}{5}$

　　$y=4\tan\theta$　より　$\tan\theta=\dfrac{y}{4}$

　　これらを　$1+\tan^2\theta=\dfrac{1}{\cos^2\theta}$　に代入すると

　　$1+\left(\dfrac{y}{4}\right)^2=\left(\dfrac{x}{5}\right)^2$　すなわち　$1+\dfrac{y^2}{16}=\dfrac{x^2}{25}$

　　よって，双曲線　$\dfrac{x^2}{25}-\dfrac{y^2}{16}=1$

$\Leftarrow x=\sqrt{t-2} \Longleftrightarrow \begin{cases} x^2=t-2 \\ x\geqq0 \end{cases}$

　　よって

$\begin{cases} x=\sqrt{t-2} \\ y^2=t+2 \end{cases} \Longleftrightarrow \begin{cases} x^2=t-2 \\ x\geqq0 \\ x^2-y^2=-4 \end{cases}$

三角関数の媒介変数　➡　$\sin^2\theta+\cos^2\theta=1$,　$1+\tan^2\theta=\dfrac{1}{\cos^2\theta}$　を利用

290 (1) $x=\dfrac{1-t^2}{1+t^2}$ より

$(1+t^2)x=1-t^2$

$(1+x)t^2=1-x$ …①

①で $x=-1$ とすると $0 \cdot t^2=2$ となり，不適。

よって，$x \neq -1$ で，①より $t^2=\dfrac{1-x}{1+x}$ …②

また，$y=\dfrac{2t}{1+t^2}$ より $(1+t^2)y=2t$ …③

②を③に代入すると $\left(1+\dfrac{1-x}{1+x}\right)y=2t$

$$t=\dfrac{y}{1+x} \quad \text{…④}$$

④を②に代入すると $\left(\dfrac{y}{1+x}\right)^2=\dfrac{1-x}{1+x}$

$$y^2=(1-x)(1+x)$$

$$x^2+y^2=1$$

ゆえに，求める曲線は

円 $x^2+y^2=1$ ただし，点 $(-1,\ 0)$ を除く。

(2) $x=\dfrac{1-t^2}{1+t^2}$ より

$(1+t^2)x=1-t^2$

$(1+x)t^2=1-x$ …①

①で $x=-1$ とすると $0 \cdot t^2=2$ となり，不適。

よって，$x \neq -1$ で，①より $t^2=\dfrac{1-x}{1+x}$ …②

また，$y=\dfrac{4t}{1+t^2}$ より $(1+t^2)y=4t$ …③

②を③に代入すると $\left(1+\dfrac{1-x}{1+x}\right)y=4t$

$$t=\dfrac{y}{2(1+x)} \quad \text{…④}$$

④を②に代入すると $\left\{\dfrac{y}{2(1+x)}\right\}^2=\dfrac{1-x}{1+x}$

$$y^2=4(1-x)(1+x)$$

$$4x^2+y^2=4$$

ゆえに，求める曲線は

楕円 $x^2+\dfrac{y^2}{4}=1$ ただし，点 $(-1,\ 0)$ を除く。

← t^2 について整理。

← $x=\dfrac{1-t^2}{1+t^2}$，$y=\dfrac{2t}{1+t^2}$ を
x^2+y^2 に代入しても，
$x^2+y^2=1$ は求まるが，
$x \neq -1$ の条件は求めにくい。

← t について整理

← t を消去する。

← $x=-1$ とすると $y=0$
となるので，$(-1,\ 0)$ は除く。

← t^2 について整理。

← $x=\dfrac{1-t^2}{1+t^2}$，$y=\dfrac{4t}{1+t^2}$ を
$x^2+\left(\dfrac{y}{2}\right)^2$ に代入しても
$x^2+\left(\dfrac{y}{2}\right)^2=1$ は求まるが，
$x \neq -1$ の条件は求めにくい。

← t について整理

← t を消去する。

291 (1) $\cos^2\theta = 1 - \sin^2\theta$ に

$x = \sin\theta,\ y = \cos^2\theta$ を代入すると

$\quad y = 1 - x^2$

ただし，$-1 \le \sin\theta \le 1$ より　$-1 \le x \le 1$

よって，**放物線 $y = 1 - x^2$ $(-1 \le x \le 1)$**

$\Leftarrow \sin^2\theta + \cos^2\theta = 1$ を変形。

$\Leftarrow x = \sin\theta$ より，定義域が制限されることに注意する。

(2) $\cos 2\theta = 1 - 2\sin^2\theta$ に

$x = \sin\theta,\ y = \cos 2\theta$ を代入すると

$\quad y = 1 - 2x^2$

ただし，$-1 \le \sin\theta \le 1$ より　$-1 \le x \le 1$

よって，**放物線 $y = 1 - 2x^2$ $(-1 \le x \le 1)$**

$\Leftarrow$ 2倍角の公式

$\Leftarrow x = \sin\theta$ より，定義域が制限されることに注意する。

(3) $x = 2\sin\theta + \cos\theta,\ y = \sin\theta - 2\cos\theta$ より

$\quad \sin\theta = \dfrac{2x + y}{5},\ \cos\theta = \dfrac{x - 2y}{5}$

ここで，$\sin^2\theta + \cos^2\theta = 1$ より

$\quad \left(\dfrac{2x + y}{5}\right)^2 + \left(\dfrac{x - 2y}{5}\right)^2 = 1$

整理して　$x^2 + y^2 = 5$

よって，**円 $x^2 + y^2 = 5$**

292 (1) △PCR について

$\quad$ PR $= a\sin\theta$

$\quad$ CR $= a\cos\theta$

また　$\overset{\frown}{\mathrm{PQ}} = a\theta$

$\Leftarrow \sin A = \dfrac{a}{c}$

$\quad \cos A = \dfrac{b}{c}$

$\Leftarrow$ 半径 r，中心角 θ の扇形の弧の長さは　$l = r\theta$

(2) $x = \mathrm{OQ} - \mathrm{PR}$ であり，

$\mathrm{OQ} = \overset{\frown}{\mathrm{PQ}}$ であるから

$\quad x = a\theta - a\sin\theta = a(\theta - \sin\theta)$

同様に，$y = \mathrm{CQ} - \mathrm{CR}$ であり，

CQ は円の半径であるから

$\quad y = a - a\cos\theta = a(1 - \cos\theta)$

(3) $\theta = 0$ のとき　$x = 0,\ y = 0$

$\theta = \dfrac{\pi}{3}$ のとき　$x = a\left(\dfrac{\pi}{3} - \dfrac{\sqrt{3}}{2}\right),\ y = \dfrac{a}{2}$

$\theta = \dfrac{\pi}{2}$ のとき　$x = a\left(\dfrac{\pi}{2} - 1\right),\ y = a$

$\theta = \dfrac{2}{3}\pi$ のとき　$x = a\left(\dfrac{2}{3}\pi - \dfrac{\sqrt{3}}{2}\right),\ y = \dfrac{3}{2}a$

$\theta = \pi$ のとき　$x = a\pi,\ y = 2a$

$\theta = 2\pi$ のとき　$x = 2a\pi,\ y = 0$

$\Leftarrow \sin\theta = 0,\ \cos\theta = 1$

$\Leftarrow \sin\theta = \dfrac{\sqrt{3}}{2},\ \cos\theta = \dfrac{1}{2}$

$\Leftarrow \sin\theta = 1,\ \cos\theta = 0$

$\Leftarrow \sin\theta = \dfrac{\sqrt{3}}{2},\ \cos\theta = -\dfrac{1}{2}$

$\Leftarrow \sin\theta = 0,\ \cos\theta = -1$

$\Leftarrow \sin\theta = 0,\ \cos\theta = 1$

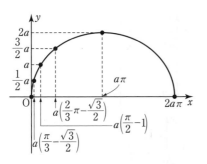

$$a\left(\frac{2}{3}\pi - \frac{\sqrt{3}}{2}\right)$$

$$a\left(\frac{\pi}{2} - 1\right)$$

$$a\left(\frac{\pi}{3} - \frac{\sqrt{3}}{2}\right)$$

← 1つの円が定直線上を滑ること
なく転がるとき，その円の周上
の定点が描く曲線を，
サイクロイドという。

293 直交座標を $(x,\ y)$ とおく。

(1) $x = \cos\dfrac{\pi}{6} = \dfrac{\sqrt{3}}{2}$

$y = \sin\dfrac{\pi}{6} = \dfrac{1}{2}$

よって $\left(\dfrac{\sqrt{3}}{2},\ \dfrac{1}{2}\right)$

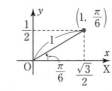

(2) $x = 2\cos\pi = -2$

$y = 2\sin\pi = 0$

よって $(-2,\ 0)$

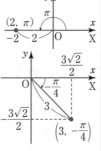

(3) $x = 3\cos\left(-\dfrac{\pi}{4}\right) = \dfrac{3\sqrt{2}}{2}$

$y = 3\sin\left(-\dfrac{\pi}{4}\right) = -\dfrac{3\sqrt{2}}{2}$

よって $\left(\dfrac{3\sqrt{2}}{2},\ -\dfrac{3\sqrt{2}}{2}\right)$

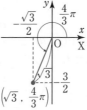

(4) $x = \sqrt{3}\cos\dfrac{4}{3}\pi = -\dfrac{\sqrt{3}}{2}$

$y = \sqrt{3}\sin\dfrac{4}{3}\pi = -\dfrac{3}{2}$

よって $\left(-\dfrac{\sqrt{3}}{2},\ -\dfrac{3}{2}\right)$

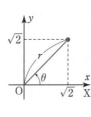

極座標 → 直交座標

極座標 $P(r,\ \theta)$
直交座標 $P(x,\ y)$
$\Longrightarrow \begin{cases} x = r\cos\theta \\ y = r\sin\theta \end{cases}$

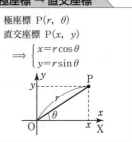

294 (1) $r = \sqrt{(\sqrt{2})^2 + (\sqrt{2})^2} = 2$

$\cos\theta = \dfrac{\sqrt{2}}{2},\ \sin\theta = \dfrac{\sqrt{2}}{2}$

より $\theta = \dfrac{\pi}{4}$

よって $\left(2,\ \dfrac{\pi}{4}\right)$

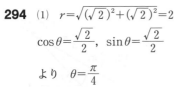

直交座標 → 極座標

直交座標 $P(x,\ y)$
極座標 $P(r,\ \theta)$
$\Longrightarrow \begin{cases} r = \sqrt{x^2 + y^2} \\ \cos\theta = \dfrac{x}{r},\ \sin\theta = \dfrac{y}{r} \end{cases}$

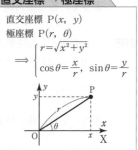

(2) $r=\sqrt{0^2+(-3)^2}=3$

$\cos\theta=0$, $\sin\theta=-1$

より $\theta=\dfrac{3}{2}\pi$

よって $\left(3,\ \dfrac{3}{2}\pi\right)$

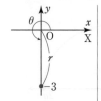

(3) $r=\sqrt{(-1)^2+(-\sqrt{3})^2}=2$

$\cos\theta=-\dfrac{1}{2}$, $\sin\theta=-\dfrac{\sqrt{3}}{2}$

より $\theta=\dfrac{4}{3}\pi$

よって $\left(2,\ \dfrac{4}{3}\pi\right)$

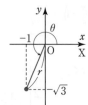

(4) $r=\sqrt{(\sqrt{3})^2+(-1)^2}=2$

$\cos\theta=\dfrac{\sqrt{3}}{2}$, $\sin\theta=-\dfrac{1}{2}$

より $\theta=\dfrac{11}{6}\pi$

よって $\left(2,\ \dfrac{11}{6}\pi\right)$

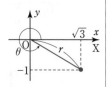

295 (1) この直線上の任意の点を $P(r,\ \theta)$ とすると，

r がどのような値をとっても

つねに $\theta=\dfrac{3}{4}\pi$

よって，極方程式は

$\theta=\dfrac{3}{4}\pi$

(2) この円上の任意の点を $P(r,\ \theta)$ とすると，

θ がどのような値をとっても

つねに $r=4$

よって，極方程式は $r=4$

296 (1) 直線 l 上の任意の点を $P(r,\ \theta)$ とすると

$OP\cos\angle POA=OA$

$OP=r$，$OA=5$，$\angle POA=\dfrac{2}{3}\pi-\theta$

であるから，極方程式は $r\cos\left(\dfrac{2}{3}\pi-\theta\right)=5$

すなわち $r\cos\left(\theta-\dfrac{2}{3}\pi\right)=5$

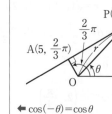

← $\cos(-\theta)=\cos\theta$

(2) 円 C 上の任意の点を $P(r,\ \theta)$ とすると

$\qquad OP = OA\cos\angle AOP$

$\qquad OP = r,\ \ OA = 4,\ \ \angle AOP = \theta - \dfrac{\pi}{6}$

であるから，極方程式は $\quad r = 4\cos\left(\theta - \dfrac{\pi}{6}\right)$

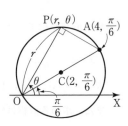

297 (1) 右の図より，直線上の任意の点を

$\quad P(r,\ \theta)$ とおくと

$\qquad OP\cos\angle POA = OA$

$\qquad OP = r,\ \ OA = 3$

$\qquad \angle POA = \theta - \dfrac{\pi}{3}$

であるから，極方程式は

$\quad r\cos\left(\theta - \dfrac{\pi}{3}\right) = 3$

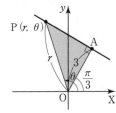

← 直角三角形 OPA で考える。

別解 直交座標で考えると

$\qquad x = 3\cos\dfrac{\pi}{3} = \dfrac{3}{2},\ \ y = 3\sin\dfrac{\pi}{3} = \dfrac{3\sqrt{3}}{2}$

よって $\quad A\left(\dfrac{3}{2},\ \dfrac{3\sqrt{3}}{2}\right)$

← 例題117参照。

この点を通り，OA に垂直な直線は

$\qquad \dfrac{3}{2}\left(x - \dfrac{3}{2}\right) + \dfrac{3\sqrt{3}}{2}\left(y - \dfrac{3\sqrt{3}}{2}\right) = 0$

より $\quad x + \sqrt{3}\,y = 6$

ここで，$x = r\cos\theta,\ y = r\sin\theta$ を代入すると

$\qquad r\cos\theta + \sqrt{3}\,r\sin\theta = 6$

$\qquad 2r\left(\cos\theta\cos\dfrac{\pi}{3} + \sin\theta\sin\dfrac{\pi}{3}\right) = 6$

よって $\quad r\cos\left(\theta - \dfrac{\pi}{3}\right) = 3$

← 法線ベクトルが $\vec{h} = (a,\ b)$ で
点 $(x_1,\ y_1)$ を通る直線の方程
式は
$\qquad a(x - x_1) + b(y - y_1) = 0$

(2) 右の図より，直線上の任意の点を

$\quad P(r,\ \theta)$ とおくと

$\qquad OP\cos\angle POA = OA$

$\qquad OP = r,\ \ OA = 2$

$\qquad \angle POA = \theta - \dfrac{5}{6}\pi$

であるから，極方程式は

$\quad r\cos\left(\theta - \dfrac{5}{6}\pi\right) = 2$

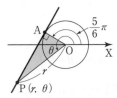

← 直角三角形 OPA で考える。

別解 直交座標で考えると，点 $A\left(2,\ \dfrac{5}{6}\pi\right)$ は

$$x=2\cos\dfrac{5}{6}\pi=-\sqrt{3},\ \ y=2\sin\dfrac{5}{6}\pi=1$$

よって $A(-\sqrt{3},\ 1)$

また，求める直線は傾きが $\tan\dfrac{\pi}{3}$ であるから ← $\tan\dfrac{\pi}{3}=\sqrt{3}$

$$y=\sqrt{3}\,(x+\sqrt{3})+1$$

ここで，$x=r\cos\theta,\ y=r\sin\theta$ を代入すると

$$r\sin\theta=\sqrt{3}\,(r\cos\theta+\sqrt{3})+1$$

$$r(\sin\theta-\sqrt{3}\cos\theta)=4$$

$$2r\left(\sin\theta\sin\dfrac{5}{6}\pi+\cos\theta\cos\dfrac{5}{6}\pi\right)=4$$

よって $r\cos\left(\theta-\dfrac{5}{6}\pi\right)=2$

(3) 右の図のように

点 $A\left(8,\ \dfrac{\pi}{4}\right)$ をおき，

円上の点を $P(r,\ \theta)$ とすると

$OP=r$, $OA=8$

$$\angle AOP=\theta-\dfrac{\pi}{4}$$

よって $r=8\cos\left(\theta-\dfrac{\pi}{4}\right)$

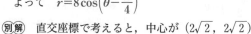

別解 直交座標で考えると，中心が $(2\sqrt{2},\ 2\sqrt{2})$ ← 極座標の中心が $\left(4,\ \dfrac{\pi}{4}\right)$ より

で半径が 4 の円であるから $\left(4\cos\dfrac{\pi}{4},\ 4\sin\dfrac{\pi}{4}\right)$

$$(x-2\sqrt{2})^2+(y-2\sqrt{2})^2=16$$ $=(2\sqrt{2},\ 2\sqrt{2})$

ここで，$x=r\cos\theta,\ y=r\sin\theta$ を代入すると

$$(r\cos\theta-2\sqrt{2})^2+(r\sin\theta-2\sqrt{2})^2=16$$

展開して整理すると

$$r^2-4\sqrt{2}\,r(\cos\theta+\sin\theta)=0$$

$$r^2-4\sqrt{2}\,r\cdot\sqrt{2}\left(\cos\theta\cos\dfrac{\pi}{4}+\sin\theta\sin\dfrac{\pi}{4}\right)=0$$

$$r^2-8r\cos\left(\theta-\dfrac{\pi}{4}\right)=0$$

よって $r=0$ または $r=8\cos\left(\theta-\dfrac{\pi}{4}\right)$ ← $r=8\cos\left(\theta-\dfrac{\pi}{4}\right)$

$r=0$ は $r=8\cos\left(\theta-\dfrac{\pi}{4}\right)$ に含まれるから は，$\theta=\dfrac{3}{4}\pi$ のとき $r=0$

$$r=8\cos\left(\theta-\dfrac{\pi}{4}\right)$$

298 (1)

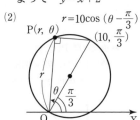

$P(r, \theta)$

$r\cos\left(\theta - \dfrac{3}{4}\pi\right) = \sqrt{2}$

$\left(\sqrt{2}, \dfrac{3}{4}\pi\right)$

r

$\sqrt{2}$

O

X

参考

直交座標の式で表すと

$$r\cos\left(\theta - \frac{3}{4}\pi\right) = \sqrt{2}$$

$$r\left(\cos\theta\cos\frac{3}{4}\pi + \sin\theta\sin\frac{3}{4}\pi\right) = \sqrt{2}$$

$$-\frac{1}{\sqrt{2}}r\cos\theta + \frac{1}{\sqrt{2}}r\sin\theta = \sqrt{2}$$

$r\cos\theta = x, \ r\sin\theta = y$ より

$$-\frac{1}{\sqrt{2}}x + \frac{1}{\sqrt{2}}y = \sqrt{2}$$

よって $y = x + 2$

(2)

$r = 10\cos\left(\theta - \dfrac{\pi}{3}\right)$

$P(r, \theta)$

$\left(10, \dfrac{\pi}{3}\right)$

r

θ $\dfrac{\pi}{3}$

O

X

参考

直交座標の式で表すと

$$r = 10\cos\left(\theta - \frac{\pi}{3}\right)$$

$$r = 10\left(\cos\theta\cos\frac{\pi}{3} + \sin\theta\sin\frac{\pi}{3}\right)$$

$$r = 5\cos\theta + 5\sqrt{3}\sin\theta$$

両辺に r を掛けて

$$r^2 = 5r\cos\theta + 5\sqrt{3}\,r\sin\theta$$

$r^2 = x^2 + y^2, \ r\cos\theta = x, \ r\sin\theta = y$ より

$$x^2 + y^2 = 5x + 5\sqrt{3}\,y$$

よって $\left(x - \dfrac{5}{2}\right)^2 + \left(y - \dfrac{5\sqrt{3}}{2}\right)^2 = 25$

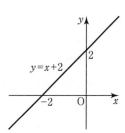

y

$y = x + 2$

2

-2 O x

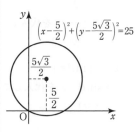

y

$\left(x - \dfrac{5}{2}\right)^2 + \left(y - \dfrac{5\sqrt{3}}{2}\right)^2 = 25$

$\dfrac{5\sqrt{3}}{2}$

$\dfrac{5}{2}$

O x

299 直線 l 上の任意の点を $P(r, \theta)$ とし，
極 O から求める直線に引いた垂線の足を B とすると

$$\mathrm{OP}\cos\angle\mathrm{POB}=\mathrm{OB}$$

$$\mathrm{OP}=r, \quad \angle\mathrm{POB}=\theta-\frac{\pi}{3}$$

$$\mathrm{OB}=\mathrm{OA}\cos\frac{\pi}{3}=2\times\frac{1}{2}=1$$

であるから

$$r\cos\left(\theta-\frac{\pi}{3}\right)=1$$

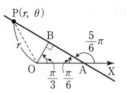

別解 $y=-\dfrac{1}{\sqrt{3}}(x-2)$ より $x+\sqrt{3}\,y=2$

← 傾きは $\tan\dfrac{5}{6}\pi=-\dfrac{1}{\sqrt{3}}$

$x=r\cos\theta, \ y=r\sin\theta$ より
$$r\cos\theta+\sqrt{3}\,r\sin\theta=2$$
$$r(\cos\theta+\sqrt{3}\,\sin\theta)=2$$
$$r\times2\left(\cos\theta\cos\frac{\pi}{3}+\sin\theta\sin\frac{\pi}{3}\right)=2$$

よって

$$r\cos\left(\theta-\frac{\pi}{3}\right)=1$$

300 (1) $r\cos\theta=3$

(2) $r\sin\theta=2$

← 直交座標 $P(x, y)$
極座標 $P(r, \theta)$ の関係式
$x=r\cos\theta, \ y=r\sin\theta$

(3) $y=x$ の傾きに注目すると
$$\tan\theta=1$$
であるから
$$\theta=\frac{\pi}{4}$$

301 (1) $r=\sqrt{2}$
の両辺を 2 乗すると
$$r^2=2$$
$r^2=x^2+y^2$ を代入して
$$x^2+y^2=2$$

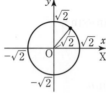

← $r=\sqrt{x^2+y^2}$
$x=r\cos\theta$
$y=r\sin\theta$
で置きかえる。

(2) $r\sin\theta=1$ に
$r\sin\theta=y$ を代入して
$$y=1$$

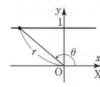

(3)　$r\cos\theta=5$ に
　　　$r\cos\theta=x$ を代入して
　　　　$x=5$

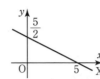

(4)　$r(\cos\theta+2\sin\theta)=5$ より
　　　$r\cos\theta+2r\sin\theta=5$
　　$r\cos\theta=x,\ r\sin\theta=y$ を
　　代入して　$x+2y=5$

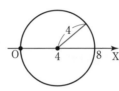

302 (1)　右の図より,
　　　中心 $(4,\ 0)$,
　　　半径 4 の円
　　　　$(x-4)^2+y^2=16$

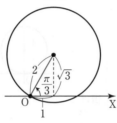

← 直交座標に変換。

(2)　右の図より,
　　　中心 $(1,\ \sqrt{3}\,)$,
　　　半径 2 の円
　　　　$(x-1)^2+(y-\sqrt{3}\,)^2=4$

← 直交座標に変換。

303 (1)　$r^2-2r\sin\theta-3=0$ に
　　　$r^2=x^2+y^2,\ r\sin\theta=y$ を代入して
　　　　$x^2+y^2-2y-3=0$
　　　　$x^2+(y-1)^2=4$
　　直交座標で中心 $(0,\ 1)$ であるから,
　　極座標では中心 $\left(1,\ \dfrac{\pi}{2}\right)$ となる。

　　よって　中心 $\left(1,\ \dfrac{\pi}{2}\right)$, 半径 2

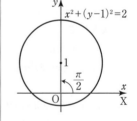

(2)　$r^2-4r\cos\theta-4\sqrt{3}\,r\sin\theta+7=0$ に
　　　$r^2=x^2+y^2,\ r\cos\theta=x,\ r\sin\theta=y$ を代入して
　　　　$x^2+y^2-4x-4\sqrt{3}\,y+7=0$
　　　　$(x-2)^2+(y-2\sqrt{3}\,)^2=9$
　　直交座標で中心 $(2,\ 2\sqrt{3}\,)$ であるから,
　　極座標では中心 $\left(4,\ \dfrac{\pi}{3}\right)$ となる。

　　よって　中心 $\left(4,\ \dfrac{\pi}{3}\right)$, 半径 3

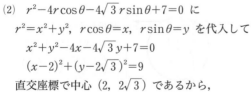

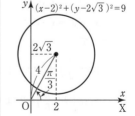

304 (1) $3r^2\cos^2\theta+r^2=4$ より

$\qquad 3(r\cos\theta)^2+r^2=4$

$\qquad r\cos\theta=x,\ r^2=x^2+y^2$ を代入して

$\qquad 3x^2+x^2+y^2=4$

$\qquad$ よって $\quad x^2+\dfrac{y^2}{4}=1$

(2) $2r^2\sin^2\theta-r^2=1$ より

$\qquad 2(r\sin\theta)^2-r^2=1$

$\qquad r\sin\theta=y,\ r^2=x^2+y^2$ を代入して

$\qquad 2y^2-x^2-y^2=1$

$\qquad$ よって $\quad x^2-y^2=-1$

305 (1) $r=\sin\theta$ の両辺に r を掛けて

$\qquad r^2=r\sin\theta$

$\quad r^2=x^2+y^2,\ r\sin\theta=y$ を

$\quad$ 代入して

$\qquad x^2+y^2=y$

$\quad$ よって $\quad x^2+\left(y-\dfrac{1}{2}\right)^2=\dfrac{1}{4}$

$\quad\Leftarrow x^2+y^2=y$ より
$\qquad x^2+y^2-y=0$
$\qquad x^2+\left(y-\dfrac{1}{2}\right)^2=\dfrac{1}{4}$

(2) $r=4\cos\theta$ の両辺に r を掛けて

$\qquad r^2=4r\cos\theta$

$\quad r^2=x^2+y^2,\ r\cos\theta=x$ を

$\quad$ 代入して

$\qquad x^2+y^2=4x$

$\quad$ よって $\quad (x-2)^2+y^2=4$

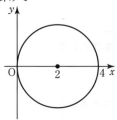

$\quad\Leftarrow x^2+y^2=4x$ より
$\qquad x^2-4x+y^2=0$
$\qquad (x-2)^2+y^2=4$

(3) $r=\cos\theta-\sqrt{3}\sin\theta$ の両辺に r を掛けて

$\qquad r^2=r\cos\theta-\sqrt{3}\,r\sin\theta$

$\quad r^2=x^2+y^2,\ r\cos\theta=x,$

$\quad r\sin\theta=y$ を代入して

$\qquad x^2+y^2=x-\sqrt{3}\,y$

$\quad$ よって

$\qquad \left(x-\dfrac{1}{2}\right)^2+\left(y+\dfrac{\sqrt{3}}{2}\right)^2=1$

$\quad\Leftarrow x^2+y^2=x-\sqrt{3}\,y$ より
$\qquad x^2-x+y^2+\sqrt{3}\,y=0$
$\qquad \left(x-\dfrac{1}{2}\right)^2+\left(y+\dfrac{\sqrt{3}}{2}\right)^2=1$

(4) $r\cos\left(\theta+\dfrac{\pi}{6}\right)=2$ より

$\qquad r\left(\cos\theta\cos\dfrac{\pi}{6}-\sin\theta\sin\dfrac{\pi}{6}\right)=2$

$$r\left(\frac{\sqrt{3}}{2}\cos\theta-\frac{1}{2}\sin\theta\right)=2$$

$$\frac{\sqrt{3}}{2}r\cos\theta-\frac{1}{2}r\sin\theta=2$$

$r\cos\theta=x,\ r\sin\theta=y$ を
代入して

$$\frac{\sqrt{3}}{2}x-\frac{1}{2}y=2$$

よって
$$\sqrt{3}\,x-y=4$$

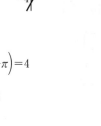

(5) $r\sin\left(\theta-\frac{4}{3}\pi\right)=4$ より

$$r\left(\sin\theta\cos\frac{4}{3}\pi-\cos\theta\sin\frac{4}{3}\pi\right)=4$$

$$r\left(-\frac{1}{2}\sin\theta+\frac{\sqrt{3}}{2}\cos\theta\right)=4$$

$$-\frac{1}{2}r\sin\theta+\frac{\sqrt{3}}{2}r\cos\theta=4$$

$r\sin\theta=y,\ r\cos\theta=x$ を
代入して

$$-\frac{1}{2}y+\frac{\sqrt{3}}{2}x=4$$

よって
$$\sqrt{3}\,x-y=8$$

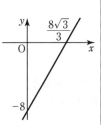

(6) $r\cos^2\dfrac{\theta}{2}=1$ より

$$r\times\frac{1+\cos\theta}{2}=1$$

$$r+r\cos\theta=2$$

$r=\sqrt{x^2+y^2},\ r\cos\theta=x$ を
代入して

$$\sqrt{x^2+y^2}+x=2$$
$$\sqrt{x^2+y^2}=2-x$$

両辺を2乗して
$$x^2+y^2=4-4x+x^2$$

よって
$$y^2=4-4x$$

←半角の公式
$$\cos^2\frac{\theta}{2}=\frac{1+\cos\theta}{2}$$

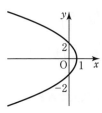

306 (1) $x+y=1$ に

$x=r\cos\theta,\ y=r\sin\theta$ を代入すると

$r\cos\theta+r\sin\theta=1$

整理して $r(\cos\theta+\sin\theta)=1$

ここで

$$\cos\theta+\sin\theta=\sqrt{2}\left(\frac{1}{\sqrt{2}}\cos\theta+\frac{1}{\sqrt{2}}\sin\theta\right)$$

$$=\sqrt{2}\left(\cos\theta\cos\frac{\pi}{4}+\sin\theta\sin\frac{\pi}{4}\right)$$

$$=\sqrt{2}\cos\left(\theta-\frac{\pi}{4}\right)$$

よって $r\times\sqrt{2}\cos\left(\theta-\frac{\pi}{4}\right)=1$

$$r\cos\left(\theta-\frac{\pi}{4}\right)=\frac{1}{\sqrt{2}}$$

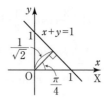

(2) $r^2\cos^2\theta+r^2\sin^2\theta=4$ より

$r^2(\cos^2\theta+\sin^2\theta)=4$

よって $r^2=4$

ゆえに $r=2$

（$r=-2$ でもよい）

(3) $(x-1)^2+(y-1)^2=1$ に

$x=r\cos\theta,\ y=r\sin\theta$ を代入すると

$(r\cos\theta-1)^2+(r\sin\theta-1)^2=1$

展開して整理すると

$(r^2\cos^2\theta-2r\cos\theta+1)+(r^2\sin^2\theta-2r\sin\theta+1)=1$

$r^2-2r(\cos\theta+\sin\theta)+1=0$

ここで

$$\cos\theta+\sin\theta=\sqrt{2}\left(\frac{1}{\sqrt{2}}\cos\theta+\frac{1}{\sqrt{2}}\sin\theta\right)$$

$$=\sqrt{2}\left(\cos\theta\cos\frac{\pi}{4}+\sin\theta\sin\frac{\pi}{4}\right)$$

$$=\sqrt{2}\cos\left(\theta-\frac{\pi}{4}\right)$$

よって $r^2-2\sqrt{2}\,r\cos\left(\theta-\frac{\pi}{4}\right)+1=0$

(4) $2xy=5$ に

$x=r\cos\theta,\ y=r\sin\theta$ を代入すると

$2r^2\sin\theta\cos\theta=5$

よって $r^2\sin2\theta=5$

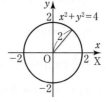

◆ $r=2$ と $r=-2$ は同じ円を描くので，どちらか一方を解答すればよい。

◆2倍角の公式

$\sin2\theta=2\sin\theta\cos\theta$

(5) $y=x^2$ に

$x=r\cos\theta,\ y=r\sin\theta$ を代入すると

$\qquad r\sin\theta=r^2\cos^2\theta$

整理して $\quad r(r\cos^2\theta-\sin\theta)=0$

よって $\quad r=0 \quad\cdots$①

$\qquad$ または $\quad \sin\theta=r\cos^2\theta \quad\cdots$②

ここで，②は $\theta=0$ のとき $r=0$ となるから，

①は②に含まれる。

ゆえに $\quad r\cos^2\theta=\sin\theta$

307 (1) $y^2=4x$ に

$x=r\cos\theta,\ y=r\sin\theta$ を代入すると

$\qquad r^2\sin^2\theta=4r\cos\theta$

整理して $\quad r(r\sin^2\theta-4\cos\theta)=0$

よって $\quad r=0 \quad\cdots$①

$\qquad$ または $\quad r\sin^2\theta=4\cos\theta \quad\cdots$②

ここで，②は $\theta=\dfrac{\pi}{2}$ のとき $r=0$ となるから，

①は②に含まれる。

ゆえに $\quad r\sin^2\theta=4\cos\theta$

(2) $\dfrac{x^2}{4}+\dfrac{y^2}{2}=1$ に

$x=r\cos\theta,\ y=r\sin\theta$ を代入すると

$\qquad \dfrac{r^2\cos^2\theta}{4}+\dfrac{r^2\sin^2\theta}{2}=1$

$\qquad r^2(\cos^2\theta+2\sin^2\theta)=4$ $\qquad\qquad$ ← $\sin^2\theta=1-\cos^2\theta$

よって $\quad r^2(2-\cos^2\theta)=4$

(3) $x^2-y^2=1$ に

$x=r\cos\theta,\ y=r\sin\theta$ を代入すると

$\qquad r^2\cos^2\theta-r^2\sin^2\theta=1$

$\qquad r^2(\cos^2\theta-\sin^2\theta)=1$ $\qquad\qquad$ ← 2倍角の公式

よって $\quad r^2\cos2\theta=1$ $\qquad\qquad\qquad\qquad\quad \cos2\theta=\cos^2\theta-\sin^2\theta$

308 (1) $r=\dfrac{2}{1+\cos\theta}$ より

$r+r\cos\theta=2$

$r=-r\cos\theta+2$

$r=\sqrt{x^2+y^2},\ r\cos\theta=x$ を代入すると

$\sqrt{x^2+y^2}=-x+2$

両辺を 2 乗して

$x^2+y^2=x^2-4x+4$

よって $y^2=-4(x-1)$ ← 放物線。

(2) $r=\dfrac{2}{\sqrt{2}+\cos\theta}$ より

$\sqrt{2}\,r+r\cos\theta=2$

$\sqrt{2}\,r=-r\cos\theta+2$

$r=\sqrt{x^2+y^2},\ r\cos\theta=x$ を代入すると

$\sqrt{2}\sqrt{x^2+y^2}=-x+2$

両辺を 2 乗して

$2(x^2+y^2)=x^2-4x+4$

$x^2+4x+2y^2=4$

$(x+2)^2+2y^2=8$

よって $\dfrac{(x+2)^2}{8}+\dfrac{y^2}{4}=1$ ← 楕円。

(3) $r=\dfrac{3}{1+2\cos\theta}$ より

$r+2r\cos\theta=3$

$r=-2r\cos\theta+3$

$r=\sqrt{x^2+y^2},\ r\cos\theta=x$ を代入すると

$\sqrt{x^2+y^2}=-2x+3$

両辺を 2 乗して

$x^2+y^2=4x^2-12x+9$

$3x^2-12x-y^2=-9$

$3(x-2)^2-y^2=3$

よって $(x-2)^2-\dfrac{y^2}{3}=1$ ← 双曲線。

参考 極方程式 $r=\dfrac{ea}{1-e\cos\theta}\ \ (a>0)$

のとき, e を離心率といい,

$0<e<1$ のとき 楕円

$e=1$ のとき 放物線

$e>1$ のとき 双曲線 となる。

309 $P(x_1, y_1)$ とおくと

$$\frac{x_1{}^2}{16} - \frac{y_1{}^2}{9} = 1$$

よって $9x_1{}^2 - 16y_1{}^2 = 144$

双曲線の漸近線の方程式は

$$y = \frac{3}{4}x, \quad y = -\frac{3}{4}x$$

すなわち

$3x - 4y = 0$ …①

$3x + 4y = 0$ …②

P から①に下ろした垂線を PQ,

P から②に下ろした垂線を PR とすると

$$PQ \cdot PR = \frac{|3x_1 - 4y_1|}{\sqrt{3^2 + (-4)^2}} \cdot \frac{|3x_1 + 4y_1|}{\sqrt{3^2 + 4^2}}$$

$$= \frac{|9x_1{}^2 - 16y_1{}^2|}{5 \times 5}$$

$$= \frac{144}{25} \quad (\text{一定}) \quad \blacksquare$$

◆ 点 P は双曲線 $\dfrac{x^2}{16} - \dfrac{y^2}{9} = 1$ 上にある。

◆ 点 (x_1, y_1) と
直線 $ax + by + c = 0$ との
距離は
$$\frac{|ax_1 + by_1 + c|}{\sqrt{a^2 + b^2}}$$

310 放物線 $y^2 = 4x$ の

焦点は $(1, 0)$, 準線は $x = -1$

点 P の座標を (s, t) とすると, これは

放物線上の原点以外の任意の点であるから

$t^2 = 4s \quad (s \neq 0)$ …①

また, 点 H の座標は $(-1, t)$

　　　点 M の座標は $\left(0, \dfrac{t}{2}\right)$

よって, 直線 PM の傾きは

$$\frac{\dfrac{t}{2} - t}{0 - s} = \frac{t}{2s}$$

同様に, 直線 FM の傾きは

$$\frac{\dfrac{t}{2} - 0}{0 - 1} = -\frac{t}{2}$$

これらの傾きの積は $\dfrac{t}{2s} \times \left(-\dfrac{t}{2}\right) = -\dfrac{t^2}{4s}$

①より $-\dfrac{t^2}{4s} = -1$

ゆえに PM⊥FM $\blacksquare$

◆ 2 直線 $y = mx + n$
$y = m'x + n'$ について
2 直線が垂直 $\iff mm' = -1$

311 楕円 $\dfrac{x^2}{a^2}+\dfrac{y^2}{b^2}=1$ の焦点は $(\pm\sqrt{a^2-b^2},\ 0)$

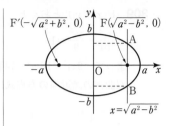

与えられた図形は y 軸に関して対称であるから，

AB が点 $(\sqrt{a^2-b^2},\ 0)$ を通るとすると

$$\dfrac{(\sqrt{a^2-b^2})^2}{a^2}+\dfrac{y^2}{b^2}=1$$

$$b^2(a^2-b^2)+a^2y^2=a^2b^2$$

$$a^2y^2=b^4$$

$$y^2=\dfrac{b^4}{a^2}\quad\text{より}\quad y=\pm\dfrac{b^2}{a}$$

$\blacktriangleleft a>0,\ b^2>0$

よって $\mathrm{A}\left(\sqrt{a^2-b^2},\ \dfrac{b^2}{a}\right),\ \mathrm{B}\left(\sqrt{a^2-b^2},\ -\dfrac{b^2}{a}\right)$

このとき

弦 $\mathrm{AB}=\dfrac{b^2}{a}-\left(-\dfrac{b^2}{a}\right)=\dfrac{2b^2}{a}$

（長軸の長さ）$\times\mathrm{AB}=2a\times\dfrac{2b^2}{a}=4b^2$

（短軸の長さ）$^2=(2b)^2=4b^2$

ゆえに （短軸の長さ）$^2=$（長軸の長さ）$\times\mathrm{AB}$

312 $\mathrm{P}(x_1,\ y_1)$ とおくと $x_1{}^2-y_1{}^2=1$ より

$y_1{}^2=x_1{}^2-1$

また，$\mathrm{F}(\sqrt{2},\ 0)$ より

$\mathrm{PF}^2=(x_1-\sqrt{2})^2+y_1{}^2$

$\quad=x_1{}^2-2\sqrt{2}\,x_1+2+x_1{}^2-1$

$\quad=2x_1{}^2-2\sqrt{2}\,x_1+1=(\sqrt{2}\,x_1-1)^2$

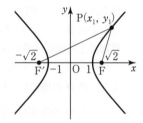

よって

$\mathrm{PF}=\sqrt{(\sqrt{2}\,x_1-1)^2}=|\sqrt{2}\,x_1-1|$

同様に

$\mathrm{PF'}^2=(x_1+\sqrt{2})^2+y_1{}^2$

$\quad=x_1{}^2+2\sqrt{2}\,x_1+2+x_1{}^2-1$

$\quad=2x_1{}^2+2\sqrt{2}\,x_1+1=(\sqrt{2}\,x_1+1)^2$

よって

$\mathrm{PF'}=\sqrt{(\sqrt{2}\,x_1+1)^2}=|\sqrt{2}\,x_1+1|$

$\mathrm{PF}\cdot\mathrm{PF'}=|\sqrt{2}\,x_1-1||\sqrt{2}\,x_1+1|$

$\quad=|2x_1{}^2-1|=2x_1{}^2-1$

$\mathrm{OP}^2=x_1{}^2+y_1{}^2=x_1{}^2+x_1{}^2-1=2x_1{}^2-1$

$\blacktriangleleft$ 点 P が双曲線上にあるから
$\quad|x_1|\geqq1$

ゆえに $\mathrm{PF}\cdot\mathrm{PF'}=\mathrm{OP}^2$

313 A$(2, 0)$, P(x, y) とおく。

点 P から直線 $x=-1$ に下ろした垂線の足を
H$(-1, y)$ とすると
$$AP=\sqrt{(x-2)^2+y^2}$$
$$PH=|x-(-1)|=|x+1|$$

(1) AP : PH$=\sqrt{2}:1$ より
$$AP=\sqrt{2}\,PH \quad すなわち \quad AP^2=2PH^2$$
よって $(x-2)^2+y^2=2(x+1)^2$

展開して整理すると
$$x^2-4x+4+y^2=2x^2+4x+2$$
$$x^2+8x-y^2=2$$
$$(x+4)^2-y^2=18$$
ゆえに，点 P の軌跡は

双曲線 $\dfrac{(x+4)^2}{18}-\dfrac{y^2}{18}=1$

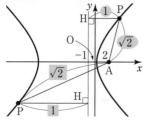

(2) AP : PH$=1:\sqrt{2}$ より
$$\sqrt{2}\,AP=PH \quad すなわち \quad 2AP^2=PH^2$$
よって $2\{(x-2)^2+y^2\}=(x+1)^2$
$$2x^2-8x+8+2y^2=x^2+2x+1$$
$$x^2-10x+2y^2=-7$$
$$(x-5)^2+2y^2=18$$

ゆえに，点 P の軌跡は 楕円 $\dfrac{(x-5)^2}{18}+\dfrac{y^2}{9}=1$

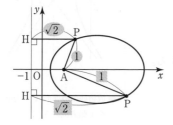

← AP : PH$=e:1$ のとき，
点 P の軌跡は
　$0<e<1$ のとき楕円
　$e=1$ のとき放物線
　$e>1$ のとき双曲線
を表す。

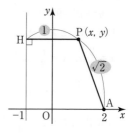

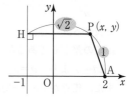

平面上の曲線

314 円の中心 $(2, 0)$ を点 A とし，

P(x, y) $(x>0)$ とおくと

PA$=x+1$ より

$\sqrt{(x-2)^2+y^2}=x+1$

両辺を 2 乗して整理すると $y^2=6x-3$

よって，放物線 $y^2=6x-3$

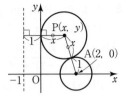

⬅ 焦点 A$(2, 0)$，準線 $x=-1$
　の放物線。

315 A$(u, 0)$，B$(0, v)$ とすると

$u^2+v^2=9$ $\cdots$①

P(x, y) とおくと

$x=\dfrac{2}{3}u$, $y=\dfrac{v}{3}$ より

$u=\dfrac{3}{2}x$, $v=3y$

①に代入すると $\dfrac{9}{4}x^2+9y^2=9$

よって，楕円 $\dfrac{x^2}{4}+y^2=1$

⬅ A は x 軸上，B は y 軸上を動く。

$⬅ x=\dfrac{2\cdot u+1\cdot 0}{1+2}$, $y=\dfrac{2\cdot 0+1\cdot v}{1+2}$

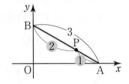

316 2 点からの距離の差が一定であることから，

求める軌跡は双曲線である。

中心は $(5, -2)$ で，焦点は $y=-2$ 上にあるから

$\dfrac{(x-5)^2}{a^2}-\dfrac{(y+2)^2}{b^2}=1$ $(a>0, b>0)$

と表せる。

距離の差が 6 であるから

$2a=6$ より $a=3$

また，焦点が $(0, -2)$，$(10, -2)$ であるから

$a^2+b^2=5^2$ より $3^2+b^2=5^2$

よって $b^2=16$

ゆえに，求める軌跡は

双曲線 $\dfrac{(x-5)^2}{9}-\dfrac{(y+2)^2}{16}=1$

⬅ 焦点 $(0, -2)$，$(10, -2)$

⬅ 双曲線の標準形

$\dfrac{x^2}{a^2}-\dfrac{y^2}{b^2}=1$ $(a>0, b>0)$

を x 軸方向に 5，

y 軸方向に -2 だけ平行移動。

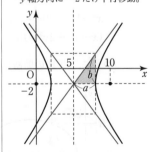

317 焦点 $(5, 0)$，準線が $y=-4$ の放物線である。

頂点は $(5, -2)$ となるから

$(x-5)^2=4p(y+2)$

と表せる。

⬅ 放物線の標準形 $x^2=4py$

を x 軸方向に 5，

y 軸方向に -2 だけ平行移動。

焦点 $(5,0)$ から準線 $y=-4$ までの距離は 4
であるから

$2p=4$ より $p=2$

よって，求める軌跡は

放物線 $(x-5)^2=8(y+2)$

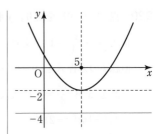

318 $y=2x+2$ を $x^2+4y^2=4$ に代入して整理すると

$x^2+4(2x+2)^2=4$

$17x^2+32x+12=0$ $\cdots$①

$P(x_1,\ y_1)$, $Q(x_2,\ y_2)$ とすると

x_1, x_2 は①の異なる 2 つの実数解である。

解と係数の関係から $x_1+x_2=-\dfrac{32}{17}$

PQ の中点の座標を $(x,\ y)$ とすると

$x=\dfrac{x_1+x_2}{2}=-\dfrac{16}{17}$

$y=2\cdot\left(-\dfrac{16}{17}\right)+2=\dfrac{2}{17}$

よって，中点の座標は $\left(-\dfrac{16}{17},\ \dfrac{2}{17}\right)$

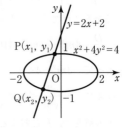

← P，Q が直線 $y=2x+2$ 上の点
であるから，PQ の中点も直線
$y=2x+2$ 上。

319 $y^2=4x$ に $y=mx+m$ を代入して

$m^2x^2+2(m^2-2)x+m^2=0$ $\cdots$①

$m=0$ のとき

$x=0$ となり共有点は 1 個

$m\neq0$ のとき

①の判別式を D とすると

$\dfrac{D}{4}=(m^2-2)^2-m^4=-4(m^2-1)$

共有点の個数は

$\begin{cases} D>0 \ \text{つまり} \ -1<m<1\ (m\neq0) \ \text{のとき} \ 2\,\text{個} \\ D=0 \ \text{つまり} \ m=\pm1 \qquad\qquad \text{のとき} \ 1\,\text{個} \\ D<0 \ \text{つまり} \ m<-1,\ 1<m \qquad \text{のとき} \ 0\,\text{個} \end{cases}$

以上より

$\begin{cases} -1<m<0,\ 0<m<1 \ \text{のとき，} \ 2\,\text{個} \\ m=0,\ \pm1 \ \text{のとき，} \ 1\,\text{個} \\ m<-1,\ 1<m \ \text{のとき，} \ 0\,\text{個} \end{cases}$

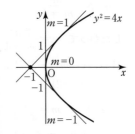

320 点 A$(2, 0)$ を通り，y軸に平行な直線は

楕円 $x^2+\dfrac{y^2}{4}=1$ と交わらないから，

直線 l の方程式を $y=m(x-2)$ とおく。

これを $x^2+\dfrac{y^2}{4}=1$ に代入して

$\qquad 4x^2+\{m(x-2)\}^2=4$

整理して

$\qquad (m^2+4)x^2-4m^2x+4(m^2-1)=0$ $\cdots$①

異なる 2 点で交わるから，①の判別式を D とすると

$\dfrac{D}{4}=4m^4-4(m^2+4)(m^2-1)>0$

よって $3m^2-4<0$

ゆえに $-\dfrac{2}{\sqrt{3}}<m<\dfrac{2}{\sqrt{3}}$ $\cdots$②

①の解を α, β とおくと

P$(\alpha, m(\alpha-2))$, Q$(\beta, m(\beta-2))$ とおける。

M(x, y) とおくと $x=\dfrac{\alpha+\beta}{2}$

①より，解と係数の関係から

$\qquad \alpha+\beta=\dfrac{4m^2}{m^2+4}$

したがって $x=\dfrac{2m^2}{m^2+4}$ $\cdots$③

M は，$y=m(x-2)$ 上にあるから

$\qquad y=m(x-2)$

$x\neq 2$ より $m=\dfrac{y}{x-2}$ $\cdots$④

③，④より，m を消去して

$\qquad x=\dfrac{2\left(\dfrac{y}{x-2}\right)^2}{\left(\dfrac{y}{x-2}\right)^2+4}$

これを整理して

$\qquad x=\dfrac{2y^2}{y^2+4(x-2)^2}$

$\qquad x\{y^2+4(x-2)^2\}=2y^2$

$\qquad y^2(x-2)+4x(x-2)^2=0$

$\qquad y^2+4x(x-2)=0$

$\qquad y^2+4x^2-8x=0$

← 点 A$(2, 0)$ を通る直線のうち，$x=2$ だけは $y=m(x-2)$ では表せない。

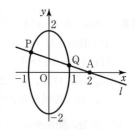

← 分母・分子に $(x-2)^2$ を掛ける。

← $x\neq 2$ より $x-2\neq 0$ であるから，$x-2$ で割れる。

すなわち $(x-1)^2+\dfrac{y^2}{4}=1$

また，③より $x=2-\dfrac{8}{m^2+4}$

②より $0\leqq m^2<\dfrac{4}{3}$ であるから

$4\leqq m^2+4<\dfrac{16}{3}$

$\dfrac{3}{16}<\dfrac{1}{m^2+4}\leqq\dfrac{1}{4}$

$-2\leqq-\dfrac{8}{m^2+4}<-\dfrac{3}{2}$

$0\leqq2-\dfrac{8}{m^2+4}<\dfrac{1}{2}$

よって $0\leqq x<\dfrac{1}{2}$

ゆえに，求める軌跡は

楕円 $(x-1)^2+\dfrac{y^2}{4}=1$ の $0\leqq x<\dfrac{1}{2}$ の部分

$\Leftarrow x=\dfrac{2m^2}{m^2+4}=\dfrac{2(m^2+4)-8}{m^2+4}$

321 $y=t(x+1)$ と楕円 $x^2+\dfrac{y^2}{4}=1$ の交点のうち，

$(-1,\ 0)$ と異なる点を $\mathrm{P}(x,\ y)$ とおく。

$\begin{cases} y=t(x+1) &\cdots① \\ x^2+\dfrac{y^2}{4}=1 &\cdots② \end{cases}$

①を②に代入すると

$x^2+\dfrac{t^2(x+1)^2}{4}=1$

$4(x^2-1)+t^2(x+1)^2=0$

$4(x+1)(x-1)+t^2(x+1)^2=0$

$(x+1)\{4(x-1)+t^2(x+1)\}=0$

$(x+1)\{(t^2+4)x+t^2-4\}=0$

$x\neq-1$ より $x=-\dfrac{t^2-4}{t^2+4}=\dfrac{-t^2+4}{t^2+4}$

①に代入して $y=t\left(\dfrac{-t^2+4}{t^2+4}+1\right)=\dfrac{8t}{t^2+4}$

よって，楕円は媒介変数 t を用いて

$x=\dfrac{-t^2+4}{t^2+4}$, $y=\dfrac{8t}{t^2+4}$ と表せる。

3 章

平面上の曲線

183

322 点 P の極座標を $P(r, \theta)$ とする。

(1) $OP=r$, $PH=1+r\cos\theta$ であるから

$OP=2PH$ より

$r=2(1+r\cos\theta)$

$r(1-2\cos\theta)=2$

よって $r=\dfrac{2}{1-2\cos\theta}$ （双曲線）

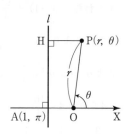

(2) $OP=r$, $PH=1+r\cos\theta$ であるから

$2OP=PH$ より

$2r=1+r\cos\theta$

$r(2-\cos\theta)=1$

よって $r=\dfrac{1}{2-\cos\theta}$ （楕円）

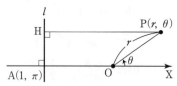

(1) $r=2+2r\cos\theta$ を直交座標の方程式で表すと

$r=\sqrt{x^2+y^2}$, $r\cos\theta=x$ より

$\sqrt{x^2+y^2}=2+2x$

$x^2+y^2=4x^2+8x+4$

$3x^2+8x-y^2+4=0$

$3\left(x+\dfrac{4}{3}\right)^2-y^2=\dfrac{4}{3}$

$\dfrac{9}{4}\left(x+\dfrac{4}{3}\right)^2-\dfrac{3}{4}y^2=1$

(2) $2r=1+r\cos\theta$ を直交座標の方程式で表すと

$r=\sqrt{x^2+y^2}$, $r\cos\theta=x$ より

$2\sqrt{x^2+y^2}=1+x$

$4(x^2+y^2)=x^2+2x+1$

$3x^2-2x+4y^2=1$

$3\left(x-\dfrac{1}{3}\right)^2+4y^2=\dfrac{4}{3}$

$\dfrac{9}{4}\left(x-\dfrac{1}{3}\right)^2+3y^2=1$

数学 C　復習問題

15 (1) $(2\vec{a}+3\vec{b})+(4\vec{a}-5\vec{b})=2\vec{a}+3\vec{b}+4\vec{a}-5\vec{b}$
$$=6\vec{a}-2\vec{b}$$

(2) $\dfrac{1}{2}\vec{a}-\dfrac{1}{3}(\vec{a}-2\vec{b})=\dfrac{1}{2}\vec{a}-\dfrac{1}{3}\vec{a}+\dfrac{2}{3}\vec{b}$
$$=\dfrac{1}{6}\vec{a}+\dfrac{2}{3}\vec{b}$$

16　$(3x+5)\vec{a}-(6x+5y)\vec{b}=\vec{0}$ で
$\vec{a}$, $\vec{b}$ が1次独立であるから

$\quad 3x+5=0$　…① かつ $6x+5y=0$　…②

①より　$x=-\dfrac{5}{3}$

②に代入して　$6\cdot\left(-\dfrac{5}{3}\right)+5y=0$

ゆえに　$y=2$

$\Leftarrow m\vec{a}+n\vec{b}=\vec{0}$
　　$\Longleftrightarrow m=0$ かつ $n=0$

17 (1)　$\vec{x}=2\vec{a}+\vec{b}=2(1,\ 2)+(-2,\ 3)$
$$=(2,\ 4)+(-2,\ 3)$$
$$=(0,\ 7)$$
$\quad |\vec{x}|=\sqrt{0^2+7^2}=\sqrt{49}=7$

(2)　$2(\vec{x}+\vec{b})=\vec{a}-\vec{b}+\vec{x}$ より
$\quad 2\vec{x}+2\vec{b}=\vec{a}-\vec{b}+\vec{x}$

よって
$\quad \vec{x}=\vec{a}-3\vec{b}$
$\quad\quad =(1,\ 2)-3(-2,\ 3)$
$\quad\quad =(1,\ 2)-(-6,\ 9)$
$\quad\quad =(7,\ -7)$
$\quad |\vec{x}|=\sqrt{7^2+(-7)^2}=\sqrt{98}=7\sqrt{2}$

18　$\vec{a}=(1,\ 3)$, $\vec{b}=(2,\ y)$ より
$\quad \vec{a}\cdot\vec{b}=2+3y$　…①
また, $\vec{a}$ と $\vec{b}$ のなす角が $45°$ であるから
$\quad \vec{a}\cdot\vec{b}=|\vec{a}||\vec{b}|\cos 45°$
$\quad\quad =\sqrt{10}\times\sqrt{4+y^2}\times\dfrac{1}{\sqrt{2}}$
$\quad\quad =\sqrt{5(4+y^2)}$　…②

成分によるベクトルの演算

$(a_1,\ a_2)+(b_1,\ b_2)$
$\quad =(a_1+b_1,\ a_2+b_2)$
$(a_1,\ a_2)-(b_1,\ b_2)$
$\quad =(a_1-b_1,\ a_2-b_2)$
$k(a_1,\ a_2)=(ka_1,\ ka_2)$

ベクトルの大きさ

① $\vec{a}=(a_1,\ a_2)$ について
$\quad |\vec{a}|=\sqrt{a_1{}^2+a_2{}^2}$
② $A(a_1,\ a_2)$, $B(b_1,\ b_2)$ に
ついて
$\quad \overrightarrow{AB}=(b_1-a_1,\ b_2-a_2)$
$\quad |\overrightarrow{AB}|=\sqrt{(b_1-a_1)^2+(b_2-a_2)^2}$

$\Leftarrow \vec{x}=7(1,\ -1)$ から
$\quad |\vec{x}|=7\sqrt{1^2+(-1)^2}=7\sqrt{2}$
と計算してもよい。

ベクトルの内積

$\vec{a}=(a_1,\ a_2)$, $\vec{b}=(b_1,\ b_2)$ の
なす角を θ とすると
$\vec{a}\cdot\vec{b}=a_1b_1+a_2b_2$
$\quad =|\vec{a}||\vec{b}|\cos\theta$

185

①，②より
$$2+3y=\sqrt{5(4+y^2)} \quad \cdots ③$$

ここで，$2+3y>0$ より $y>-\dfrac{2}{3}$

このとき，③の両辺を2乗して
$$(2+3y)^2=5(4+y^2)$$
$$4y^2+12y-16=0$$
$$y^2+3y-4=0$$
$$(y+4)(y-1)=0$$

よって $y=-4,\ 1$

$y>-\dfrac{2}{3}$ より $y=1$

19 (1) $|\vec{a}-\vec{b}|^2=|\vec{a}|^2-2\vec{a}\cdot\vec{b}+|\vec{b}|^2$ であるから
$$1^2=2^2-2\vec{a}\cdot\vec{b}+(\sqrt{3})^2$$

よって $\vec{a}\cdot\vec{b}=3$

ゆえに $\cos\theta=\dfrac{\vec{a}\cdot\vec{b}}{|\vec{a}||\vec{b}|}=\dfrac{3}{2\times\sqrt{3}}=\dfrac{\sqrt{3}}{2}$

$0°\leqq\theta\leqq180°$ であるから $\theta=30°$

(2) $|2\vec{a}-3\vec{b}|^2=4|\vec{a}|^2-12\vec{a}\cdot\vec{b}+9|\vec{b}|^2$
$$=4\times2^2-12\times3+9\times(\sqrt{3})^2=7$$

$|2\vec{a}-3\vec{b}|\geqq0$ であるから $|2\vec{a}-3\vec{b}|=\sqrt{7}$

20 $\overrightarrow{AB}=(-1,\ 3),\ \overrightarrow{AC}=(4,\ 5)$ より
$$|\overrightarrow{AB}|^2=(-1)^2+3^2=10$$
$$|\overrightarrow{AC}|^2=4^2+5^2=41$$
$$\overrightarrow{AB}\cdot\overrightarrow{AC}=(-1)\times4+3\times5=11$$

$\angle BAC=\theta$ とおくと
$$\cos\theta=\dfrac{\overrightarrow{AB}\cdot\overrightarrow{AC}}{|\overrightarrow{AB}||\overrightarrow{AC}|}=\dfrac{11}{\sqrt{10}\times\sqrt{41}}=\dfrac{11}{\sqrt{410}}$$

$0°<\theta<180°$ より $\sin\theta>0$ であるから
$$\sin\theta=\sqrt{1-\cos^2\theta}=\sqrt{1-\dfrac{121}{410}}=\dfrac{17}{\sqrt{410}}$$

よって
$$S=\dfrac{1}{2}|\overrightarrow{AB}||\overrightarrow{AC}|\sin\theta$$
$$=\dfrac{1}{2}\times\sqrt{10}\times\sqrt{41}\times\dfrac{17}{\sqrt{410}}=\dfrac{17}{2}$$

←③の右辺は正だから左辺も正。

←$A>0,\ B>0$ のとき
$$A=B \iff A^2=B^2$$

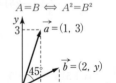

←③の左辺が正になるか確認。

←$|\vec{a}-\vec{b}|^2=(\vec{a}-\vec{b})\cdot(\vec{a}-\vec{b})$
$$=\vec{a}\cdot\vec{a}-\vec{a}\cdot\vec{b}-\vec{b}\cdot\vec{a}+\vec{b}\cdot\vec{b}$$
$$=|\vec{a}|^2-2\vec{a}\cdot\vec{b}+|\vec{b}|^2$$

←(1)より $\vec{a}\cdot\vec{b}=3$

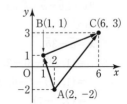

三角形の面積

$\vec{b}=(b_1,\ b_2)$

S

θ

$\vec{a}=(a_1,\ a_2)$

(I) $S=\dfrac{1}{2}|\vec{a}||\vec{b}|\sin\theta$

(II) $S=\dfrac{1}{2}\sqrt{|\vec{a}|^2|\vec{b}|^2-(\vec{a}\cdot\vec{b})^2}$

(III) $S=\dfrac{1}{2}|a_1b_2-a_2b_1|$

別解1)

$$S=\frac{1}{2}\sqrt{|\overrightarrow{AB}|^2|\overrightarrow{AC}|^2-(\overrightarrow{AB}\cdot\overrightarrow{AC})^2}$$

$$=\frac{1}{2}\sqrt{10\times41-11^2}=\frac{1}{2}\sqrt{289}=\frac{17}{2}$$

別解2)

$$S=\frac{1}{2}|(-1)\times5-3\times4|=\frac{17}{2}$$

21 P は AB を $1:2$ に内分するから

$$\overrightarrow{OP}=\frac{2\vec{a}+\vec{b}}{3}$$

Q は OB の中点であるから

$$\overrightarrow{OQ}=\frac{1}{2}\overrightarrow{OB}=\frac{1}{2}\vec{b}$$

よって

$$\overrightarrow{PQ}=\overrightarrow{OQ}-\overrightarrow{OP}$$

$$=\frac{1}{2}\vec{b}-\frac{2\vec{a}+\vec{b}}{3}$$

$$=-\frac{2}{3}\vec{a}+\frac{1}{6}\vec{b}$$

22 A$(\vec{a})$, B$(\vec{b})$, C$(\vec{c})$, D$(\vec{d})$, E$(\vec{e})$, F$(\vec{f})$ とし、△PRT, △QSU の重心をそれぞれ G_1, G_2 とする。

$$\overrightarrow{OG_1}=\frac{1}{3}(\overrightarrow{OP}+\overrightarrow{OR}+\overrightarrow{OT})$$

$$=\frac{1}{3}\left(\frac{\vec{a}+\vec{b}}{2}+\frac{\vec{c}+\vec{d}}{2}+\frac{\vec{e}+\vec{f}}{2}\right)$$

$$=\frac{1}{6}(\vec{a}+\vec{b}+\vec{c}+\vec{d}+\vec{e}+\vec{f})\quad\cdots①$$

$$\overrightarrow{OG_2}=\frac{1}{3}(\overrightarrow{OQ}+\overrightarrow{OS}+\overrightarrow{OU})$$

$$=\frac{1}{3}\left(\frac{\vec{b}+\vec{c}}{2}+\frac{\vec{d}+\vec{e}}{2}+\frac{\vec{f}+\vec{a}}{2}\right)$$

$$=\frac{1}{6}(\vec{a}+\vec{b}+\vec{c}+\vec{d}+\vec{e}+\vec{f})\quad\cdots②$$

①，②より $\overrightarrow{OG_1}=\overrightarrow{OG_2}$

よって、G_1 と G_2 が一致する。

すなわち、

△PRT の重心と △QSU の重心は一致する。 **終**

内分点，外分点の位置ベクトル

A$(\vec{a})$, B$(\vec{b})$ について
線分 AB を $m:n$ に
　内分する点の位置ベクトル
$$\frac{n\vec{a}+m\vec{b}}{m+n}$$
　外分する点の位置ベクトル
$$\frac{-n\vec{a}+m\vec{b}}{m-n}$$

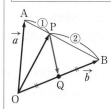

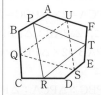

重心の位置ベクトル

3点 A$(\vec{a})$, B$(\vec{b})$, C$(\vec{c})$ を
頂点とする △ABC において
重心 G$(\vec{g})$ は
$$\vec{g}=\frac{\vec{a}+\vec{b}+\vec{c}}{3}$$

← 始点が一致するベクトル
$\overrightarrow{OG_1}$, $\overrightarrow{OG_2}$ について
$$\overrightarrow{OG_1}=\overrightarrow{OG_2}$$
$\Longleftrightarrow$ G_1 と G_2 が一致

side tab数C

復習問題

23 $2\overrightarrow{PA}+\overrightarrow{PB}+3\overrightarrow{PC}=\vec{0}$ より

$-2\overrightarrow{AP}+(\overrightarrow{AB}-\overrightarrow{AP})+3(\overrightarrow{AC}-\overrightarrow{AP})=\vec{0}$

$-6\overrightarrow{AP}+\overrightarrow{AB}+3\overrightarrow{AC}\to\vec{0}$

← 始点を A にそろえる。

よって

$$\overrightarrow{AP}=\frac{\overrightarrow{AB}+3\overrightarrow{AC}}{6}$$

$$=\frac{4}{6}\times\frac{\overrightarrow{AB}+3\overrightarrow{AC}}{3+1}$$

← $k\times\dfrac{n\overrightarrow{AB}+m\overrightarrow{AC}}{m+n}$ の形にする。

ここで，$\overrightarrow{AD}=\dfrac{\overrightarrow{AB}+3\overrightarrow{AC}}{3+1}$ とおくと

$$\overrightarrow{AP}=\frac{2}{3}\overrightarrow{AD}$$

ゆえに

辺 BC を $3:1$ に内分する点を D とすると，
点 P は線分 AD を $2:1$ に内分する点

$\triangle PDC=S$ とおく。

$\triangle PBD:\triangle PDC=BD:DC=3:1$ より

$\triangle PBD=3\times\triangle PDC=3S$

← 面積の一番小さい三角形に着目する。

← 三角形の面積比は
高さが同じなら ➡ 底辺の比
底辺が同じなら ➡ 高さの比

よって

$\triangle PBC=\triangle PBD+\triangle PDC$

$=3S+S=4S$

また，$\triangle PCA:\triangle PDC=AP:PD=2:1$ より

$\triangle PCA=2\times\triangle PDC=2S$

さらに，$\triangle PAB:\triangle PBD=AP:PD=2:1$ より

$\triangle PAB=2\times\triangle PBD=6S$

ゆえに

$\triangle PBC:\triangle PCA:\triangle PAB=4S:2S:6S$

$\qquad\qquad\qquad\qquad=2:1:3$

24 (1) $\vec{p}=\overrightarrow{ON}+t\overrightarrow{OA}$

$\qquad=t\vec{a}+\dfrac{2}{3}\vec{b}$

(2) $\vec{p}=(1-t)\overrightarrow{OM}+t\overrightarrow{ON}$

$\qquad=(1-t)\dfrac{\vec{a}+\vec{b}}{2}+t\left(\dfrac{2}{3}\vec{b}\right)$

$\qquad=\dfrac{1-t}{2}\vec{a}+\dfrac{3+t}{6}\vec{b}$

直線のベクトル方程式

点 $A(\vec{a})$ を通り，$\vec{d}$ に平行な
直線　$\vec{p}=\vec{a}+t\vec{d}$
2 点 $A(\vec{a})$，$B(\vec{b})$ を通る直線
　$\vec{p}=(1-t)\vec{a}+t\vec{b}$

25 (1) $2s+3t=6$ より $\dfrac{s}{3}+\dfrac{t}{2}=1$

ここで $\overrightarrow{OP}=\dfrac{s}{3}(3\overrightarrow{OA})+\dfrac{t}{2}(2\overrightarrow{OB})$

と変形できるから, $\dfrac{s}{3}=s'$, $\dfrac{t}{2}=t'$ とおき,

$3\overrightarrow{OA}=\overrightarrow{OA'}$, $2\overrightarrow{OB}=\overrightarrow{OB'}$

となるような点 A′, B′ をとると
$\overrightarrow{OP}=s'\overrightarrow{OA'}+t'\overrightarrow{OB'}$
$(s'+t'=1)$

← 右辺を1にする。

← $\vec{p}=\bullet\overrightarrow{OA}+\blacktriangle\overrightarrow{OB}$, $\bullet+\blacktriangle=1$
の形にまとめる。

さらに, $s'\geqq0$, $t'\geqq0$
であるから, 点 P は
線分 A′B′ 上にある。

(2) $|s|+|t|=1$ …① とおく。

(i) $s\geqq0$, $t\geqq0$ のとき

①は $s+t=1$

さらに, $s\geqq0$, $t\geqq0$ であるから,
点 P は線分 AB 上にある。

(ii) $s\geqq0$, $t<0$ のとき

①は $s+(-t)=1$

ここで $\overrightarrow{OP}=s\overrightarrow{OA}+(-t)(-\overrightarrow{OB})$

と変形できるから, $-t=t'$ とおき,
$-\overrightarrow{OB}=\overrightarrow{OB'}$

となるような点 B′ をとると
$\overrightarrow{OP}=s\overrightarrow{OA}+t'\overrightarrow{OB'}$ $(s+t'=1)$

さらに, $s\geqq0$, $t'>0$ であるから,
点 P は点 A を除いた線分 AB′ 上にある。

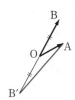

(iii) $s<0$, $t\geqq0$ のとき

①は $(-s)+t=1$

ここで $\overrightarrow{OP}=(-s)(-\overrightarrow{OA})+t\overrightarrow{OB}$

と変形できるから, $-s=s'$ とおき,
$-\overrightarrow{OA}=\overrightarrow{OA'}$

となるような点 A′ をとると
$\overrightarrow{OP}=s'\overrightarrow{OA'}+t\overrightarrow{OB}$ $(s'+t=1)$

さらに, $s'>0$, $t\geqq0$ であるから,
点 P は点 B を除いた線分 A′B 上にある。

(iv) $s<0$, $t<0$ のとき

①は $(-s)+(-t)=1$

ここで $\overrightarrow{\text{OP}}=(-s)(-\overrightarrow{\text{OA}})+(-t)(-\overrightarrow{\text{OB}})$

と変形できるから，

$-s=s'$, $-t=t'$

とおき，

$-\overrightarrow{\text{OA}}=\overrightarrow{\text{OA}'}$, $-\overrightarrow{\text{OB}}=\overrightarrow{\text{OB}'}$

となるような点 A′，B′ をとると

$\overrightarrow{\text{OP}}=s'\overrightarrow{\text{OA}'}+t'\overrightarrow{\text{OB}'}$ $(s'+t'=1)$

さらに，$s'>0$，$t'>0$ であるから，

点 P は点 A′，B′ を除いた線分 A′B′ 上にある。

(i)～(iv)より，点 P は

平行四辺形 ABA′B′ の辺上

にある。

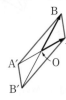

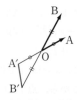

← (i) 辺 AB 上（A，B を含む）
 (ii) 辺 AB′ 上
   （A は含まず，B′ は含む）
 (iii) 辺 A′B 上
   （A′ は含み，B は含む）
 (iv) 辺 A′B′ 上
   （A′，B′ を含まない）

---

26 $\text{AB}=\sqrt{(2-1)^2+(3-2)^2+(1-3)^2}=\sqrt{6}$

同様に，$\text{BC}=\text{CA}=\sqrt{6}$ であるから

$\text{AD}=\text{BD}=\text{CD}=\sqrt{6}$

となればよい。$\text{D}(x, y, z)$ とすると

$\text{AD}^2=(x-1)^2+(y-2)^2+(z-3)^2=6$ より

$x^2+y^2+z^2-2x-4y-6z+8=0$ …①

$\text{BD}^2=(x-2)^2+(y-3)^2+(z-1)^2=6$ より

$x^2+y^2+z^2-4x-6y-2z+8=0$ …②

$\text{CD}^2=(x-3)^2+(y-1)^2+(z-2)^2=6$ より

$x^2+y^2+z^2-6x-2y-4z+8=0$ …③

①−②より $x+y-2z=0$ …④

②−③より $x-2y+z=0$ …⑤

④−⑤より $y=z$

④に代入して $x-z=0$ すなわち $x=z$

これらを①に代入して $3x^2-12x+8=0$

解の公式より $x=\dfrac{6\pm2\sqrt{3}}{3}$

よって $\text{D}\left(\dfrac{6\pm2\sqrt{3}}{3},\ \dfrac{6\pm2\sqrt{3}}{3},\ \dfrac{6\pm2\sqrt{3}}{3}\right)$

（複号同順）

← 正四面体は各面がすべて合同な
　正三角形であるから，すべての
　辺の長さが等しい。

2 点間の距離

> $\text{A}(a_1, a_2, a_3)$,
> $\text{B}(b_1, b_2, b_3)$ のとき
> $\text{AB}=\sqrt{(b_1-a_1)^2+(b_2-a_2)^2+(b_3-a_3)^2}$

← ①，②，③より，2 次の項を消去
　して，3 元 1 次の連立方程式を
　つくって解く。

← 平面 ABC に関して，両側に
　1 つずつ D がある。

27 (1) $\overrightarrow{AB}=(4-(-1),\ 3-5,\ -1-0)$

$\qquad\qquad =(5,\ -2,\ -1)$

であるから

$\qquad |\overrightarrow{AB}|=\sqrt{5^2+(-2)^2+(-1)^2}=\sqrt{30}$

$\qquad \overrightarrow{AC}=(0-(-1),\ 3-5,\ 2-0)$

$\qquad\qquad =(1,\ -2,\ 2)$

であるから

$\qquad |\overrightarrow{AC}|=\sqrt{1^2+(-2)^2+2^2}=\sqrt{9}=3$

(2) $\overrightarrow{AB}\cdot\overrightarrow{AC}=5\times1+(-2)\times(-2)+(-1)\times2=7$

(3) $\overrightarrow{AD}=(7-(-1),\ y-5,\ z-0)$

$\qquad\qquad =(8,\ y-5,\ z)$

$\qquad \overrightarrow{BC}=(0-4,\ 3-3,\ 2-(-1))$

$\qquad\qquad =(-4,\ 0,\ 3)$

これらについて，$\overrightarrow{AD}/\!/\overrightarrow{BC}$ となるとき，

$\overrightarrow{AD}=k\overrightarrow{BC}$ を満たす実数 k が存在するから

$\qquad (8,\ y-5,\ z)=k(-4,\ 0,\ 3)$

よって　$8=-4k,\ y-5=0,\ z=3k$

ゆえに　$k=-2$ より　$y=5,\ z=-6$

(4) $\overrightarrow{AD}\perp\overrightarrow{AB}$ より

$\qquad \overrightarrow{AD}\cdot\overrightarrow{AB}=8\times5+(y-5)\times(-2)+z\times(-1)=0$

$\qquad 2y+z-50=0$　…①

$\qquad \overrightarrow{AD}\perp\overrightarrow{AC}$ より

$\qquad \overrightarrow{AD}\cdot\overrightarrow{AC}=8\times1+(y-5)\times(-2)+z\times2=0$

$\qquad y-z-9=0$　…②

①，②を解くと　$y=\dfrac{59}{3},\ z=\dfrac{32}{3}$

28 (1) 点 M は △BDE の重心であるから

$\qquad \overrightarrow{AM}=\dfrac{1}{3}(\overrightarrow{AB}+\overrightarrow{AD}+\overrightarrow{AE})$

$\qquad\qquad =\dfrac{1}{3}(\vec{b}+\vec{d}+\vec{e})$　…①

(2) $\overrightarrow{AG}=\overrightarrow{AB}+\overrightarrow{BC}+\overrightarrow{CG}=\vec{b}+\vec{d}+\vec{e}$　…②

②を①に代入して　$\overrightarrow{AM}=\dfrac{1}{3}\overrightarrow{AG}$　…③

よって，3 点 A, M, G はこの順に一直線上にある。
すなわち，対角線 AG は点 M を通る。　**終**

また，③より　$\mathrm{AM:MG}=1:2$

ベクトルの内積

$\vec{a}=(a_1,\ a_2,\ a_3),$
$\vec{b}=(b_1,\ b_2,\ b_3)$ のとき
内積 $\vec{a}\cdot\vec{b}=a_1b_1+a_2b_2+a_3b_3$

◀ $\vec{p}$ と $\vec{q}$ が平行
　$\iff \vec{p}=k\vec{q}$ となる実数 k が
　存在する

ベクトルの相等

$(a_1,\ a_2,\ a_3)=(b_1,\ b_2,\ b_3)$
$\iff a_1=b_1,\ a_2=b_2,\ a_3=b_3$

◀ $\vec{a}\perp\vec{b}\iff\vec{a}\cdot\vec{b}=0$

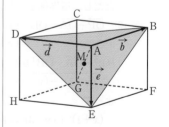

◀ 対角線 AG が点 M を通ること
を示したいので，3 点が一直線
上にあるだけでなく，「この順
に」並んでいることも確認する。

29 (1) $x^2+y^2+z^2-6x+2y+8z+1=0$

を変形すると

$$\{(x^2-6x+9)-9\}+\{(y^2+2y+1)-1\}$$
$$+\{(z^2+8z+16)-16\}+1=0$$
$$(x-3)^2+(y+1)^2+(z+4)^2=25 \quad \cdots ①$$

よって，中心 $(3,\ -1,\ -4)$，半径 5

(2) 球面と xy 平面，すなわち

平面 $z=0$ との交わりは，

①に $z=0$ を代入して

$$(x-3)^2+(y+1)^2+(0+4)^2=25$$

よって　$(x-3)^2+(y+1)^2=9,\ z=0$

ゆえに，中心 $(3,\ -1,\ 0)$，半径 3 の円

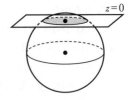

30 (1) $\overrightarrow{\text{OP}}=(x,\ y)$

$$\overrightarrow{\text{AB}}=\overrightarrow{\text{OB}}-\overrightarrow{\text{OA}}$$
$$=(1,\ 2)-(-2,\ 1)=(3,\ 1)$$

よって

$$\overrightarrow{\text{OP}}\cdot\overrightarrow{\text{AB}}=x\times3+y\times1$$
$$=3x+y$$

$-1\leqq\overrightarrow{\text{OP}}\cdot\overrightarrow{\text{AB}}\leqq2$ より

$$-1\leqq3x+y\leqq2$$

ゆえに

$$-3x-1\leqq y\leqq-3x+2$$

したがって，求める
点 P の存在範囲は，
右の図の斜線部分。
ただし，境界線を含む。

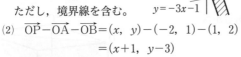

(2) $\overrightarrow{\text{OP}}-\overrightarrow{\text{OA}}-\overrightarrow{\text{OB}}=(x,\ y)-(-2,\ 1)-(1,\ 2)$
$$=(x+1,\ y-3)$$

$|\overrightarrow{\text{OP}}-\overrightarrow{\text{OA}}-\overrightarrow{\text{OB}}|\leqq2$ より

$$\sqrt{(x+1)^2+(y-3)^2}\leqq2$$

よって

$$(x+1)^2+(y-3)^2\leqq4$$

ゆえに，求める点 P
の存在範囲は，右の
図の斜線部分。
ただし，境界線を含む。

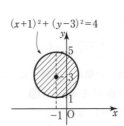

← $|\overrightarrow{\text{OP}}-(\overrightarrow{\text{OA}}+\overrightarrow{\text{OB}})|\leqq2$ より，点 P は $\overrightarrow{\text{OA}}+\overrightarrow{\text{OB}}$ の終点を中心とする，半径 2 の円の周および内部にある。

円のベクトル方程式

点 $C(\vec{c})$ を中心とし，半径が r の円は
$|\vec{p}-\vec{c}|=r$

31 (1) $z=3+\sqrt{3}\,i$ より

$\bar{z}=3-\sqrt{3}\,i$

よって A$(3-\sqrt{3}\,i)$

$(\sqrt{3}+i)z=(\sqrt{3}+i)(3+\sqrt{3}\,i)$

$=2\sqrt{3}+6i$

ゆえに B$(2\sqrt{3}+6i)$

これらを図示すると，

右の図のようになる。

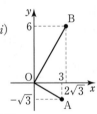

$\Leftarrow z=a+bi$ のとき

$\bar{z}=a-bi$

(2) OA$=|3-\sqrt{3}\,i|=\sqrt{3^2+(-\sqrt{3})^2}$

$=\sqrt{9+3}=\sqrt{12}$

OB$=|2\sqrt{3}+6i|=\sqrt{(2\sqrt{3})^2+6^2}$

$=\sqrt{12+36}=\sqrt{48}$

AB$=|(2\sqrt{3}+6i)-(3-\sqrt{3}\,i)|$

$=|(2\sqrt{3}-3)+(6+\sqrt{3})i|$

$=\sqrt{(2\sqrt{3}-3)^2+(6+\sqrt{3})^2}$

$=\sqrt{21-12\sqrt{3}+39+12\sqrt{3}}=\sqrt{60}$

よって，AB^2=OA^2+OB^2 が成り立つから

∠AOB=90° の直角三角形

$\Leftarrow (\sqrt{60})^2=(\sqrt{12})^2+(\sqrt{48})^2$

$60=12+48$

より，三平方の定理が成り立つ。

32 $|z_1|=|z_2|\neq 0$ であるから

$\left|\dfrac{z_2}{z_1}\right|=1$ かつ $\arg\dfrac{z_2}{z_1}=\dfrac{\pi}{2}$ より

$\dfrac{z_2}{z_1}=\cos\dfrac{\pi}{2}+i\sin\dfrac{\pi}{2}=i$

よって $z_2=iz_1$

すなわち

$\sqrt{3}\,b-1+(\sqrt{3}-b)i=(2-\sqrt{3}\,a+ai)i$

$=-a+(2-\sqrt{3}\,a)i$

a，b は実数であるから

$\sqrt{3}\,b-1=-a$ ……①

$\sqrt{3}-b=2-\sqrt{3}\,a$ ……②

①$+$②$\times\sqrt{3}$ より $2=2\sqrt{3}-4a$

ゆえに $a=\dfrac{\sqrt{3}-1}{2}$

①に代入して $\sqrt{3}\,b-1=-\dfrac{\sqrt{3}-1}{2}$

したがって $b=\dfrac{\sqrt{3}-1}{2}$

$\Leftarrow z_1$ について

実部が $2-\sqrt{3}\,a=0$ のとき，

$a=\dfrac{2}{\sqrt{3}}$ より，(虚部)$\neq 0$

z_2 について

実部が $\sqrt{3}\,b-1=0$ のとき，

$b=\dfrac{1}{\sqrt{3}}$ より，(虚部)$\neq 0$

よって，$|z_1|\neq 0$，$|z_2|\neq 0$

> **複素数の相等**
>
> a，b，c，d が実数のとき
> $a+bi=c+di \iff a=c, b=d$

数C 復習問題

33 $w=z+2i$ より $z=w-2i$

$|z| \leqq 1$ に代入して $|w-2i| \leqq 1$

よって，点 W が描く図形は

点 $2i$ を中心とする半径 1 の円の

周および内部。

これを図示すると，右の図の色の

ついた部分で，境界線を含む。

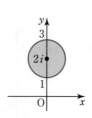

34 $z_1+iz_2=(1+i)z_3$ より

$i(z_2-z_3)=-(z_1-z_3)$

であるから

$\dfrac{z_2-z_3}{z_1-z_3}=-\dfrac{1}{i}=-\dfrac{i}{i^2}=i$

よって

$\left|\dfrac{z_2-z_3}{z_1-z_3}\right|=|i|=1,\ \arg\dfrac{z_2-z_3}{z_1-z_3}=\arg i=\dfrac{\pi}{2}$

$\left|\dfrac{z_2-z_3}{z_1-z_3}\right|=1$ より $|z_1-z_3|=|z_2-z_3|$

$\arg\dfrac{z_2-z_3}{z_1-z_3}=\dfrac{\pi}{2}$ より $\angle z_1 z_3 z_2=\dfrac{\pi}{2}$

ゆえに

点 z_3 を直角の頂点とする直角二等辺三角形

← i でくくる。

← $\dfrac{z_2-z_3}{z_1-z_3}$ となるように変形する。

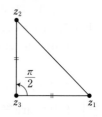

35 $1+i=\sqrt{2}\left(\cos\dfrac{\pi}{4}+i\sin\dfrac{\pi}{4}\right)$ であるから

$(1+i)^n=(\sqrt{2})^n\left(\cos\dfrac{\pi}{4}+i\sin\dfrac{\pi}{4}\right)^n$

$=(\sqrt{2})^n\left(\cos\dfrac{n\pi}{4}+i\sin\dfrac{n\pi}{4}\right)$

$1-i=\sqrt{2}\left\{\cos\left(-\dfrac{\pi}{4}\right)+i\sin\left(-\dfrac{\pi}{4}\right)\right\}$ であるから

$(1-i)^n=(\sqrt{2})^n\left\{\cos\left(-\dfrac{\pi}{4}\right)+i\sin\left(-\dfrac{\pi}{4}\right)\right\}^n$

$=(\sqrt{2})^n\left\{\cos\left(-\dfrac{n\pi}{4}\right)+i\sin\left(-\dfrac{n\pi}{4}\right)\right\}$

$=(\sqrt{2})^n\left(\cos\dfrac{n\pi}{4}-i\sin\dfrac{n\pi}{4}\right)$

よって，$(1+i)^n=(1-i)^n$ が成り立つとき

$\sin\dfrac{n\pi}{4}=-\sin\dfrac{n\pi}{4}$ すなわち $\sin\dfrac{n\pi}{4}=0$

ド・モアブルの定理

$(\cos\theta+i\sin\theta)^n$
$=\cos n\theta+i\sin n\theta$

← 偏角を $\dfrac{7}{4}\pi$ などとしてもよい。

← $\cos(-\theta)=\cos\theta$
$\sin(-\theta)=-\sin\theta$

ゆえに $\dfrac{n\pi}{4}=k\pi$ （k は整数）

すなわち $n=4k$ （k は整数）

したがって，n は 4 の倍数である。 🔚

36 直線 $y=\sqrt{3}\,x$ と x 軸の正の向きがなす角 θ は

$\qquad \tan\theta=\sqrt{3}$ より $\theta=\dfrac{\pi}{3}$

であるから，直線 $y=\sqrt{3}\,x$ を原点のまわりに

$-\dfrac{\pi}{3}$ だけ回転すると，x 軸に重なる。

よって，点 A を原点のまわりに $-\dfrac{\pi}{3}$ だけ回転した
点を A′ とすると，求める点 B は，x 軸に関して点
A′ と対称な点を，原点のまわりに $\dfrac{\pi}{3}$ だけ回転した
点と一致する。

点 A′ を表す複素数を α とすると

$$\alpha=\left\{\cos\left(-\dfrac{\pi}{3}\right)+i\sin\left(-\dfrac{\pi}{3}\right)\right\}(3+i)$$

x 軸に関して点 A′ と対称な点を表す複素数は

$$\overline{\alpha}=\overline{\left\{\cos\left(-\dfrac{\pi}{3}\right)+i\sin\left(-\dfrac{\pi}{3}\right)\right\}(3+i)}$$

$$=\overline{\left\{\cos\left(-\dfrac{\pi}{3}\right)+i\sin\left(-\dfrac{\pi}{3}\right)\right\}}\cdot\overline{(3+i)}$$

$$=\left\{\cos\left(-\dfrac{\pi}{3}\right)-i\sin\left(-\dfrac{\pi}{3}\right)\right\}(3-i)$$

$$=\left(\cos\dfrac{\pi}{3}+i\sin\dfrac{\pi}{3}\right)(3-i)$$

ゆえに，点 B を表す複素数は

$$\left(\cos\dfrac{\pi}{3}+i\sin\dfrac{\pi}{3}\right)\overline{\alpha}=\left(\cos\dfrac{\pi}{3}+i\sin\dfrac{\pi}{3}\right)^{2}(3-i)$$

$$=\left(\cos\dfrac{2\pi}{3}+i\sin\dfrac{2\pi}{3}\right)(3-i)$$

$$=\left(-\dfrac{1}{2}+\dfrac{\sqrt{3}}{2}i\right)(3-i)$$

$$=\dfrac{-3+\sqrt{3}}{2}+\dfrac{1+3\sqrt{3}}{2}i$$

したがって，点 B の座標は $\left(\dfrac{-3+\sqrt{3}}{2},\ \dfrac{1+3\sqrt{3}}{2}\right)$

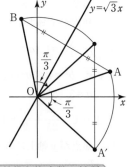

共役な複素数の性質

$\overline{(\overline{\alpha})}=\alpha$

$\overline{\alpha+\beta}=\overline{\alpha}+\overline{\beta}$

$\overline{\alpha-\beta}=\overline{\alpha}-\overline{\beta}$

$\overline{\alpha\beta}=\overline{\alpha}\,\overline{\beta}$

$\overline{\left(\dfrac{\alpha}{\beta}\right)}=\dfrac{\overline{\alpha}}{\overline{\beta}}$

37 (1) 焦点が x 軸上にあるから

$y^2 = 4px$ とおく。

点 $(-6, -3)$ を通るから

$(-3)^2 = 4p \cdot (-6)$ より $p = -\dfrac{3}{8}$

よって $y^2 = -\dfrac{3}{2}x$

← 頂点が原点の放物線で
　x 軸が軸であるから，
　焦点は x 軸上にある。

(2) 焦点が y 軸上にあるから

$x^2 = 4py$ とおく。

点 $(-4, -2)$ を通るから

$(-4)^2 = 4p \cdot (-2)$ より $p = -2$

よって $x^2 = -8y$

← 頂点が原点の放物線で
　準線が y 軸に垂直であるから，
　焦点は y 軸上にある。

(3) 焦点が x 軸上にあるから

$\dfrac{x^2}{a^2} + \dfrac{y^2}{b^2} = 1 \ (a > b > 0)$ とおく。

$\sqrt{a^2 - b^2} = 4$, $2a = 10$ より

$a = 5$, $b^2 = 9$

よって $\dfrac{x^2}{25} + \dfrac{y^2}{9} = 1$

← 楕円 $\dfrac{x^2}{a^2} + \dfrac{y^2}{b^2} = 1 \ (a > b > 1)$
　焦点 $(\pm\sqrt{a^2 - b^2}, \ 0)$
　長軸の長さ $2a$
　短軸の長さ $2b$

(4) 焦点が y 軸上にあるから

$\dfrac{x^2}{a^2} + \dfrac{y^2}{b^2} = 1 \ (b > a > 0)$

とおく。

$2\sqrt{b^2 - a^2} = 2\sqrt{3}$, $2a = 2\sqrt{3}$

より $a = \sqrt{3}$, $b^2 = 6$

よって $\dfrac{x^2}{3} + \dfrac{y^2}{6} = 1$

← 楕円 $\dfrac{x^2}{a} + \dfrac{y^2}{b^2} = 1 \ (b > a > 1)$
　焦点 $(0, \ \pm\sqrt{b^2 - a^2})$
　長軸の長さ $2b$
　短軸の長さ $2a$

(5) 焦点が x 軸上にあるから

$\dfrac{x^2}{a^2} - \dfrac{y^2}{b^2} = 1 \ (a > 0, \ b > 0)$

とおく。

$\sqrt{a^2 + b^2} = \sqrt{3}$, $\dfrac{b}{a} = \sqrt{2}$ より

$a^2 = 1$, $b^2 = 2$

よって $x^2 - \dfrac{y^2}{2} = 1$

← 双曲線 $\dfrac{x^2}{a^2} - \dfrac{y^2}{b^2} = 1 \ (a > 0, \ b > 0)$
　焦点 $(\pm\sqrt{a^2 + b^2}, \ 0)$
　漸近線 $y = \pm\dfrac{b}{a}x$

(6) 焦点が y 軸上にあるから

$\dfrac{x^2}{a^2} - \dfrac{y^2}{b^2} = -1 \ (a > 0, \ b > 0)$ とおく。

← 双曲線 $\dfrac{x^2}{a^2} - \dfrac{y^2}{b^2} = -1 \ (a > 0, \ b > 0)$
　焦点 $(0, \ \pm\sqrt{a^2 + b^2})$
　漸近線 $y = \pm\dfrac{b}{a}x$

$\sqrt{a^2+b^2}=5$ より $a^2+b^2=25$ …①

点 $(4,\ 3\sqrt{2}\ )$ を通るから $\dfrac{16}{a^2}-\dfrac{18}{b^2}=-1$ …②

②より $16b^2-18a^2=-a^2b^2$

これに①より $b^2=25-a^2$ を代入して

$\quad 16(25-a^2)-18a^2=-a^2\cdot(25-a^2)$

$\quad a^4+9a^2-400=0$

$\quad (a^2+25)(a^2-16)=0$

$a^2>0$ より $a^2=16$

①より $b^2=9$

よって $\dfrac{x^2}{16}-\dfrac{y^2}{9}=-1$

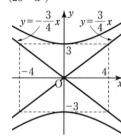

38 $\quad y=2x+k$ …①

$\quad 4x^2+9y^2=36$ …②

とおく。

①を②へ代入して整理すると

$\quad 40x^2+36kx+9k^2-36=0$ …③

①と②が 2 点で交わるから，

③の判別式を D とすると

$\quad \dfrac{D}{4}=(18k)^2-40(9k^2-36)>0$ より $k^2<40$ …④

このとき，③の実数解を α, β とすると，2 つの交点は

$\quad$ P$(\alpha,\ 2\alpha+k)$, Q$(\beta,\ 2\beta+k)$

とおける。

ここで，PQ$=4$ より

$\quad$ PQ$^2=(\alpha-\beta)^2+\{(2\alpha+k)-(2\beta+k)\}^2=16$

整理すると $5(\alpha-\beta)^2=16$

$\qquad\qquad (\alpha+\beta)^2-4\alpha\beta=\dfrac{16}{5}$ …⑤

③において，解と係数の関係より

$\quad \alpha+\beta=-\dfrac{9}{10}k,\ \ \alpha\beta=\dfrac{9k^2-36}{40}$

⑤に代入して整理すると $k^2=\dfrac{40}{9}$

これは④を満たす。

よって $k=\pm\dfrac{2\sqrt{10}}{3}$

← 2 次曲線 $f(x,\ y)=0$ と
直線 $y=mx+n$ との
共有点の x 座標は

連立方程式 $\begin{cases} y=mx+n \\ f(x,\ y)=0 \end{cases}$

の実数解であり

$\begin{matrix} \text{異なる 2 点} \\ \text{で交わる} \end{matrix} \iff \begin{matrix} \text{異なる 2 つ} \\ \text{の実数解} \\ (D>0) \end{matrix}$

← $(\alpha-\beta)^2=\alpha^2-2\alpha\beta+\beta^2$
$\qquad\qquad =(\alpha^2+2\alpha\beta+\beta^2)-4\alpha\beta$
$\qquad\qquad =(\alpha+\beta)^2-4\alpha\beta$

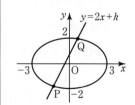

39 (1) $y=\sin\theta+\cos\theta$ の両辺を2乗すると

$\qquad y^2=\sin^2\theta+2\sin\theta\cos\theta+\cos^2\theta$ ← $\sin^2\theta+\cos^2\theta=1$

$\qquad y^2=2\sin\theta\cos\theta+1$

$x=\sin\theta\cos\theta$ より

$\qquad y^2=2x+1$

よって，放物線 $y^2=2x+1$

(2) $\begin{cases} x=\cos\theta+\sin\theta+1 & \cdots\text{①} \\ y=2\sin\theta-2\cos\theta-3 & \cdots\text{②} \end{cases}$

①×2＋②より

$\qquad 2x+y=4\sin\theta-1$

よって $\quad \sin\theta=\dfrac{2x+y+1}{4}$ $\cdots\text{③}$

①×2－②より

$\qquad 2x-y=4\cos\theta+5$

ゆえに $\quad \cos\theta=\dfrac{2x-y-5}{4}$ $\cdots\text{④}$

③，④を $\sin^2\theta+\cos^2\theta=1$ に代入して

$\qquad \left(\dfrac{2x+y+1}{4}\right)^2+\left(\dfrac{2x-y-5}{4}\right)^2=1$

これを整理して

$\qquad (2x+y+1)^2+(2x-y-5)^2=16$

$\qquad 8x^2-16x+2y^2+12y+10=0$

$\qquad 8(x-1)^2+2(y+3)^2=16$

よって，楕円 $\dfrac{(x-1)^2}{2}+\dfrac{(y+3)^2}{8}=1$

40 P，Q を直交座標で表すと

$\qquad$ P$(\sqrt{3},\ 1)$，Q$(-2\sqrt{3},\ 2)$

$\qquad$ ← P$\begin{cases} x=2\cos\dfrac{\pi}{6}=\sqrt{3} \\ y=2\sin\dfrac{\pi}{6}=1 \end{cases}$

(1) PQ$=\sqrt{(-2\sqrt{3}-\sqrt{3})^2+(2-1)^2}$

$\qquad\quad =\sqrt{28}=2\sqrt{7}$

$\qquad$ Q$\begin{cases} x=4\cos\dfrac{5}{6}\pi=-2\sqrt{3} \\ y=4\sin\dfrac{5}{6}\pi=2 \end{cases}$

別解

OP$=2$，OQ$=4$，$\angle$POQ$=\dfrac{2}{3}\pi$ であるから，

余弦定理より

$\qquad$ PQ$^2=2^2+4^2-2\cdot2\cdot4\cos\dfrac{2}{3}\pi$

$\qquad\qquad =4+16+8=28$

PQ>0 より $\quad$PQ$=\sqrt{28}=2\sqrt{7}$

198

(2) $\triangle\mathrm{OPQ}=\dfrac{1}{2}\mathrm{OP}\cdot\mathrm{OQ}\sin\dfrac{2}{3}\pi$

$\qquad\qquad =\dfrac{1}{2}\cdot2\cdot4\cdot\dfrac{\sqrt{3}}{2}=2\sqrt{3}$

(3) $y-1=\dfrac{2-1}{-2\sqrt{3}-\sqrt{3}}(x-\sqrt{3})$ より

$\qquad x+3\sqrt{3}\,y=4\sqrt{3}$

ここで, $x=r\cos\theta,\ y=r\sin\theta$ を代入すると

$\qquad r\cos\theta+3\sqrt{3}\,r\sin\theta=4\sqrt{3}$

よって $r(\cos\theta+3\sqrt{3}\sin\theta)=4\sqrt{3}$

◆ $(x_1,\ y_1)$, $(x_2,\ y_2)$ を通る直線
の方程式

$y-y_1=\dfrac{y_2-y_1}{x_2-x_1}(x-x_1)$

41 (1) $2x-y+3=0$ に

$\qquad x=r\cos\theta,\ y=r\sin\theta$ を代入して

$\qquad 2r\cos\theta-r\sin\theta+3=0$

$\qquad r(\sin\theta-2\cos\theta)=3$

よって $r=\dfrac{3}{\sin\theta-2\cos\theta}$

(2) $(x-1)^2+(y-\sqrt{3})^2=4$ より

$\qquad x^2+y^2-2x-2\sqrt{3}\,y=0$

$x^2+y^2=r^2,\ x=r\cos\theta,\ y=r\sin\theta$ を代入して

$\qquad r^2-2r\cos\theta-2\sqrt{3}\,r\sin\theta=0$

$\qquad r(r-2\cos\theta-2\sqrt{3}\sin\theta)=0$

よって $r=0$ …①

または $r=2\cos\theta+2\sqrt{3}\sin\theta$ …②

ここで, ②は $\theta=-\dfrac{\pi}{6}$ のとき $r=0$ となるから,

①は②に含まれる。

ゆえに $r=2\cos\theta+2\sqrt{3}\sin\theta$

(3) $\dfrac{x^2}{3}-\dfrac{y^2}{4}=1$ より

$\qquad 4x^2-3y^2=12$

$x=r\cos\theta,\ y=r\sin\theta$ を代入して

$\qquad 4(r\cos\theta)^2-3(r\sin\theta)^2=12$

$\qquad r^2(4\cos^2\theta-3\sin^2\theta)=12$

よって $r^2=\dfrac{12}{4\cos^2\theta-3\sin^2\theta}$

◆ $r=2\cos\theta+2\sqrt{3}\sin\theta$

$=4\Big(\dfrac{1}{2}\cos\theta+\dfrac{\sqrt{3}}{2}\sin\theta\Big)$

$=4\Big(\sin\dfrac{\pi}{6}\cos\theta+\cos\dfrac{\pi}{6}\sin\theta\Big)$

$=4\sin\Big(\theta+\dfrac{\pi}{6}\Big)$

数
C
復習問題

42 (1) $r\cos\left(\theta-\dfrac{3}{4}\pi\right)=\sqrt{2}$ より

$$r\left(\cos\theta\cos\dfrac{3}{4}\pi+\sin\theta\sin\dfrac{3}{4}\pi\right)=\sqrt{2}$$

$$r\left(-\dfrac{\sqrt{2}}{2}\cos\theta+\dfrac{\sqrt{2}}{2}\sin\theta\right)=\sqrt{2}$$

$$-r\cos\theta+r\sin\theta=2$$

$r\cos\theta=x,\ r\sin\theta=y$ を代入して

$$-x+y=2 \quad\text{すなわち}\quad y=x+2$$

← 余弦の加法定理
$$\cos(\alpha-\beta)$$
$$=\cos\alpha\cos\beta+\sin\alpha\sin\beta$$

(2) $r=10\cos\left(\theta-\dfrac{\pi}{3}\right)$

$$=10\left(\cos\theta\cos\dfrac{\pi}{3}+\sin\theta\sin\dfrac{\pi}{3}\right)$$

$$=10\left(\dfrac{1}{2}\cos\theta+\dfrac{\sqrt{3}}{2}\sin\theta\right)$$

$$=5\cos\theta+5\sqrt{3}\sin\theta$$

両辺に r を掛けて

$$r^2=5r\cos\theta+5\sqrt{3}\,r\sin\theta$$

$r\cos\theta=x,\ r\sin\theta=y,\ x^2+y^2=r^2$ を代入して

$$x^2+y^2=5x+5\sqrt{3}\,y$$

すなわち $\left(x-\dfrac{5}{2}\right)^2+\left(y-\dfrac{5\sqrt{3}}{2}\right)^2=25$

43 $x=r\cos\theta,\ y=r\sin\theta$ を

$x+\sqrt{3}\,y=4$ に代入すると

$$r\cos\theta+\sqrt{3}\,r\sin\theta=4$$

であるから

$$2r\left(\dfrac{1}{2}\cos\theta+\dfrac{\sqrt{3}}{2}\sin\theta\right)=4$$

$$2r\left(\cos\theta\cos\dfrac{\pi}{3}+\sin\theta\sin\dfrac{\pi}{3}\right)=4$$

$$2r\cos\left(\theta-\dfrac{\pi}{3}\right)=4$$

よって $r\cos\left(\theta-\dfrac{\pi}{3}\right)=2$

ゆえに $h=2,\ \alpha=\dfrac{\pi}{3}$

← $r\cos(\theta-\alpha)=h\ (h>0)$
⟹ 極からこの直線に引いた垂線
の長さは h，垂線と始線との
なす角は α